“十三五”国家重点出版物出版规划项目

现代机械工程系列精品教材

普通高等教育 3D 版机械类系列教材

数 控 加 工 技 术
（3D 版）

王全景　刘贵杰　张秀红　姬　帅　谭俊哲
张庆力　焦守群　尚新娟　陈清奎　编著

岳明君　主审

机械工业出版社

本书是山东高校机械工程教学协作组组织编写的"普通高等教育3D版机械类系列教材"之一。全书共10章，主要内容包括：数控加工技术概述，数控加工工艺，数控机床的机械结构，计算机数控（CNC）系统，数控机床的伺服系统，数控车床的编程，数控铣床的编程，加工中心的编程，自动编程简介和数控机床的选用、调试与维护。

本书的编写力求贯彻少而精、理论与实践相结合的原则，体现应用性、实用性、综合性和先进性，并紧密结合数控加工技术的最新成果，以培养工程实践能力为目标，着重培养学生的数控加工技术应用能力。另外，本书配有利用虚拟现实（VR）、增强现实（AR）等技术开发的3D虚拟仿真教学资源。

本书适用于普通高等院校机械类各专业本科生，也适用于各类成人教育、自学考试等机械类专业学生，还可供数控技术培训及有关工程技术人员参考。

图书在版编目（CIP）数据

数控加工技术：3D版/王全景等编著. —北京：机械工业出版社，2020.6（2024.1重印）

"十三五"国家重点出版物出版规划项目　现代机械工程系列精品教材
普通高等教育3D版机械类系列教材

ISBN 978-7-111-64974-8

Ⅰ.①数…　Ⅱ.①王…　Ⅲ.①数控机床-加工-高等学校-教材　Ⅳ.①TG659

中国版本图书馆CIP数据核字（2020）第037633号

机械工业出版社（北京市百万庄大街22号　邮政编码100037）
策划编辑：段晓雅　责任编辑：段晓雅　刘丽敏
责任校对：郑　婕　封面设计：张　静
责任印制：单爱军
北京虎彩文化传播有限公司印刷
2024年1月第1版第5次印刷
184mm×260mm·16.25印张·402千字
标准书号：ISBN 978-7-111-64974-8
定价：48.00元

电话服务　　　　　　　　　　网络服务
客服电话：010-88361066　　　机　工　官　网：www.cmpbook.com
　　　　　010-88379833　　　机　工　官　博：weibo.com/cmp1952
　　　　　010-68326294　　　金　书　网：www.golden-book.com
封底无防伪标均为盗版　　　机工教育服务网：www.cmpedu.com

普通高等教育 3D 版机械类系列教材
编审委员会

序

虚拟现实（VR）技术是计算机图形学和人机交互技术的发展成果，具有沉浸感（Immersion）、交互性（Interaction）、构想性（Imagination）等特征，能够使用户在虚拟环境中感受并融入真实、人机和谐的场景，便捷地实现人机交互操作，并能从虚拟环境中得到丰富、自然的反馈信息。在特定应用领域中，VR技术不仅可满足用户应用的需要，若赋予丰富的想象力，还能够使人们获取新的知识，促进感性和理性认识的升华，从而深化概念，萌发新的创意。

机械工程教育与VR技术的结合为机械工程学科的教与学带来显著变革：通过虚拟仿真的知识传达方式实现更有效的知识认知与理解。基于VR的教学方法，以三维可视化的方式传达知识，表达方式更富有感染力和表现力。VR技术使抽象、模糊成为具体、直观，将单调乏味变得丰富多变、极富趣味，令常规不可观察变为近在眼前、触手可及，通过虚拟仿真的实践方式实现知识的呈现与应用。虚拟实验与实践让学习者在创设的虚拟环境中，通过与虚拟对象的主动交互，亲身经历与感受机器拆解、装配、驱动与操控等，获得现实般的实践体验，增加学习者的直接经验，辅助将知识转化为能力。

教育部编制的《教育信息化十年发展规划（2011—2020年）》（以下简称《规划》），提出了建设数字化技能教室、仿真实训室、虚拟仿真实训教学软件、数字教育教学资源库和20000门优质网络课程及其资源，遴选和开发1500套虚拟仿真实训实验系统，建立数字教育资源共建共享机制。按照《规划》的指导思想，教育部启动了包括国家级虚拟仿真实验教学中心在内的若干建设工程，力推虚拟仿真教学资源的规划、建设与应用。近年来，很多学校陆续采用虚拟现实技术建设了各种学科专业的数字化虚拟仿真教学资源，并投入应用，取得了很好的教学效果。

"普通高等教育3D版机械类系列教材"是由山东高校机械工程教学协作组组织驻鲁高等学校教师编写的，充分体现了"三维可视化及互动学习"的特点，将难于学习的知识点以3D教学资源的形式进行介绍，其配套的虚拟仿真教学资源由济南科明数码技术股份有限公司开发完成，并建设了"科明365"在线教育云平台（www.keming365.com），提供了适合课堂教学的"单机版"、适合集中上机学习的"局域网络版"、适合学生自主学习的"手机版"，构建了"没有围墙的大学""不限时间、不限地点、自主学习"的学习资源。

古人云，天下之事，闻者不如见者知之为详，见者不如居者知之为尽。

该系列教材的陆续出版，为机械工程教育创造了理论与实践有机结合的条件，很好地解决了普遍存在的实践教学条件难以满足卓越工程师教育需要的问题。这将有利于培养制造强国战略需要的卓越工程师，助推中国制造2025战略的实施。

张进生

于济南

前　言

本书是山东高校机械工程教学协作组组织编写的"普通高等教育3D版机械类系列教材"之一。

党的二十大报告提出，要"推进教育数字化，建设全民终身学习的学习型社会、学习型大国"。我们要高度重视教育数字化，以数字化推动育人方式、办学模式、管理体制以及保障机制的创新，推动教育流程再造、结构重组和文化重构，促进教育研究和实践范式变革，为促进人的全面发展、实现中国式教育现代化，进而为全面建成社会主义现代化强国、实现第二个百年奋斗目标奠定坚实基础。

本书在内容安排上侧重数控加工领域的基本知识、基本原理和基本方法，突出了专业基础内容；在章节安排上既考虑了专业知识本身的内在联系，又遵循了专业基础与专业知识前后贯通的原则。本书集基础性、传统性、应用性、适应性、系统性、学以致用等特点于一身。本书的内容包括数控加工技术概述，数控加工工艺，数控机床的机械结构，计算机数控（CNC）系统，数控机床的伺服系统，数控车床的编程，数控铣床的编程，加工中心的编程，自动编程简介，数控机床的选用、调试与维护以及有关制造过程中的加工质量、加工精度、工装夹具、工艺规程等方面的必备知识，这对从事数控加工、CAD/CAM及有关工程管理的技术人员来说，都是必不可少的。本书体系经过多所高等院校机械制造与自动化等专业的试用，效果良好。全书内容简明扼要，重点突出，便于学生自学，也给主讲教师留有发挥的余地。本书的编写充分利用虚拟现实（VR）、增强现实（AR）等技术开发的虚拟仿真教学资源，体现"三维可视化及互动学习"的特点，将难于学习的知识点以3D教学资源的形式进行介绍，力图达到"教师易教、学生易学"的目的。本书配有二维码链接的3D虚拟仿真教学资源，手机用户请使用微信的"扫一扫"观看、互动使用。二维码中有 图标的表示免费使用，有 图标的表示收费使用。本书提供免费的教学课件，欢迎选用本书的教师登录机工教育服务网（www.cmpedu.com）下载。济南科明数码技术股份有限公司还提供有互联网版、局域网版、单机版的3D虚拟仿真教学资源，可供师生在线（www.keming365.com）使用。

本书的体系和内容体现了系统、基础、全面、实用的特点，既可作为高等院校机械类各专业的教材，也可作为高等专科学校、成人高校等相关专业的教学参考书，还可供相关工程技术人员参考使用。本书由山东建筑大学王全景统稿，参加编写的人员有：中国海洋大学刘贵杰（第1章），中国海洋大学张庆力（第2章），山东建筑大学陈清奎（第3章），山东建筑大学王全景、山东职业学院尚新娟（第6~8章），山东建筑大学姬帅（第4章），泰山学院张秀红（第5章），中国海洋大学谭俊哲（第9章），山东现代职业学院焦守群（第10章）。本书配套的3D虚拟仿真教学资源由济南科明数码技术股份有限公司开发完成，并负责网上在线教学资源的维护、运营等工作，主要开发人员包括陈清奎、何强、胡洪媛、马仲依、许继波、邵辉笙、陈万顺等。

山东大学岳明君任主审。中国海洋大学王泓晖等对本书提供了大力支持与帮助，采用过本书的主讲教师对书稿和内容提出了许多宝贵的建议，在此一并表示衷心感谢。

由于编者水平有限，书中难免存在缺点和错误，敬请广大读者批评指正。

编者联系方式：13335163797，wqj338@163.com。

编　者
于济南

目 录

第1章

数控加工技术概述

随着科学技术的发展，市场竞争日趋激烈，用户对产品的需求也向着多样化、个性化的方向发展，这就要求企业能够快速响应市场需求，在较短的开发周期内生产出低成本、高质量的不同产品。为此，能够有效解决复杂、精密、小批量、多变零件加工的数控加工技术越来越受到重视。数控加工技术是利用数字化信号对机械运动进行控制的一项技术，数控机床是基于此而形成的一种机电一体化设备，同时也是数控加工实施的载体，其技术范围涵盖了很多领域，如自动控制技术、传感器技术、机械加工、软件工程和伺服驱动技术等。现如今，数控加工技术已在高新技术产业和尖端工业（如航空航天）取得广泛应用，并发挥强有力的作用。数控技术的发展水平和普及程度已经成为衡量一个国家综合国力和工业现代化水平的重要标志。因此，大力发展数控加工技术是提高国家地位、促进经济高速发展的一条重要途径。

📌 1.1 数控加工的原理、特点及应用范围

在本节中，将对数控加工原理、特点及其应用范围进行说明，在此之前，有必要明确与数控加工直接相关的几个概念。

1. 数字控制

数字控制（Numerical Control，NC）是近代发展起来的一种自动控制技术，国家标准（GB 8129—1987）将其定义为"用数字化信号对机床运动及其加工过程进行控制的一种方法"，简称数控。

2. 数控技术

数控技术（Numerical Control Technology）是指采用数字控制的方法对某一工作过程实现自动控制的技术。数控一般是采用通用或专用计算机实现数字程序控制，因此数控也称为计算机数控（Computer Numerical Control，CNC），国外一般都称为 CNC，很少再用 NC 这个概念了。

3. 数控系统

数控系统是数字控制系统（Numerical Control System）的简称，根据计算机存储器中存储的控制程序，执行部分或全部数值控制功能，并配有接口电路和伺服驱动装置的专用计算机系统。通过利用数字、文字和符号组成的数字指令来实现一台或多台机械设备动作控制，它所控制的通常是位置、角度、速度等机械量和开关量。

4. 数控机床

数控机床（Numerical Control Machine Tools）是指采用了数控技术的机床。国际信息处理联盟（International Federation of Information Processing）第五技术委员会对数控机床作了如下定义：数控机床是一个装有程序控制系统的机床，该系统能够逻辑地处理具有使用代码或其他符号编码指令规定的程序。它主要由输入输出装置、数控系统、伺服系统、位置检测装置、辅助装置和机床本体等几部分构成。其中，数控系统是数控机床的核心控制装置，是数控机床运行的决策机构。

1.1.1　数控加工的原理

数控加工的原理可通过数控加工的执行过程予以阐述。数控机床是实现数控加工的载体，零件的数控加工利用它来完成，其过程为：数控机床通过输入装置（一般为人机交互界面）读取预先编制好的数控加工程序；数控系统调用译码模块，以程序段为基本单位，由系统程序对其逐条处理，按照给定的语法规则将其转换为系统可读可理解的数据格式；在此基础上，通过插补运算，计算出每个周期应发送的控制指令，并分配至各个运动轴的驱动电路，经过转换、放大去驱动电动机，带动各个轴运动，随后利用反馈装置检测执行状态，据此完成闭环控制，使各坐标轴、主轴以及辅助动作相互协调，实现刀具与工件的相对运动，进而自动加工出零件的全部轮廓。上述过程如图 1-1 所示。

下面对该过程中涉及的关键功能以及装置进行详细说明。

1. 数控加工程序及其编制

数控加工程序指明了数控机床在加工时的动作。现阶段，可依据 ISO 6983 国际标准（即 G/M 代码）给定的格式规范完成数控加工程序的编写。对于简单零件的加工，手工编程即可实现。复杂零件（如叶片）一般需要借助 CAM 软件完成，如 UG、Power-MILL 等。除此之外，某些数控机床也会自带与之配套

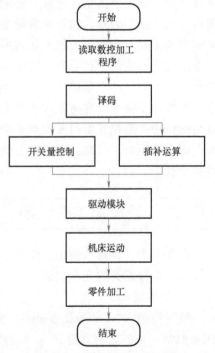

图 1-1　数控加工原理示意图

的编程软件，利用此软件可以显著提高编程效率，但往往成本相对较高。

2. 输入装置

输入装置的主要功能是完成数控加工程序的录入或读取。对于外形轮廓简单的零件，其数控加工程序较为简短，可在操作面板或人机交互界面上采用直接录入的方式将数控加工程序输入。而对于复杂零件，其加工程序行数较多，直接录入耗时耗力且容易出错，此时利用串口和网口通信完成加工程序传输的方式较为理想。现阶段，传统的纸带阅读机、磁带和软盘输入加工程序的办法已不多见。

3. 伺服系统

伺服系统是数控机床的关键部件，用于实现机床加工过程中的进给运动和主运动。一般

情况下,伺服系统主要用于控制机床的进给轴以完成进给运动精确的定位。对于主轴,有的数控机床不需要实现精确定位功能,可以采用三相异步交流电动机驱动;有的数控机床的主轴需要实现精确定位,可以采用伺服电动机驱动主轴回转。伺服系统包括伺服驱动器和伺服电动机两部分,伺服驱动器用于接收来自数控系统的指令,并经过功率放大整形处理之后,控制伺服电动机的运转,伺服电动机则拖动工作台的运动,完成指令给定的目标。

显然,伺服系统位于数控系统的末端,是指令的执行机构,其性能的优劣与否将直接影响数控机床的性能以及数控加工的质量。因此,要求数控机床的伺服系统具有快速响应的能力,能够忠实地执行来自数控系统的指令。

4. 机床本体

机床本体是数控机床的机械部分,它包括床身、底座、立柱、横梁、工作台、进给机构、刀库和刀架等部件。与普通机床相比,数控机床的床身具有如下特点:

1)床身结构刚度高、抗振性强且热变形小。一般通过提高床身结构的静刚度、增大阻尼、调整结构件质量和固有频率的方法来提升机床床身的刚度和抗振性,从而使得床身能够适应数控加工连续切削的生产模式。通过改善床身结构布局、减少发热、控制温升和热补偿等措施,减少床身热变形对加工质量和加工精度的影响。

2)伺服驱动系统作为机床本体的驱动装置。利用伺服系统可有效缩短机床传动链,简化机床机械传动系统的结构,降低传动链导致的误差,提高数控加工的精度。

3)采用高传动效率、高精度、无间隙的传动装置和部件,如滚珠丝杠螺母副、直线导轨、静压丝杠和静压导轨等。

5. 插补运算

在数控加工程序段中只给出了当前程序段所给定线段的起点和终点等信息,插补运算是在已知起点和终点的线段间进行"数据点密化"工作。插补运算是数控系统或数控机床的核心功能,它完成了数控加工代码向机床控制指令之间的转换。数控加工程序给出了零件加工时机床应运行的轨迹,但无法指明完成该轨迹具体的控制指令,插补的目的便是根据译码后的数控加工程序,周期性地计算出当前周期的控制指令,逐步完成刀具与零件按照给定轨迹的相对运动,直至零件加工完成。

6. 位置控制

通过插补运算,可以输出一个插补周期内的控制指令。为了令机床各个运动轴准确行进到规定位置,还需要利用位置检测装置(编码器、光栅尺等)将执行机构的位置反馈至数控系统,利用指定位置与实际位置的差值控制伺服电动机运转。

7. 辅助装置

辅助装置在数控加工过程中起到辅助作用,但往往也是必不可少的装置,如液压装置和气动装置。该装置一般用来实现零件的夹紧、刀具的自动更换、冷却、润滑、主轴起动和停止等开关指令。

1.1.2 数控加工的特点

与传统机床加工相比,数控加工具有以下特点。

1. 零件的加工能力强,适应性好

数控加工可通过多轴联动完成复杂型面的加工,且不需要复杂的工装夹具。另外,随着

CAD/CAPP/CAM/CNC 集成技术的发展，零件的自动化编程逐渐简易，数控加工程序的生成越来越方便，数控加工的适应性也随之提高。

2. 加工精度高，加工质量稳定

数控加工是一种自动化的加工方式，且利用数字指令实现加工时，一般定位精度可达±0.005mm，重复定位精度可达±0.002mm。另外，利用数控系统的补偿功能，可对机床传动链误差进行补偿，进一步提高加工精度。

数控加工过程避免了人为因素的干扰，不会因为操作者的个人水平、负面情绪等原因造成加工质量的下降，零件合格率高且稳定。

3. 生产效率高

数控加工可较为容易地实现工艺集成，在同一个工位上完成多个工序，配合自动换刀装置的使用，可有效缩短加工时间，提高生产加工效率。相比于传统机床，数控机床具有更高的主轴转速和进给量，在机床刚性和刀具寿命允许的前提下，可以采用较大的切削参数完成材料的去除，从而有效提高加工效率。

4. 降低劳动强度

因为数控加工是自动进行的，操作者除去完成必要的步骤之外，无须重复繁杂的手工操作，使得劳动强度降低，改善了劳动条件。

5. 加工过程柔性好

数控加工非常适合于多品种、小批量生产和产品开发试制，对不同的复杂工件只需要重新编制加工程序即可。尤其对于需要多次改型的零件而言，其数控加工程序往往不会一次性地出现较大改动，或者仅仅依靠调整刀具参数即可完成程序的修正，大幅缩短了生产准备周期，增强了加工过程的柔性，提高了加工效率。

6. 能完成传统机床难以完成或根本不能加工的复杂零件

复杂零件一般包含曲线曲面，至少需要两轴或两轴以上联动才能完成加工，采用传统机床利用人工的方式难度非常大，而采用数控加工的方式，可以通过数控系统计算出所需指令，较为轻易地实现其加工。

7. 具有监控功能和一定的故障诊断能力

随着数控系统的发展，其功能不仅局限于普通的运动控制，借助传感器技术和相关的通信协议，可以实时采集加工过程中的数据，进而实现对加工的监控。另外，在人工智能技术的支持下，可对采集到的数据进行分析，挖掘机床运行状态中的隐含信息，对机床故障进行一定程度的判断，即具有故障诊断能力。

8. 易于集成化管理

数控加工过程基于数控系统实现。现阶段，数控系统的开放性正在逐步增强，开放式数控已经成为主流发展趋势，这使得数控加工过程中的信息采集越来越简单方便，从而令基于此的制造车间透明化程度增强，易于企业上层对其管理。

1.1.3　数控加工的应用范围

数控加工在数控机床上实现，作为一种通用的可编程自动化加工设备，数控机床的成本相对普通机床仍然略高，无法完全取代其他类型的加工设备。因此，数控加工具有一定的应用范围，可通过图 1-2 所示的数控机床应用范围予以表示。由图可知，通用机床适用于零件复杂程度较低、生产批量较小的场合；专用机床适用于零件复杂程度较低、生产批量大的情况；数控机床主要应用于复杂程度较高零件的加工，同时对零件批量的适应能力较强，大批量、小批量的情况均适用。

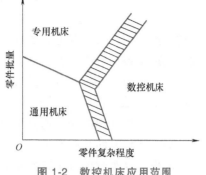

图 1-2　数控机床应用范围

随着数控技术的发展，数控机床的应用范围也在逐渐发生变化，开始应用于零件复杂程度不是太大的情况，即已经开始扩展到图 1-2 阴影部分所示的区域。

结合数控加工的原理及其特点，可以总结概括出数控加工的应用范围如下。

1）结构形状复杂且加工精度和加工质量要求较高的零件，这类零件用普通加工方式无法加工或虽然能加工但是精度和质量较难保证，如模具加工。

2）可用数学模型描述的复杂型面零件。

3）数控加工可应用于产品品种变换频繁、批量小、加工方法的区别大的情况。

4）必须在一次装夹中完成多种工序的零件。

5）需要多次更改设计才能定型的零件。

6）价格高的零件，采用数控加工的目的主要是为了防止加工过程中出现偏差造成经济损失。

7）需要精确复制且尺寸一致性要求较高的零件。

1.2　数控机床的分类

从不同的角度出发，数控机床有不同的分类方式，本节列举了几种常见的分类方式，如图 1-3 所示。

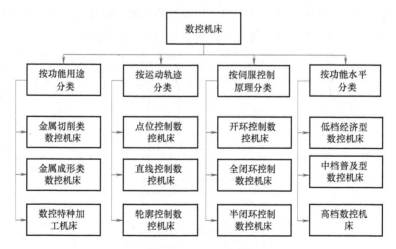

图 1-3　数控机床分类

1. 按功能用途分类

（1）金属切削类数控机床　最为常见的一类数控机床，根据其完成加工工艺的不同，可分为数控车床、数控铣床和数控加工中心等。

数控加工中心最初是由数控铣床发展而来的，它与数控铣床的最大区别在于加工中心具有自动交换加工刀具的能力。数控加工中心的出现改变了一台机床只能完成一种加工工艺的模式，实现了零件一次装夹、自动完成多种工序加工的功能。最为常见的加工中心是立式加工中心，其实质为安装有自动换刀装置及刀库的数控铣床。

（2）金属成型类数控机床　金属成型类数控机床是对传统金属成型机床数控化后获得的机床，其工作原理不变，均是通过其配套的模具对金属施加强大作用力使其发生物理变形，从而得到想要的几何形状。与传统成型机床相比，金属成型类数控机床通过数控系统完成上述动作。这类数控机床有数控折弯机、数控弯管机和数控压力机等。

（3）数控特种加工机床　利用数控系统完成特种加工的数控机床，如数控线切割机、数控电火花成形机和数控激光切割机等。

2. 按运动轨迹分类

（1）点位控制数控机床　点位控制数控机床侧重于点定位，即需要实现刀具或工作台从当前点到目标点的准确移动，且移动过程中不进行切削运动，对运动的轨迹也不存在严格要求。常见的此类数控机床有数控钻床、数控镗床和数控压力机等。该类数控机床的运动轨迹如图 1-4a 所示，图中虚线箭头表示机床并未切削工件。

（2）直线控制数控机床　相对于点位控制数控机床，直线控制数控机床不但需要具有定位功能，还必须实现点到点直线运动时的切削加工。该类数控机床一般有 2~3 个运动轴，但是无法联动，仅能完成单轴控制。该类数控机床的运动轨迹如图 1-4b 所示，图中实线箭头表示机床在切削工件。

（3）轮廓控制数控机床　这种机床能对两个或两个以上的坐标轴进行联动切削加工控制，具有直线、圆弧、抛物线以及其他函数关系的插补功能。该数控机床在加工时，不但要控制起点和终点的位置，还需要通过插补方法准确控制两点之间轮廓任意一点的位置和速度，从而使得机床加工出符合图样要求的复杂形状。常见的轮廓控制数控机床有数控车床、数控铣床、数控线切割机和加工中心等，这类数控机床一般具有较为完善的辅助功能，以保证轮廓加工过程顺利、高效地进行。图 1-4c 所示为该类数控机床的运动轨迹。

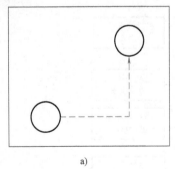 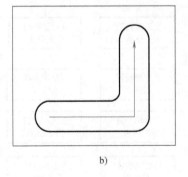 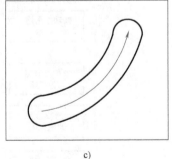

a)　　　　　　　　　　　b)　　　　　　　　　　　c)

图 1-4　三种运动轨迹

3. 按伺服控制原理分类

（1）开环控制数控机床　对于开环控制数控机床，机床本体不安装位置检测装置，其控制仅依靠数控系统发出的指令予以实现。这种控制方式无法采集末端执行器的反馈信号，不检测其运行状况，指令单向流动，因此称之为开环控制。此类数控机床成本低、调试维修方便，但精度往往不高，适用于加工质量要求较低的场合。另外，在对普通机床数控化改造时可考虑此种类型的系统。

如图1-5所示，基于步进电动机是实现开环控制数控系统最为常用的一种方式。数控系统根据控制指令，计算出进给脉冲，发送至步进电动机驱动器，随后控制步进电动机转过一定的角度，并通过齿轮传动、滚珠丝杠螺母副驱动工作台运动。

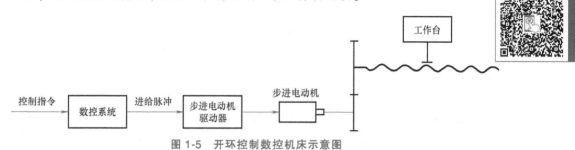

图 1-5　开环控制数控机床示意图

（2）闭环控制数控机床　相对于开环控制数控机床，闭环控制数控机床指的是安装了位置检测装置的数控机床。此类机床在运行时，可以测量出机床进给运动的实际值，并反馈到数控系统，从而获得指令值与实际值的差值，利用差值对运动进行控制，直至差值为零，以实现运动部件的精确控制。

根据位置检测装置安装位置的不同，可进一步将闭环控制数控机床分为全闭环控制数控机床和半闭环控制数控机床。前者一般采用光栅尺作为位置检测装置，该装置可以安装在机床工作台处，从而直接将工作台的位移反馈至数控系统，完成基于误差的控制。显然，全闭环控制数控机床的精度高，主要用于加工质量要求较高的场合。而对于后者，则使用编码器作为位置检测装置，即测定丝杠的角位移，进而间接获得工作台位移，因为工作台并未包括在控制环中，因此将其称为半闭环控制数控机床。相比开环控制数控机床和全闭环控制数控机床，此类机床是一种折中的数控机床，其结构简单，调试安装方便，成本不高，控制精度介于以上两类数控机床之间。

图1-6和图1-7分别给出了闭环控制数控机床和半闭环控制数控机床的示意图。在图1-6中，数控系统接收给定的位置指令，经过运算将其转换成控制指令传送给伺服驱动器，并传递给伺服电动机。对于不同的数控机床，可能会通过齿轮传动机

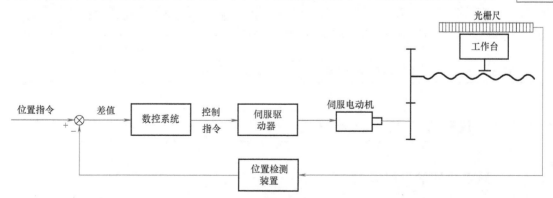

图 1-6　闭环控制数控机床

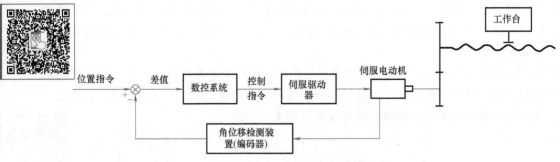

图 1-7　半闭环控制数控机床

构减速增扭，也有可能去除齿轮传动机构，直接与滚珠丝杠螺母副相连，进而控制工作台的移动。一旦工作台的移动发生，位置检测装置立刻反馈其位移信息，并与给定的位置指令比较，将差值输送给数控系统，一般将此差值放大后对伺服电动机进行控制，直至此差值为零才终止。

对于图 1-7 所示的半闭环控制数控机床，其工作过程与图 1-6 所示基本一致，不同之处在于检测装置安装在伺服电动机处或者丝杠端部，检测的变量是角位移，经过一定运算后再与位置指令求得差值，进而完成控制。

4. 按功能水平分类

数控机床可按照功能水平进行分类，一般分为高档、中档和低档三类，但这种分类方式是相对而言的，早些时候的高档数控机床现阶段可能是低档机床。此处列举几项档次分类的指标：机床进给分辨率和进给速度、伺服系统类型、联动轴数、通信能力、显示功能和CPU 能力等，具体见表 1-1。

表 1-1　数控机床按功能水平分类

档次分类指标	低档	中档	高档
机床进给分辨率	10μm	1μm	0.1μm
进给速度	8～15m/min	>15m/min 且 ≤24m/min	>24m/min 且 ≤100m/min 或更高
伺服系统类型	步进电动机开环控制	伺服电动机半闭环控制	伺服电动机闭环控制
联动轴数	≤3轴	4轴	5轴或更高
通信能力	无	R232 或 DNC 直接数控等接口	MAP（制造自动化协议）等高性能通信接口，且具有联网功能
显示功能	简单的数码显示或 CRT 字符显示	较齐全的 CRT 显示，有图形、人机对话、自诊断等功能显示	齐全的 CRT 显示，有图形、人机对话、自诊断等功能显示及三维动态图形显示
CPU 能力	8 位单板机或单片机	16 位或 32 位处理器	32 位以上处理器

1.3　数控加工技术的发展趋势

1.3.1　数控机床的发展概况

1952 年，美国研制出世界上第一台数控铣床，开创了世界数控机床发展的先河。随后，德、日、苏联等国于 1956 年分别研制出本国第一台数控机床。1958 年，由清华大学和北京第一机床厂合作研制了我国第一台数控铣床。

20 世纪 50 年代末期，美国 K&T 公司开发了世界上第一台加工中心，从而揭开了加工中心的序幕。1967 年，英国首先把几台数控机床连接成具有柔性的加工系统，这就是最初的柔性制造系统（FMS）。20 世纪 70 年代，由于计算机数控（CNC）系统和微处理机数控系统的成功研制，数控机床进入了一个较快的发展时期。

20 世纪 80 年代，随着数控系统和其他相关技术的发展，数控机床的效率、精度、柔性和可靠性进一步提高，品种规格系列化，门类扩展齐全，FMS 也进入了实用化阶段。20 世纪 80 年代初出现了投资较少、见效快的柔性制造单元（FMC）。

20 世纪 90 年代以来，随着微电子技术、计算机技术的发展，以 PC（Personal Computer）技术为基础的 CNC 逐步发展成为世界的主流，它是自有数控技术以来最有深远意义的一次技术飞跃。以 PC 为基础的 CNC 通常是指运动控制板或整个 CNC 单元（包括集成的 PLC）插入到 PC 机标准插槽中，使用标准的硬件平台和操作系统。20 世纪 90 初开发的下一代数控系统，都是基于 PC 总线构成开放式体系结构的新一代数控系统。

近年来，随着微电子和计算机技术的日益成熟，先后开发出了计算机直接数字控制系统（DNC）、柔性制造系统（FMS）和计算机集成制造系统（CIMS）。数控加工设备的应用范围也迅速延伸和扩展，除金属切削机床外，还扩展到铸造机械、锻压设备等各种机械加工设备，并延伸到非金属加工行业中的玻璃、陶瓷制造等各类设备。数控机床已成为国家工业现代化和国民经济建设中的基础与关键设备。

随着互联网的发展，讲究物物相连的物联网技术逐渐得到了重视。在此背景下，德国认为以物联网为技术基础，实现以智能制造为主导的第四次工业革命已经到来。我国提出了《中国制造 2025》行动纲领，建设以智能为主题的数字化、网络化制造车间，开展新一代信息技术与制造装备融合的集成创新和工程应用，提升制造业的智能化水平。数控加工技术处在整个制造业技术链条的末端，直接面对实际的加工和生产，数控加工技术的发展程度将直接影响制造业智能化的程度。经过多年的研究、应用和发展，数控技术已经取得了长足进步，为社会的发展和人类文明的进步贡献着力量，但是现阶段数控技术在智能化方面仍显不足，数控系统作为数控技术的核心部分，体现着数控加工技术及数控机床的智能化水平，因此，数控系统智能程度的进一步提高是将来重要的发展方向。

1.3.2 基于 STEP-NC 的数控系统

数控系统根据数控加工程序完成零件的加工，数控加工程序需遵循固定的格式规范完成其编写。现阶段的数控加工程序一般采用 ISO 6983，也就是所谓的 G/M 代码作为编制规范，至今已有接近 50 年的历史。采用 G/M 代码编写数控加工程序时简单易懂，但在当今智能化的时代背景下却逐渐显示出其短板。

1）G/M 代码具体指明了机床的切削加工运动和开关量动作，但却没有涉及待加工零件的任何信息，构成了 CAD/CAPP/CAM/CNC 集成的瓶颈，导致数控系统实时规划加工工艺和对加工时突发问题的处理等存在困难，降低了其智能性。

2）利用 CAM 软件编写 G/M 代码是一种较为普遍的方式，但编制后的代码需要经过后处理后才能用于机床加工，并且此过程是单向传输的，无法根据加工的情况直接反馈修改，造成了数控加工程序更新修改困难。

3）G/M 代码对复杂曲线曲面加工的相关数据结构定义不足，为此各个数控系统开发商均扩展了各自的专有指令，显然，这势必会造成不同厂商间数控加工指令的不兼容。

显然，当前应用 G/M 代码存在的问题限制了数控系统向智能化方向的发展。为了解决此问题，有必要制定一套新的标准，在取代 G/M 代码的同时解决其现存的问题。对此，工业化国家提出了 STEP-NC（即 ISO 14649）的概念，将 STEP（一套用于描述产品信息建模的技术标准）数据模型扩展至数控加工领域：在对产品几何信息描述的同时，添加了与数控加工直接相关的工艺信息，并利用制造特征融合几何与工艺信息，建立起面向数控加工任务的信息模型，从而使得数控加工程序携带更多的数据信息，完成 CAx 与 CNC 之间的无缝连接，搭建一条贯穿产品设计与制造过程的信息高速公路，为数控加工过程的智能决策提供数据和信息支撑。

STEP-NC 本质上是一套数控加工代码，但由于其涵盖了加工过程中的顶层信息，从而令其表现出更为重要的意义。

1）为数控系统的智能决策提供支持。从另一个角度出发，STEP-NC 可以看作是一个丰富的数据源，产品的几何与设计信息均可包含其中，如此一来，数控系统可根据 STEP-NC 中的内容完成零件的工艺规划与决策。进一步地，数控系统还可以采集数控加工过程中的相关信息，并对零件的加工方案进行实时评估与优化，促使零件加工质量实现最优。

2）数控加工程序独立于数控系统。利用 STEP-NC 可以降低数控加工程序对数控系统的依赖性，有效解决数控系统间的兼容性问题，防止出现开发商一家独大的情况。这主要是因为 STEP-NC 与 STEP 一样，是一种中性描述文件，不依赖于具体的数控系统。只要该数控系统支持 STEP-NC 数据模型，便可据此完成零件的加工工艺规划，且不需要后置处理，此项工作将由数控系统完成。另外，由于 STEP-NC 与 STEP 兼容，故而可完成对曲线曲面的描述，从而使得系统可实现复杂型面的数控加工。

自 STEP-NC 提出之日起，它便引起了国内外众多学者的注意。现阶段，对于基于 STEP-NC 的数控系统研究已经取得了非常丰硕的研究成果，并有较多的实验室设计开发了其原型系统，实现了各种类型零件的加工。虽然基于 STEP-NC 的数控系统/数控机床离应用阶段尚有一段距离，但 STEP-NC 势必会凭借其优势成为下一代数控系统的数据输入标准，并且得到广泛应用。

1.3.3 开放式数控系统

在数控技术诞生之初，设计开发的数控系统体系结构相对封闭，功能单一固定且无法扩展，但这种封闭的模式已经无法满足当前智能化的生产加工需求，增强数控系统的灵活性、可移植性以及可互操作性是数控系统发展的重要趋势。为此，许多国家对开放式数控系统展开了研究工作。数控系统正经历着从传统封闭式向开放式发展的过程。

开放式数控系统可理解为：数控系统的开发可以在统一的平台上实现，该平台面向机床开发商和用户，支持数控功能的更新维护、添加和裁剪，并支持与其他系统应用的互操作，可简洁方便地将用户的特殊应用、加工工艺和关键技术实施策略等集成到数控系统中。

数控系统的开放性体现在三个方面，即数控系统硬件实施平台的开放性、数控系统软件的开放性和加工数据模型的开放性，如图 1-8 所示。

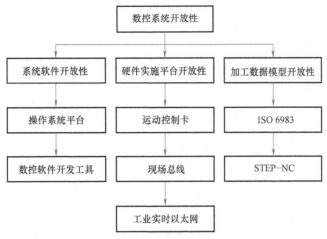

图 1-8　数控系统开放性

对于硬件实施平台的开放性,在经历了基于运动控制卡的数控系统和基于嵌入式开发平台的数控系统之后,逐渐发展为基于通用 PC 的数控系统,即纯软件型数控系统。对于此种类型的数控系统,数控系统的功能作为软件模块供 PC 进行调用。另一方面,随着加工需求的复杂化,数控系统需要控制的伺服电动机数量逐渐增多,I/O 数目也同步增加,这种情形的直接结果便是布线增多,降低数控系统硬件的可靠性,且不易于维护。对于此问题,现阶段已经开始采用现场总线的方式予以解决,即数控系统中的硬件设备(伺服驱动和 I/O 设备)挂接到一根通信总线上,并基于此种框架实现各个挂接设备的控制。这种方式具有连线少、可靠性高、扩展方便、易维护和易于重新配置等优点。工业以太网是现场总线的一种类型,它基于传统以太网通信协议,具有传输速率快和抗干扰能力强等优势,同时,可以通过相关技术改善其实时性以满足数控系统对伺服电动机的控制要求。常见的用于数控系统的工业以太网有 EtherCAT、PowerLink 和 EtherMAC 等。现阶段,通用 PC+工业实时以太网的硬件构成模式是开放式数控硬件实施平台的发展趋势,其构成示意图如图 1-9 所示。对于数控系统软件的开放性,在硬件实施平台中通用 PC 上安装操作系统,如 Windows、Linux 等,利用软件工程的相关理论和方法(如组件技术、状态机模型等)完成数控系统的开发。除此之外,现阶段已有专门的数控系统开发软件,比较知名的有 Codesys、TwinCAT

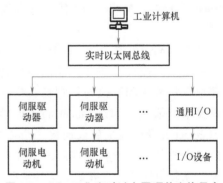

图 1-9　PC+工业实时以太网硬件实施平台

等。考虑到操作系统可能存在实时性较低的情况,可采用为系统添加实时补丁的方式予以解决,常见的实时补丁包有 RTX、Kithara 等。加工数据模型的开放性问题,可利用 STEP-NC 予以解决,此处不再赘述。

开放式数控系统可从以下几方面提高制造系统的智能化水平。

1. 网络化

封闭式数控系统由于无法与其他设备互联互通,或者必须花费高昂的费用购置与之配套的模块或协议，导致车间出现了大量的"信息孤岛"，即自身蕴含丰富且有价值的信息资源，但是却无法传输至外界供其参考与分析，这构成了企业发展与进步的阻力与障碍。开放式数控系统可有效解决该问题，尤其是对于基于 PC+工业实时以太网的数控系统，由于系统基于操作系统搭建，而操作系统或相应的软件开发商均提供丰富的接口模块解决多台计算机设备之间的互联互通与网络化问题。另外，工业实时以太网具有数据传输量大的特点，可以有效、全面采集加工过程中的相关数据。据此，可轻易实现控制网络与数据网络的融合，实现网络化生产信息和管理信息的集成以及加工过程监控、远程制造、系统的远程诊断和升级等智能化功能。进一步地，随着网络通信协议 OPC 和 MTConnect 的提出和发展，数控系统之间、数控系统与其他设备之间的通信逐渐标准化且易用化。

因为通信协议对于数控系统监控的实现起到非常重要的作用，此处简要介绍一种新兴的网络通信协议 MTConnect。它是一种开放、免版税的设备互联标准和技术，采用通用互联网协议，利用网络实现数据的传输，进而完成数控系统、车间设备以及应用软件之间的互联互通，在此基础上实现其广泛互联与互操作。

MTConnect 在提出之时规划了三个阶段性目标。

（1）数控机床互联　此目标为根据 MTConnect 的相关协议标准，完成数控机床的数据监控和采集，也包括数控机床之间的信息共享。现阶段的 MTConnect 处于该阶段。

（2）实现工件、夹具等信息的监控并支持对机床起停操作的远程控制　MTConnect 的第一阶段侧重于数控机床信息的监测，第二阶段计划实现包括数控机床在内的更广泛的设备互联，并增加远程控制，能够实现非现场的控制功能。

（3）实现机床等设备的"即插即用"　第三阶段实施后，可显著降低设备监控的难度，提高易用性。

图 1-10 所示为 MTConnect 的应用结构。由图可知，MTConnect 由三大部分构成，即 MTConnect 客户端、MTConnect 代理端以及联系二者的网络。

在 MTConnect 中，代理起到非常重要的作用，它是连接被监控设备和客户端的重要桥梁。为了保障信息一致性和监控的便利性，代理端和客户端需要采用依从于 MTConnect 的数据模型。一个MTConnect 代理端模块可以连接一个或多个设备，完成信息的采集。考虑到现阶段数控系统的基本情况，在应用代理端时有如下两种情况。

（1）内部支持 MTConnect 接口的数控机床对于此种类型的数控机床，可直接按照 MTConnect 的协议标准接入监控网络。

（2）不支持 MTConnect 接口但具有网络接口

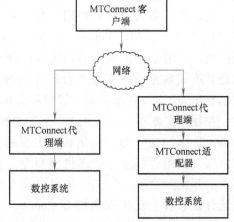

图 1-10　MTConnect 应用结构

的数控机床　对于此类数控机床，MTConnect 代理模块无法直接获得机床数据，因此需要增添一个适配器。该适配器可采用多种实现方式，既可以是硬件设备，也可以是软件应用程序，其目的在于在被监测的数控机床系统允许的前提下，获取必要的数据，并将格式转换为满足 MTConnect 要求的形式，进而完成监控。

为了适用于不同类型设备的描述、监控、管理和互操作，MTConnect采用可扩展标记语言（XML）对设备基本信息、需监管的数据等内容进行描述。

对于客户端，它是面向用户的一个应用软件，是根据需求方的要求设计的一个监控和分析程序，但它必须包含一个支持MTConnect的软件模块，该模块由协议开发商编写并提供，以配合代理的功能，完成数据查询等操作。

对于连接客户端和代理端的网络，它是二者的物理连接，可基于Ethernet或Internet实现，一般采用超文本传输协议完成信息传输。

对于基于MTConnect的监控系统，关键在于实现设备、代理和客户端（应用程序）之间的信息集成，主要是设备与代理之间以及代理与监控端之间的动态数据交互。为了实现这种动态的数据交互，MTConnect对设备模型和监控内容等均采用统一的模型和描述方法。而且数据的交互是通过请求与应答机制实现的，应用可以动态获取机床等设备的结构信息，并根据机床模型和监控目标确定具体监控内容。这种机制和统一的信息模型保证了不同设备与不同监控接口之间的信息集成，具有较好的普适性。

2. 自治智能化

开放式数控系统有利于实现数控系统的自治智能化。自治智能化功能包括加工过程优化、刀具监控、误差检测补偿、在线测量等许多非常规数控系统的功能，该功能的实现一般借助于传感器技术实时采集加工过程中的运行数据，利用相关算法实现数据分析和处理，目的是提高生产效率和加工质量。通过以上论述可知，自治智能化实现的关键有两项，其一，传感器的安装和布置，其二，相关算法的实现。为了实现自治功能，需要安装大量的传感器，进而会产生非常繁杂的接线，而应用开放式数控系统中的工业实时以太网技术可以有效解决该问题。人工智能技术的快速发展，大量智能算法的出现，可用于实现数据的分析、处理与决策功能，利用通用PC和通用操作系统作为平台，可以快捷方便地实现这些算法，从而解决算法实现的问题。

3. 复合化

随着数控系统开放性的增强，其性能也随之提升，逐渐实现了工序复合化和功能复合化。传统的加工工艺（车铣刨磨等）及其相应的粗、精加工工序可以在一台数控机床上实现，且能保证较高的加工精度和较低的表面粗糙度。另一方面，数控系统开放性的增强促进了其功能模块化、组件化，各个模块或组件之间相对独立且能够根据需要耦合在一起，具有极高的可重构性，这一特性令数控系统不但可用于机床的控制，其架构同样适用于机器人的运动控制。这为建立协调统一的智能化生产线提供了有力的支撑。

1.3.4　数控系统的定制化

如前所述，现阶段制造业对中小批量产品的需求日益增加，定制化生产趋势明显，随之而来的，生产制造商对数控系统功能的要求也越来越苛刻：不但能够满足基本生产加工需求，还要具有定制化功能，可以根据订单和任务需求完成数控功能的重组或重构，以适应未来智能化的生产加工模式。

开放式数控系统的发展从一定层面上实现了功能的定制，但在具体实施时其开放性存在一定的局限，用户利用开发商提供的软件完成已有功能模块的重组，无法完成新功能的添加或实施。现阶段，某些高档数控系统，如西门子840D数控系统，可借助于Wincc Flexible开发工具完成对系统 NC 参数和 PLC 参数的访问，但其功能主要局限于人机交互界面的二次开发，对于其内部核心功能仅提供接口，无法进行定制与升级。当用户遇到新功能和新需求时，可尝试利用相关开发工具设计实现，若无法实现，则需要寻求开发商的协助。对于开发商而言，往往不希望改变数控系统既定的体系结构，对用户提出的要求不做响应。在传统大批量生产模式下，此类需求较少，生产商即使不做回应也不会对其利润造成特别大的影响，其市场占有率仍然相对较高。但现阶段市场需求瞬息万变，不但此类需求大幅增多，而且要求生产商能够快速回应，短期内从数控系统内核层面完成系统的更新，完成产品的升级换代，实现新功能与特殊要求的添加。为了迎合该发展趋势，数控系统生产商需从功能重构的角度出发，以实现数控系统对生产实际中出现的新数控功能的迅速支持为目标，从以下几个方面构建支持定制的数控系统。

1. 数控功能描述方法

在数控系统开发响应应用用户需求前，需制定统一的数控功能描述方法，从而使得开发商能够识别并理解用户的具体要求，进而对此作出响应。相关的技术手段有 UML 统一建模语言等工具。

2. 数控系统建模方法

为了增强数控系统的可重构性，令开发商迅速完成响应，有必要建立数控系统的模型，其目的在于描述系统的功能概念、功能之间的联系，以及实现手段等。可行的方法和工具有有限状态机和 Petri 网等。

3. 数控系统功能数据库开发

在开发商侧，需设计开发一个数控功能数据库，按照相应的格式存储不同型号数控系统应该涵盖的功能，待对系统进行重组或重构时，可对其直接调用。考虑到该数据库可能较为庞大，现有的关系型数据库未必满足要求，可尝试应用云计算平台下的 BigTable 予以实现。

4. 实施流程与架构

当用户有新功能要求需要实现时，首先按照给定的功能描述方法，组织并提交需求至数控系统开发商处，开发商据此查询数据库，确定是否已有此功能的实现方法和手段。若存在，则直接按照已有经验完成用户要求的功能升级即可；若不存在，开发商需进行功能开发经济性评估，判断成本与可行性，在保障其利润最大化的前提下，完成新功能的开发，测试后完成数控系统的升级，并将升级后的新功能存储至数据库。数控系统定制化的实施流程如图 1-11 所示。

另外，数控功能描述方法实际上为数控系统建模和数控系统功能数据库的设计与开发提供了参考。

数控系统的定制化不但满足了用户端对新功能增添方面的要求，促进了市场的进一步发展，而且搭建了用户与开发商之间的联系，促使开发商对现阶段数控系统的需求有了更为深刻的理解。经过一段时间的发展，开发商有可能会产生超前意识，给用户提供更为智能和方便的数控系统，进而促进智能制造的发展。

1.3.5 云端数控系统

前面主要围绕着单台机床中数控系统的发展方向，但单一数控系统的发展空间毕竟受到硬件设备的限制，如数据处理速度、数据存储的容量等。为此，数控系统也存在另外一种发

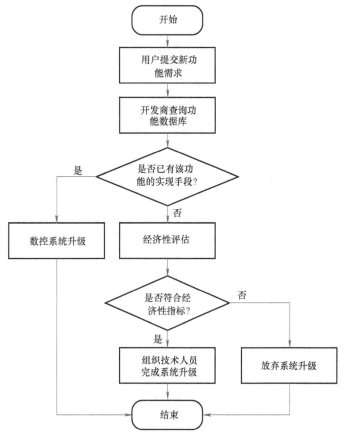

图 1-11　数控系统定制化的实施流程

展方向，即弱化单台机床数控系统的能力，其功能类似于一个中转机构，仅负责将决策层的指令分配给机床的各个运动轴，并将执行结果反馈给决策层，供其完成下一个周期的指令计算与发送。对于该决策层，其设计实现与实施与云计算模式类似，即通过大量机群，运用分布式计算的技术与方法，构成一个存储空间大、计算能力强的"超级计算机"来作为一个车间甚至一个企业生产、制造和加工的"大脑"，实现相应的决策。图 1-12 所示为一个云端数控系统的架构示例，在云端将实现代码解析、插补功能、多轴控制等功能，并对实时性予以保障。

云端数控系统的优势有：

1）可以实现行业知识的汇聚，对企业产品的生产制造提供专业性和创新性更强的智能化支持。

2）统一协调管理生产加工过程中的所有数据，并进行大数据分析，获得产品加工时有无效率和加工质量提升等方面的可能性与提升空间等，为企业的决策支持提供帮助。

3）实现加工功能的统一运作和管理，基本实现无人化车间。

对此，涉及如下几项核心技术和问题需要解决。

1）控制指令下发的网络延时有可能影响零件的加工质量，为此，需要增添冗余和容错机制，或者采取边缘计算的架构形式，尽可能降低网络延时。

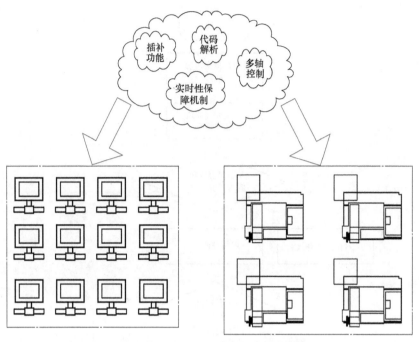

图 1-12　云端数控系统的架构示例

2）行业知识的表示和应用方式。对于该问题，可利用当前广泛采用的本体论的方法完成知识的表示，并借助于推理规则完成相关知识的推理和输出，实现其应用。

3）企业架构模式。采用基于云端的数控系统将直接改变现阶段企业的架构模式，因此，需对其进行进一步分析与探讨。

对于云端数控系统的研究性论文相对较少，其处于讨论与探索阶段，若读者感兴趣，可参考文献［7］。

1.3.6　数控加工技术与智能化车间

智能制造需要一个具体的实施环境和空间，车间是完成加工、生产与制造的场所，智能化车间的建立将促进智能制造的发展。

智能化车间的定义如下：智能化车间是基于对企业的人、机、料、法、环等制造要素全面精细化的感知、采集和传输，并采用多种物联网感知技术手段，支持生产管理科学决策的新一代智能化制造过程管理系统。在智能化车间的支持下，对制造的全过程包括物料的入库、出库、调拨、移库、生产加工和质量检测等各个作业环节的数据进行自动化数据采集、传输等，确保企业上层能够及时准确地掌握生产过程中的真实数据。

如图 1-13 所示，制造车间的发展经历了如下几个阶段：最初的车间是由物理设备构成的，包括普通机床和手工工具等；数控机床的发展使得物理设备实现了自动化控制，信息空间开始出现，但是彼此没有交互；随着数控技术的进一步发展，柔性制造系统、计算机集成制造系统和智能制造系统等先进制造模式出现，企业也逐渐建立起了复杂的信息网络，物理空间中的设备（不再仅限于数控机床，也指其他自动化设备）与信息空间的交互增多且日益频繁，这是当前制造车间所处的阶段；第四阶段是未来车间的发展方向，将实现物理空间

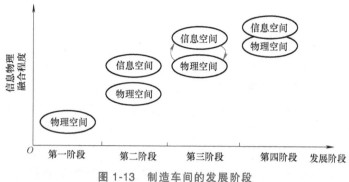

图 1-13 制造车间的发展阶段

与信息空间的融合，即建立一个与物理实体完全对应且一致的数字孪生体，并通过它完成制造过程的实时与透彻感知，进而反馈给物理系统实施操作与控制。信息物理融合是实现智能化车间的核心技术。

数控机床是加工制造的执行者，数控系统是机床加工的控制和状态监测装置，其本质是一个计算机系统，也是信息空间的最小实现载体。结合当前车间基于数字孪生体的发展趋势，每台机床均需要有一个与之对应的数控机床数字孪生体，这需要在数控系统上予以实现。为此，数控加工技术需要沿着以下几方面发展。

1. 机床信息的高速实时传输

机床信息的高速实时传输包括了两方面内容，即数控加工过程产生的状态数据向数控系统的传输以及数控系统向上层监控设备的数据传输。

数控机床数字孪生体可以看作是数据源和控制策略组成的一个混合体，控制策略的实施需要数据的支持，并且需要保证数据实时稳定地传输，这样才能够保障决策的准确有效，否则轻则出现零件的报废，重则损坏设备甚至危及操作人员的安全。数控机床是智能化车间的一部分，其数字孪生体还需要同步传输至数字孪生车间中进行车间范围内的生产调度等。为了保证同步性，此项传输也必须是高速实时的，但现阶段的网络通信协议大多速度较慢且不具有实时性，因此开发实时工业通信网络是一个将来重要的研究内容。

2. 数控机床虚拟建模技术

数字孪生体是信息世界中的一个虚拟体，结合数字孪生体的概念，该虚拟体需要与物理体完全一致，因此需要涉及三维造型技术、多物理场仿真建模等技术。但现阶段的三维造型技术主要侧重于模型的逼真程度以及渲染效果等方面，而物理现实中的实物除了外观形象外，还具有相应的特性；多物理场仿真侧重于通过数学模型指明物体的变化规律，不侧重外观的表现。若能够将两项技术结合，将有利于数控机床数字孪生体的建立，这也是将来的一个发展方向。

3. 信息物理一致性方法

数控机床的性能将随着应用时间的推移逐渐发生改变，其之前满足的变化规律在机床的整个生命周期内未必始终有效，这是一个动态的过程。因此，数字孪生体也要随着物理实体的变化而改变，以保证信息物理的一致性。可通过两种方式实现数字孪生体的一致性变化：数字孪生体可以实现信息采集功能，利用采集到的信息按照数据变化规律进行拟合，以获得数控机床的当前模型；根据历史信息预测其变化趋势，超前得到机床的未来模型，并据此完成故障诊断等功能。

1.3.7 数控加工技术与绿色制造

面向智能化生产制造的数控加工技术是当前发展的主流趋势，同时，伴随着国民经济的快速发展，资源浪费与环境污染等问题也日益凸显，并在衣食住行等各个方面对人们造成不利的影响。显然，只顾经济进步而无视环境问题的发展模式应被可持续发展代替，实现资源、能源的合理开发与利用，降低能源在使用过程中对环境的影响等成为世界范围内广泛关注的主题。制造业是国民经济的基础，随着科技水平的不断提高，制造能力增强，与此同时，制造业对能源的依赖程度也越来越高，不可避免地成为能源消耗的大户。《中国制造2025》将"绿色发展"作为基本方针之一，旨在加强节能环保技术、工艺、装备推广应用，全面推行清洁生产，并提出了相应的指标作为战略目标（表1-2）。另外，"十三五"规划要求推进传统制造业绿色改造，推动建立绿色低碳循环发展产业体系，鼓励企业工艺技术装备更新改造。由此可见，实现并推广面向低碳低能耗的绿色制造已成为当今不可逆转的趋势。

表 1-2 中国制造 2025—绿色发展战略目标

类别	指标	2013 年	2015 年	2020 年	2025 年
绿色发展	规模以上单位工业增加能耗值下降幅度	—	—	比 2015 年下降 18%	比 2015 年下降 34%
	单位工业增加值二氧化碳排放量下降幅度			比 2015 年下降 22%	比 2015 年下降 40%
	单位工业增加值用水量下降幅度	—	—	比 2015 年下降 23%	比 2015 年下降 41%
	工业固体废物综合利用率（%）	62	65	73	79

机械加工是制造过程中不可或缺的组成部分，其节能潜力和环境减排潜力巨大，另外，随着数控加工技术的广泛应用，数控机床在车间的覆盖率也正在逐步提高，数控加工成为降低生产加工过程中的碳排放和能量需求的重要方法。利用数控加工技术可从以下几方面实现绿色制造。

1. 能耗数据监控

数控加工机床本质上是一个功率驱动的机电一体化设备，其能耗是功率在时间上的积分。因此，可通过采集数控机床组件的功率来测量并监控加工过程中的能量需求，收集、观测并分析能耗数据，从中寻找出降低能耗的切入点，进而提出面向绿色制造的加工改进方法。除此之外，功率/能耗数据还具有其他方面的应用价值，如判断刀具磨损程度、机床故障诊断等。对于给定的刀具，其切削功率随着加工时间的增加而逐渐增大，当接近刀具寿命时，功率会出现一定程度的不稳定。根据此种规律，可对刀具磨损程度进行判断并决定是否更换刀具。数控机床由多个耗能组件构成，每个组件在正常工作时均表现出符合一定规律的功率特性，通过监控该数据，若发现某个组件功率出现异常，则有可能机床出现故障，可根据具体情况予以处理。

2. 数控机床能耗模型

与普通加工机床相比，数控机床组件种类较多，功率/能耗特性复杂多样，从而令数控机床呈现出多源能耗特性。考虑到数控机床是完成加工的载体，加工过程中的能量需求与数控机床的能耗特性直接相关，因此建立数控机床的能耗模型有助于理清加工时能量的来龙去脉，为能耗的优化提供理论支撑。对于机床能耗模型的建立，有两种方式，其一为理论建模，其二为试验建模。对于理论建模，其思路是采用正向推导的方式，在分析机床各个组件功率/能耗影响因素的基础上，根据现有的物理学定律，建立起功率的函数关系式。将数控机床每个组件的功率/能耗表达式汇总起来即构成了多源能耗模型。理论建模的特点是能够清晰明确地表达出功率/能耗变化满足的规律，但表达式中一般还有较多的未知参数，其确定存在一定的难度。除此之外，表达式的形式往往较为复杂，含有很多高阶的数量关系，对应用造成不便。对于试验建模，主要通过试验的方式，将数控机床看作一个黑箱模型，通过给系统一个响应，测定输入输出之间的关系来完成能耗模型的建立。通过此种方式建立的能耗模型形式相对简单，应用价值较高，但往往模型需在一定的范围内才成立或者误差相对较小。常用的方法有响应面法，系统辨识的相关理论方法等。

3. 面向能耗的在线工艺决策

除去数控机床本身的功率/能耗特性外，待加工零件的加工工艺对机床加工过程中的能量需求影响也相对较大。加工工艺包括的范围较广，如工艺参数、工艺路线、刀具路径和刀具选择等。在数控加工能耗模型的支持下，借助于能耗数据的监测，可对零件加工工艺的能量需求进行评估，进而借助于元启发式算法对加工工艺要素进行选择，寻找到能耗最优的加工工艺方法。另外，在寻优时可增添其他必需的指标以满足加工质量要求，且不能因为降低能量需求而牺牲其他更重要的要素。

1.4 智能制造对数控加工技术的新要求

随着我国《中国制造2025》、美国"工业互联"、德国"工业4.0"等战略规划设计的出台，相关领域技术快速发展，特别是在互联高速发展的前提下，国内一些大型企业已经开始将数据加工设备上云，通过将现场生产网络与互联网络相连，形成了设备与设备、设备与人、人与人之间的互联互通。未来产业界将通过新的技术和新的商业模式进行改造升级，企业将通过云端的各类工业应用软件，灵活地进行组合，直接面向最终用户，减少中间各类环节，有效节约成本，提高生产效率。下面提出几点智能制造对数控加工技术新的要求，供思考。

1) 综合交叉技术。在未来的数控加工领域，将信息技术（IT）、操作技术（OT）、通信技术（CT）、数据技术（DT）进行交叉融合，通过交叉融合的技术将用户最终的需求落实到生产线，进行加工生产，在用户端，从订单开始下发到产品最终的交付，可以进行全过程可视化管理，做到可看、可管、可控、可用，最终实现灵活定制性生产。

2) 信息安全技术。实现智能制造的目标，信息安全技术是前提保障，在上述"4T"交叉技术应用上，智能制造生产过程中用的软件产品、硬件产品、网络通信产品等种类繁多，品牌型号不同，通信协议不统一，各设备厂家的安全等级标准不同，这样就会带来潜在的风险，任何一个环节出现问题都会给生产加工带来损失。因此，信息安全技术是实现智能制造的前提和保障。

3) 虚拟仿真技术。在离散式制造过程中，根据用户的需求进行可定制化生产加工。其中，在设计环节，需要根据用户需求制定生产加工的产品规格型号和加工工艺，并通过虚拟仿真技术进行验证，把好质量管理关，根据通过验证后的仿真模型和数据参数，进行自动化生产加工，同时能够通过可视化平台直观展示给客户。

📌 1.5 典型案例

1.5.1 项目介绍

山东省某公司是金属镁铝合金新材料专业生产企业，主要生产镁铝锌基牺牲阳极、镁铝合金挤压型材、汽车零部件、航空高铁产品、3C产品等，拥有500-2000T挤压机9台、280-2500T压铸机14台（其中900-2500T全自动压铸岛7座）、JSW半固态触变成型机2台，并配备镁铝合金熔炼炉以及各类数控加工设备300余台（套）。

1.5.2 问题分析

该公司属于典型的"多品种小批量"离散型生产加工企业，是根据用户的订单来组织生产加工的。随着客户订单的不断增加，生产车间的设备和工人工作负荷较大，工人的工资不断增加。产品的品种繁多，规格型号不同，每种加工工艺流程不尽相同，生产车间基本上采用人工的方式进行质量检验、包装及运输。

该公司的主要问题表现在以下几个方面。

1) 生产加工的产品，多品种小批量，每个品种的规格型号、所需要的生产工艺不尽相同。

2) 工作负载不均。订单多的时候全生产线的人员加班加点忙生产，在没有订单时，设备和人员处于闲置状态。

3) 信息化技术较落后。生产加工厂房均未进行互联互通，没有统一调度任务管理。

4) 人工成本较高。生产线加工工人工资较高，而且招不到人，在生产线上存在人员安全潜在风险。

5) 质量检测和包装的工作效率低。现在生产加工出的产品全部采用人工的方式进行检测，需要多个人员进行包装和运输，工作效率低。

1.5.3 解决方案

经过对公司进行现场调研以及与公司管理层、生产加工车间的负责人和工作人员进行沟通交流，针对上述问题，某智能制造研究院（拟定）结合国内外先进技术，根据客户的实际情况，制定性价比高、技术先进、操作简单、易维护、可扩展的落地实施解决方案。

该解决方案，主要包括现场工业以太网络建设，将数据采集设备、智能控制设备、服务器、人机交互终端、包装设备、仪器仪表、质量检测设备、包装设备、机器人、机床、辅助工具等，组成现场工业以太网络，实现机器到机器的互联互通；工业控制软件设计开发，主要包括数据存储、协议分析、信息交互、调度控制、安全管理、设备管理等基础应用类软件和程序管理、生产管理、智能排产、质量管理、工艺管理、虚拟仿真、物料管理、能耗监测、数据分析、设备状态等核心应用软件等。本方案主要通过工业以太网实现机床与其他设备的互联互通，硬件与软件的结合，信息技术（IT）、操作技术（OT）、通信技术（CT）、数据技术（DT）相互融合，企业信息管理系统与生产执行系统的协同，打破了系统间的数据壁垒，建立了一条客户订单可视化，生产加工自动化，销售服务网络化，决策管理数据化，从订单、生产、包装、出库、运输到售后全过程的数字化工厂。

1. 总体架构

智能数控加工平台总体架构主要分为现场设备、数据采集、数据存储、基础应用、核心应用5层逻辑架构，如图1-14所示。

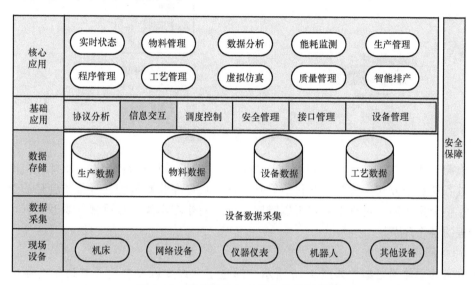

图1-14 智能数控加工平台总体架构图

现场设备层，主要针对现有机床、仪器仪表、机器人、控制设备、网络设备、数据采集设备、传感设备、软件服务器、数据库服务等，通过工业以太网实现设备与设备直接的互联互通，打通从应用管理系统、生产执行系统到设备控制系统直接的连接通道。

数据采集层，主要通过数据采集设备将数控机床、仪器仪表、机器人等生产线上的设备的状态信息、运行指标、过程控制信息等进行实时的数据采集，将数据传输到数据存储设备数据库中进行存储。

数据存储层，主要对生产数据、物料数据、设备数据、工艺数据进行存储。

基础应用层，主要负责各类生产线上的通信协议的解析、设备与设备信息的直接交互、加工生产任务调度、设备安全管理、与其他系统接口之间的管理以及设备的管理。

核心应用层，主要是面向生产管理人员、工艺设计人员、管理决策者、设计的各类功能模块，包括程序管理、工艺管理、虚拟仿真、物料管理、质量管理、智能排产、生产管理、数据分析、能耗监测等。

2. 业务流程

该智能数控加工平台主要的业务流程如图1-15所示。客户在线上或线下根据自己要加工的材料，填写加工生产单、下发订单；系统根据用户的订单内容，分析是否接收订单；订单接收后及时反馈给客户状态，同时通知生产车间，安排生产加工任务；制造执行系统根据任务安排工艺设计师根据客户的需求设计生产加工工艺，由调度控制系统根据机床负载状况灵活地调度安排加工生产；加工生产完成后，由视觉识别设备以自动加人工的方式进行质量

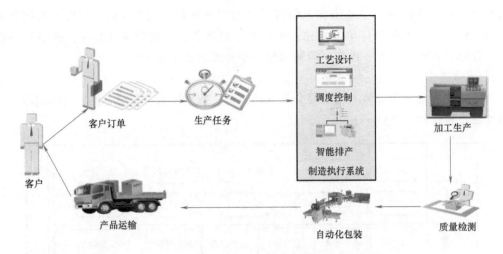

图 1-15　业务流程图

检测；检测完成后，通过自动化包装线对生产加工的产品进行自动化包装和入库出库；最后，通过各类运输方式，将产品交付给客户。客户可以在收到货物并且验收合格后进行在线支付，在整个生产加工过程中客户可以随时、在线对生产车间进行可视化观摩，并可以查看生产过程的各个环节。

3. 总体网络

本方案的总体网络架构如图 1-16 所示，通过工业以太网交换以及其他生产制造车间的各类设备组成现场工业以太网络，实现设备间、软件系统与硬件设备间直接的互联互通。

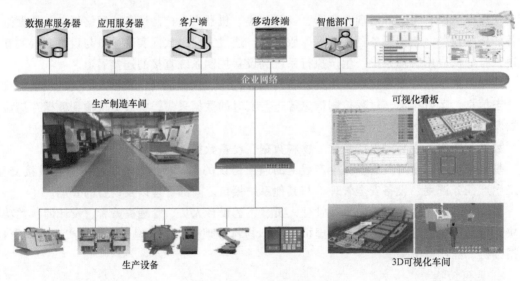

图 1-16　总体网络架构图

1.5.4　系统展示

1. 生产管理模块

生产管理模块如图 1-17 所示，该模块的主要功能是用于车间加工人员查看当天的生产

图 1-17　生产管理模块

任务，明确每个加工人员的工作目标，查看物料配比、零件图样及工艺内容，及时安排物流人员配料、送料，提高生产效率。

员工通过刷卡查看自己的工作任务和提交进度，且每个人只能看到自己的任务。

2. 智能排产模块

通过智能排产技术，公司的生产调度根据特定人员、设备、时间、空间等资源对工件的加工序列进行排序，给出每个工件的每道工序优化的资源组合，即给出每道工序的起止时间、加工中心、加工设备、班组人员等信息，优化目标，提高生产效率。

智能排产模块将所有产品、部件、零件、工序全以形象直观的图形化表现，实现工序任务的手动拖拽，并以不同的颜色来区分，当产品或工序开始后，颜色条的长度将实时地减少，直到最终完成，如图 1-18 所示。全透明的计划流程便于监控所有产品的进度和生产，以产品、部件、零件、工序等多级别管理生产，结构清楚，一目了然，可以立即查看一个项目或一个零件及其工序的所有相关信息。基于有限资源能力的作业排序和调度，优化车间生产计划，能够综合设备的实际加工能力，并根据现场生产实际情况随时做出调整，按交付日期、精益排产、生产周期等多种排产方式，最大限度地满足各类复杂的排产要求。

3. 虚拟仿真模块

虚拟仿真模块具有完善的版本管理功能，每次更改均产生新版本，可自动跟踪、记录程序文件的所有变更，允许用户比较/恢复老版本；能对在同一目录下的同名程序存在不同扩展名时提供提示、修改、更名的操作；可对程序注释、刀具清单、工艺卡、模型图、工程图、加工状态图片等相关文件进行关联管理；可以直接浏览 NC、TXT、DOC、BMP、PDF、Autocad、Solidworks、CATIA、PRO/E、UG 等各种数据文件；对 CATIA、PRO/E、UG 等三维图形文件能直接进行缩放、旋转、平移、剖切；具有触摸屏大图标界面，适合操作者在触摸屏上方便操作，如图 1-19 所示。

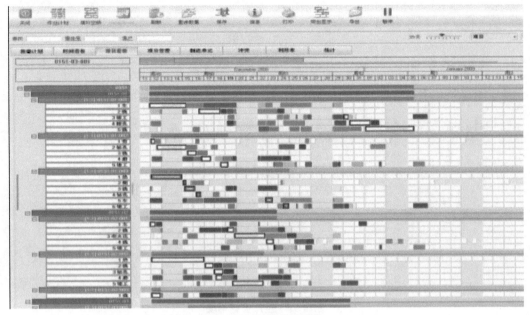

图 1-18　智能排产模块

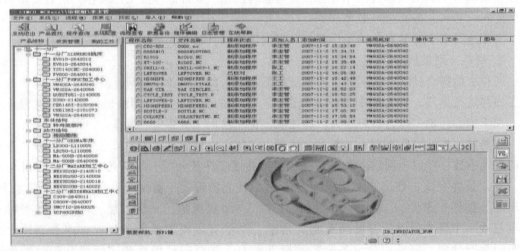

图 1-19　虚拟仿真模块

4. 数据采集模块

数据采集模块如图 1-20 所示。对于具备网络接口的自动化生产线或设备，数据采集模块直接通过网络与设备的 PLC 进行数据交换，可以采集到如下生产数据：生产线或设备的工作状态（手动、自动、运行或停止等）；生产线或设备的运行参数；生产线或设备的故障及报警信息；其他相关生产信息，如生产数量、生产周期/节拍、停机次数及时间等信息。

此外，数据采集模块可以形成直观形象的图形界面，为管理人员提供现场的实时信息；为维修工程师快速定位和分析现场故障、确定解决方案提供有效的帮助；可以实时展示生产线或设备的关键工艺参数，实现加工过程的数字化监控，供管理人员进行生产工艺参数分析。

图 1-20 数据采集模块

5. 数据分析模块

数据分析模块如图 1-21 所示,该模块提供的走势图可以对每台设备/每个生产线/每个分厂等进行每天/每周/每月的走势分析,方便用户对设备的生产效率进行横向对比,并通过对比来查找影响生产利用率的原因。

1.5.5 应用效果

该公司通过对生产工厂的金属材料加工进行智能化升级改造,首先将现有的 300 多台

数控加工技术（3D版）

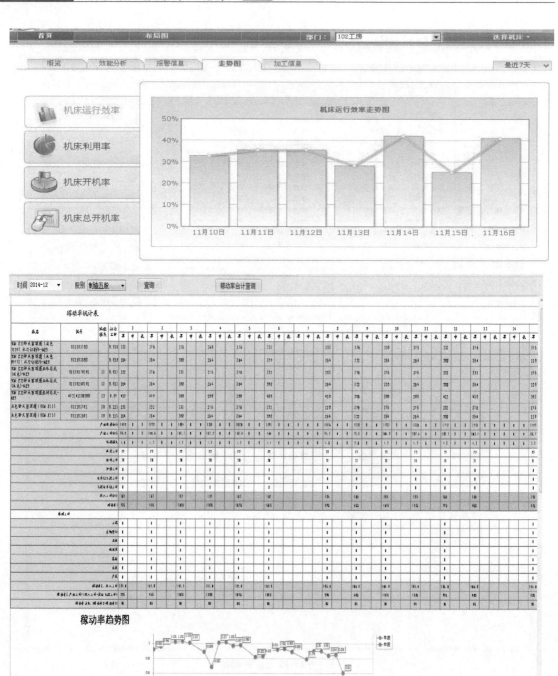

图 1-21　数据分析模块

（套）设备组成了网络，实现了网络化管理。通过对数据设备的数据自动采集，对生产过程设备实现了透明化、实时化管理。通过智能化数控加工平台对销售、生产、加工、包装和运输实现了管理数据化、生产过程自动化、质量可视化，提高了生产效率，降低了人工成本，实现了"看得见，说得清，做得对"，所有决策多基于数据分析，极大地提高了管理效率和管理水平。

1.6 数控编程基础

1.6.1 数控机床坐标系

数控机床坐标系是为了确定工件在机床中的位置、机床运动部件特殊位置及运动范围，即描述机床运动，产生数据信息而建立的几何坐标系。数控机床坐标系对于数控加工及编程是十分重要的。每一个数控编程人员和数控机床的操作者，都必须对数控机床的坐标系统有一个清晰且正确的理解。

为了便于编程时描述机床的运动、简化程序的编制及保证程序的通用性，数控机床的坐标和运动方向均已标准化。JB/T 3051—1999 行业标准中规定了数控机床坐标系和运动方向的确定原则。

1. 数控机床坐标系的确定原则

（1）刀具相对于静止工件而运动的原则　假设工件固定，刀具相对工件运动。这一原则使编程人员在不知道是刀具移近工件还是工件移近刀具的情况下，就能根据零件图样确定机床的加工过程。反过来，如果假设工件运动，在坐标轴符号上加"'"表示。

（2）机床坐标系的规定　标准的机床坐标系是一个右手笛卡儿直角坐标系，如图 1-22 所示。图中规定了 X、Y、Z 三个直角坐标轴的关系：用右手的拇指、食指和中指分别代表 X、Y、Z 三轴，三个手指互相垂直，所指方向即为 X、Y、Z 的正方向。围绕 X、Y、Z 各轴的旋转运动分别用 A、B、C 表示，其正向用右手螺旋法则确定。

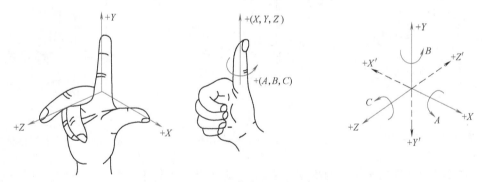

图 1-22　右手笛卡儿直角坐标系

（3）运动方向的确定　数控机床某一部件运动的正方向规定为增大工件与刀具之间距离的方向。

ISO 标准规定：

1）不论机床的具体结构，一律看作是工件相对静止，刀具运动。

2）机床的直线坐标轴 X、Y、Z 的判定顺序是：先 Z 轴，再 X 轴，后按右手定则判定 Y 轴。

3）增大工件与刀具之间距离的方向为坐标轴正方向。

2. 坐标轴运动方向的确定

（1）X、Y、Z 坐标轴与正方向的确定

1）Z 坐标轴

① Z 坐标轴的运动由传递切削力的主轴决定，与主轴平行的标准坐标轴为 Z 坐标轴，其正方向为增加刀具和工件之间距离的方向。

② 若机床没有主轴（刨床），则 Z 坐标轴垂直于工件装夹面。

③ 若机床有几个主轴，可选择一个垂直于工件装夹面的主要轴为主轴，并以它确定 Z 坐标轴。

2）X 坐标轴

① X 坐标轴的运动是水平的，它平行于工件装夹面，是刀具或工件定位平面内运动的主要坐标。

② 对于工件旋转的机床（车床、磨床），如图 1-23 所示，X 坐标轴的方向在工件的径向上，并且平行于横滑座，刀具离开工件回转中心的方向为 X 坐标轴的正方向。

③ 对于刀具旋转的机床（铣床），若 Z 坐标轴是水平的（卧式铣床），如图 1-24 所示，当由主轴向工件看时，X 坐标轴的正方向指向右方；若 Z 坐标轴是垂直的（立式铣床），如图 1-25 所示，当由主轴向立柱看时，X 坐标轴的正方向指向右方；对于双立柱的龙门铣床，当由主轴向左侧立柱看时，X 坐标轴的正方向指向右方。

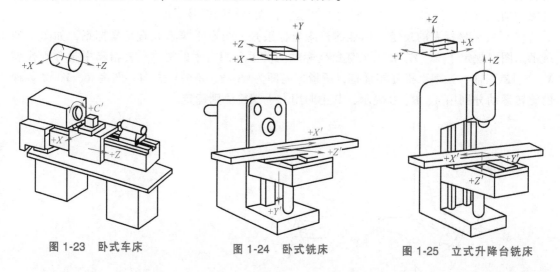

图 1-23 卧式车床　　图 1-24 卧式铣床　　图 1-25 立式升降台铣床

④ 对刀具和工件均不旋转的机床（刨床），X 坐标轴平行于主要切削方向，并以该方向为正方向。

3）Y 坐标轴。Y 轴的正方向，根据 X、Z 轴的正方向，按照右手直角笛卡儿坐标系来确定。

4）旋转坐标 A、B、C。A、B、C 分别是围绕 X、Y、Z 轴的旋转坐标，它们的方向根据 X、Y、Z 轴的方向，用右手螺旋法则确定。

5）附加坐标系。X、Y、Z 坐标系称为主坐标系或第一坐标系，其他坐标系称为附加坐标系。对于直线运动，如果在 X、Y、Z 主要运动之外另有第二组平行于它们的坐标，可分别指定为 U、V、W；如果还有第三组运动，则分别指定为 P、Q、R；如果有不平行于 X、Y、Z 的直线运动，也可相应地指定为 U、V、W 或 P、Q、R。对于旋转运动，如果在第一组旋转运动 A、B、C 之外，还有平行或不平行于 A、B、C 的第二组旋转运动，可指定为 D、

E、F。四轴联动数控机床和五轴加工中心的坐标系如图 1-26 和图 1-27 所示。

图 1-26　四轴联动数控机床的坐标系

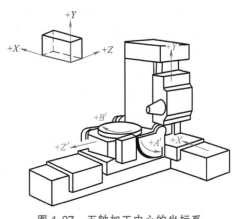

图 1-27　五轴加工中心的坐标系

1.6.2　数控加工程序的结构与格式

1. 程序结构

下面以一个实例来说明数控加工程序的结构组成。如图 1-28 所示的零件图，毛坯棒料尺寸为 $\phi36mm$，45 钢，精加工程序见表 1-3。

由以上实例可以得出如下结论。

（1）程序组成　数控加工程序由程序名和若干个程序段组成，每一个程序段占有一行。

（2）程序段　程序段由若干个功能字组合而成，如 "N30 G00 X19 Z1" 程序段由四个功能字组成，包括程序段号和程序段内容。实质上，程序段是可作为一个单元来处理的功能字组，用来指令机床完成某一个动作。

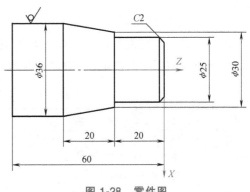

图 1-28　零件图

表 1-3　精加工程序

	O0001；	程序名
N10	M03 S800；	主轴正转，转速 800r/min
N20	T0101；	建立工件坐标系，调用 1 号刀具 1 号刀补
N30	G00 X19 Z1；	快给到倒角的延长线上
N40	G01 X25 Z-2 F0.1；	加工 C2 倒角
N50	Z-20；	加工 $\phi25$ 的圆柱
N60	X30；	加工 $\phi30$ 端面
N70	X36 Z-40；	加工圆锥面
N80	G00 X50 Z50；	快速退刀
N90	M30；	程序结束

（3）功能字 功能字简称为字，如 X30 就是一个"字"。一个字所包含的字符个数称为字长。数控程序中的字都是由一个英文字母与随后的若干位数字组成，这个英文字母称为地址符，字的功能由地址符决定。地址符与后续数字之间可以加正负号。

（4）程序段格式 程序段格式就是指程序段中功能字的书写和排列方式，其特点如下。同一程序段中各个功能字的位置可以任意排列。

如：N20 G01 X63.896 Y47.5 F50 S250 T02 M08

可以写成：N20 M08 T02 S250 F50 Y47.5 X63.896 G01

但是，为了书写、输入、检查和校对的方便，功能字在程序段中习惯上按一定的顺序排列：N、G、X、Y、Z、F、S、T、M。

上一程序段中已经指定，本程序段中仍然有效的指令，称为模态指令。对于模态指令，如果上一程序段中已经指定，本程序段中又不必变化，可以不再重写。

如：N20 G01 X63.896 Y47.5 F50 S250 T02 M08

则：N30 X89.4 等效于 N30 G01 X89.4 Y47.5 F50 S250 T02 M08

各个程序段中的功能字的个数及每个功能字的字长都是可变的，故字地址格式又称为可变程序段格式。

例如：在坐标功能字中的数字可省略前置零而只写有效数字，X0070.00 可以写成 X70.0。

2. 字地址符及其含义

由上面的论述可以看出，功能字是组成数控程序的最基本单元，它由地址符和数字组成，地址符决定了字的功能。ISO 代码中地址符的含义见表 1-4。

表 1-4 ISO 代码中的地址符及其含义

字符	含　义	字符	含　义
A	绕 X 坐标的角度尺寸	N	程序段号
B	绕 Y 坐标的角度尺寸	O	不用
C	绕 Z 坐标的角度尺寸	P	平行于 X 坐标的第三坐标
D	第三进给速度功能	Q	平行于 Y 坐标的第三坐标
E	第二进给速度功能	R	平行于 Z 坐标的第三坐标
F	进给速度功能	S	主轴转速功能
G	准备功能	T	刀具功能
H	永不指定	U	平行于 X 坐标的第二坐标
I	圆弧起点对圆心的 X 坐标的增量值	V	平行于 Y 坐标的第二坐标
J	圆弧起点对圆心的 Y 坐标的增量值	W	平行于 Z 坐标的第二坐标
K	圆弧起点对圆心的 Z 坐标的增量值	X	X 坐标方向的主运动
L	永不指定	Y	Y 坐标方向的主运动
M	辅助功能	Z	Z 坐标方向的主运动

3. 字的类别及功能

功能字按其功能的不同分为七种类型，分别是顺序号字、准备功能字、坐标字、进给功能字、主轴转速功能字、刀具功能字和辅助功能字。

（1）顺序号字 顺序号字就是程序段号（也可省略）。程序段号由地址符 N 及数字组成，如 N0010，段号之间的间隔不要求连续，以便于程序修改和编辑。程序段号既可以用在主程序中，也可以用在子程序和宏程序中。很多现代数控系统都不要求程序段号，即程序段号可有可无。另外，编写程序时可以不写程序段号，程序输入数控系统后可以通过系统设置自动生成程序段号。

（2）准备功能字 准备功能字由地址符 G 和两位数字（G00～G99）组成，又称 G 功能或 G 指令。需要特别注意的是，不同的数控系统，其 G 指令的功能并不相同，有些甚至相差很大，编程时必须严格按照数控系统编程手册的规定编制程序。依据 ISO 1056—1975（E）国际标准，我国制定了相应的标准，规定了 G 功能字的功能含义，见本书第 6 章数控车床的编程表 6-1 和第 7 章数控铣床的编程表 7-1。

（3）坐标字 坐标字由坐标地址符和带正、负号的数字组成，又称尺寸字或尺寸指令，例如 X-38.276。坐标字用来指定机床在各种坐标轴上的移动方向和位移量。地址符可以分为三组，第一组是 X、Y、Z、U、V、W、P、Q、R，用来指定到达点的直线坐标尺寸；第二组是 A、B、C、D、E，用来指定到达点的角度坐标；第三组是 I、J、K，用来指定圆弧圆心点的坐标尺寸。但也有一些特殊情况，例如有些数控系统用 P 指定暂停时间，用 R 指定圆弧半径等。

（4）进给功能字 进给功能字由地址符 F 和数字组成，又称 F 功能或 F 指令。F 指令用来控制切削进给量。在程序中，有两种使用方法。

1）每转进给量

编程格式 G95 F~

F 后面的数字表示主轴每转进给量，单位为 mm/r。

例：G95 F0.2 表示进给量为 0.2mm/r。

2）每分钟进给量

编程格式 G94 F~

F 后面的数字表示主轴每分钟进给量，单位为 mm/min。

例：G95 F100 表示进给量为 100mm/min。

车床编程默认情况下使用每转进给量，应该注意的是，在螺纹切削程序段中，F 常用来指定螺纹导程。铣床编程默认情况下使用每分钟进给量。

（5）主轴转速功能字 主轴转速功能字由地址符 S 和数字组成，又称 S 功能或 S 指令。S 指令用来指定主轴的转速，单位为 r/min。在具有恒线速度功能的机床上，S 功能指令还有如下作用。

1）最高转速限制

编程格式 G50 S~

S 后面的数字表示的是最高转速，单位为 r/min。

例：G50 S3000 表示最高转速限制为 3000r/min。

2）恒线速度控制

编程格式 G96 S~

S 后面的数字表示的是恒定的线速度，单位为 m/min。

例：G96 S100 表示切削点线速度控制在 100m/min。

3）恒线速度取消

编程格式 G97 S~

S 后面的数字表示恒线速度控制取消后的主轴转速，如 S 未指定，将保留 G96 的最终值。

例：G97 S2000 表示恒线速度控制取消后主轴转速为 2000r/min。

（6）刀具功能字　刀具功能字由地址符 T 和数字组成，又称 T 功能或 T 指令。T 指令主要用来指定加工时所使用的刀具号。对于车床，其后的数字还兼用作指定刀具长度补偿和刀尖半径补偿。

在车床上，T 之后一般跟四位数字，前两位是刀具号，后两位是刀具补偿号。如 T0303 表示使用第三把刀具，并调用第三组刀具补偿值。

铣床和加工中心的刀具功能往往比较复杂，而且各系统的差别也较大。大多数数控系统中，T 之后的数字只表示刀具号，并且多数系统使用 M06 换刀指令。如 M06 T05 表示将原来的刀具换成 5 号刀。

（7）辅助功能字　辅助功能字由地址符 M 和两位数字（M00~M99）组成，又称 M 功能或 M 指令。M 指令用来指定数控机床辅助装置的接通和断开，表示机床的各种辅助动作及其状态。需要特别注意的是，M 指令与 G 指令一样，其标准化程度也不高。依据 ISO 1056—1975（E）国际标准，我国制订了 JB 3208—83 部颁标准，其中规定了 M 功能字的功能含义，见第六章数控车床的编程表 6-2。

数控系统的种类很多，不同的数控系统所使用的数控程序的语言规则和格式并不相同，数控程序必须严格按照机床编程手册中的规定编制。

知识点自测

1-1　数控加工的原理是什么？

1-2　数控加工适合什么样的零件？

1-3　什么叫作点位控制、直线控制、轮廓控制数控机床？它们各有何特点及应用？

1-4　什么是开环、闭环、半闭环控制数控机床？它们各有何特点及应用？

1-5　基于 STEP-NC 的数控系统的研究意义有哪些？

1-6　什么是开放式数控系统？

1-7　简述云端数控系统的优势。

第 2 章

数控加工工艺

数控加工过程中，将工艺系统中影响加工质量和效率的人、机、料、法、环等几大因素有机地结合起来，才能按照图样要求完成零部件的加工。通过工艺规划来完成这些因素的融合，是数控加工不可或缺的过程。工艺规划包括工艺过程的策划、工艺规程的制定，通过这些规划将影响数控加工的因素数字化，为后续数控加工程序的编制提供素材。本章主要论述工艺过程规划和工艺规程制定中的影响因素及方法。

2.1 数控加工工艺分析的基本特点和主要内容

数控加工工艺基于传统的加工工艺，把传统的加工工艺与计算机数控技术、计算机辅助设计和辅助制造技术有机地联系起来，其特征是将传统加工工艺融入数控加工工艺中。数控加工工艺是数控编程的基础，为得到高质量的数控加工程序，需要进行周密、细致的技术可行性分析工作，在此基础上进行总体工艺规划和数控加工工艺设计。

2.1.1 数控加工工艺分析的基本特点

在进行人、机、料、法、环等几大因素融合的数控工艺分析中，较普遍的工艺分析主要体现出如下特点。

1. 人的影响因素在变化

数控机床的出现，提高了加工过程的自动化程度。随着计算机技术在数控领域应用的不断深入，进给伺服技术的不断发展，数控加工实现了加工过程中定位、进给、调速的自动化，减少了人的手工操作，数控加工工艺对一线操作人员的加工技巧的依赖程度在减小，同时要求他们具有新的专业知识，掌握数控技术的一般知识，熟悉数控机床的原理、结构及操作方式，实现人机交互的操作模式。

数控加工工艺对工艺人员提出了更高的要求，传统的工艺人员的工作主要是对零件的加工过程进行分析，并完成工艺规程的制定，而数控加工工艺人员在掌握以上基本的工艺工作之外，还需具有数控专业方面的知识，对工艺人员的理论水平和实践能力有更高的要求。

2. 机床的加工质量普遍提高

数控机床和普通机床的区别在于：一方面，数控机床采用数字控制的伺服系统进行工作，同时数控机床还具有检测和反馈系统，弥补了机床的机械精度的不足，提高了加工质量；另一方面，数控机床的床身、传动系统等机械部件与一般机床相比有更高的刚度，使得加工过程中的误差大大减小，提高了加工精度。

3. 加工工具耐用度大幅度提高

数控加工工艺中，由于采用了数控机床，机床床身及传动系统的刚性决定了加工过程要比采用普通机床加工平稳，刀具在加工过程中的冲击载荷减小，减小了刀具破损的概率，提高了刀具寿命。

4. 对工件的要求越来越高

数控加工自动化程度和加工效率的提高，要求减少加工过程的辅助时间，而辅助时间体现在工件的装夹上，因此在数控加工工艺中要合理选择定位基准和装夹方式，以期实现工件装夹的快速化和自动化。

数控加工工艺中的切削速度越来越高，在某些零件的加工中甚至出现高速加工，这要求加工过程中工件的切削余量越来越一致，工件的材质越来越均匀，对工件的几何性能和物理性能要求越来越高。

5. 对环境的要求越来越高

数控加工工艺要实现的加工精度越来越高，影响精度的一大因素是环境温度，温度的波动会导致工件的尺寸波动。对于精度要求极高的工件，一般会在保持特定温度的恒温车间加工。

数控机床的数控系统一般采用复杂的机电一体化控制系统，系统中包含微型计算机、PLC、各类电器元件及检测元件等，这些器件在工作中要避免强磁干扰，以免控制失效，这些都对工作环境提出了更高的要求。

6. 工艺方法体现了自动化、智能化、多样化、复杂化

数控工艺系统包括数控机床、工装夹具、数控加工刀具、被加工工件，数控加工工艺方法体现了这些环节的相互融合，以自动化数控机床为基础，加之自动化装夹机器人及工序间自动转运机器人实现了数控加工工艺的自动化，同时也对刀具和工件提出了更严格的要求。

在制定数控加工工艺规程时，既要制定工艺路线、切削方法及工艺参数，又要考虑加工零件的工艺性，也要考虑刀具的选择，因此数控加工工艺比普通加工工艺复杂。数控加工影响因素多，因而有必要对数控编程的全过程进行综合分析、合理安排，然后整体完善。相同的数控加工任务，可以有多个数控工艺方案，既可以选择以加工部位作为主线安排工艺，也可以选择以加工刀具作为主线来安排工艺。数控加工工艺的多样化是数控加工工艺的一个特色，是与传统加工工艺的显著区别。

7. 数控加工工艺的继承性较好

由于采用数字化控制，加工过程中的工艺数据能够以数字信息的形式存储在存储介质中，可以作为类似工艺规程编辑的依据。凡经过调试、校验和试切削过程验证的，并在数控加工实践中证明是好的数控加工工艺，都可以作为模板，供后续加工相类似零件调用，这样不仅节约时间，而且可以保证质量。对于模板本身，调用也是一个不断修改完善的过程，可以逐步达到标准化、系列化的效果。因此，数控工艺具有非常好的继承性。

8. 数控加工工艺必须经过工艺试验才能指导生产

由于数控加工的自动化程度高，安全和质量是至关重要的。在数控工艺执行前要安排工艺试验，来验证刀具轨迹、切削余量、进给速度、主轴转速等参数能否满足工艺要求，以减少加工过程中的安全及质量问题，因此数控加工工艺必须经过验证后才能用于指导生产。

2.1.2　数控加工工艺分析的主要内容

针对数控加工工艺的特点，以实现高效、高质量、低成本工艺过程为原则进行数控加工工艺过程的分析，分析内容如下。

1. 加工零件的图样分析

通过对零件图样的分析，了解该零件在产品中的装配关系和功能，明确零件加工过程中严格控制的参数，根据设计基准将这些参数分为两种情况，一种是直接控制的参数，另一种是通过尺寸链换算来控制的参数。通过分析确定数控加工中的控制要素，对图样的技术分析主要包括如下内容：

1）零件的功能。

2）零件图上的尺寸公差。

3）零件图上的几何公差。

4）零件图上的设计基准。

5）其他技术要求。

2. 数控加工坐标系的分析

依据图样进行数控编程时，首先确定一个工件坐标系，作为编程时的基准坐标系，而加工则依据机床坐标系进行。要将这两个坐标系联系起来，需要在加工前建立一个工作坐标系，因此数控加工系统存在三个坐标系，即机床坐标系、工件坐标系和工作坐标系。

机床坐标系在机床出厂时已经设定好，在工作中不能随意改动。为使刀具按照工件坐标系运动，需要在机床坐标系和工件坐标系之间设定工作坐标系，工作坐标系实际上是机床坐标系和工件坐标系对应轴之间的差值。在 FANAC 系统中，通常可以设定 G54~G59 六个工作坐标系，通常的做法就是将工件或夹具放置在工作台上，用千分表找正工件坐标系的各轴，使得机床坐标系的各轴和工件坐标系的对应轴平行，这一过程称为找正；然后找出工件坐标系的坐标原点，这一过程称为对刀；记下坐标原点在机床坐标系中的位置，将位置量输入 G54~G59 指定的坐标轴即可。

为此，工件坐标系在选择时除了要保证加工质量外，还要考虑找正和对刀的方便性。

3. 工件定位与夹紧的分析

工件定位的作用是保证工件在夹具中相对于机床有一个正确的位置，工件的夹紧是指在加工过程中为保证工件在受到切削力等外力作用时机床和工件之间的正确位置而在工件上施加作用力。

定位基准一般分为粗基准和精基准。粗基准是指最初工序中，只能选择以未加工的毛坯面作为定位基准的基准。精基准是指用已加工过的表面作为定位基准的基准。

在数控加工工艺中，粗基准的选择要满足以下原则：

1）选择重要表面为粗基准。为保证工件上重要表面的加工余量小而均匀，应选择该表面为粗基准。所谓重要表面一般是工件上加工精度以及表面质量要求较高的表面，如汽油机箱体的轴承孔、曲轴的曲柄小孔等。

2）选择不加工表面为粗基准。为了保证加工面与不加工面间的位置要求，一般应选择不加工面为粗基准。如果工件上有多个不加工面，则应选其中与加工面位置要求较高的不加工面为粗基准。

3）选择加工余量最小的表面为粗基准。在没有要求保证重要表面加工余量均匀的情况下，如果零件上每个表面都要加工，则应选择其中加工余量最小的表面为粗基准，以避免该表面在加工时因余量不足而留下部分毛坯面，造成工件废品。

4）选择较为平整光洁、加工面积较大的表面为粗基准。为了工件定位可靠、夹紧方便，应该选择较为平整光洁、加工面积较大的表面为粗基准。

5）粗基准。在同一尺寸方向上只能使用一次。因为粗基准本身都是未经机械加工的毛坯面，其表面粗糙且精度低，若重复使用将产生较大的误差。

数控加工工艺中，精基准的选择应符合以下原则：

1）基准重合原则。即选用设计基准作为定位基准，以避免定位基准与设计基准不重合而引起的基准不重合误差。

2）基准统一原则。应采用同一组基准定位加工零件上尽可能多的表面，这就是基准统一原则。在选择精基准时，从整个工艺过程看，选择同一个基准作为各工序的定位基准，这样可以消除加工过程中的基准累积误差，提高加工精度。

4. 工艺类型及使用刀具的分析

工艺类型分为大批量生产模式的工艺和单件小批生产模式的工艺，在工艺分析时根据生产纲领确定工艺类型。

单件小批生产的工艺一般首要的任务是保证加工质量，对加工效率一般不做考核，因此一般粗加工、精加工能在一台机床上完成的就不安排在两台机床上进行。

大批量生产的工艺一般将粗加工和精加工分开完成，以提高生产效率。粗加工的目的是去除多余的切削余量，因此加工过程中切削深度大、主轴转速低，因而切削力大，工件变形大；精加工的目的是为了保证加工质量，因此加工过程中切削深度小、主轴转速高、进给量小，因而切削力小，工件变形小。

不同的工艺类型，刀具的选择也不同。对于单件小批的生产模式，刀具的加工主要针对一个工件上的有关要素，因此刀具寿命不是选择刀具的主要指标，但在大批量生产的工艺中，为保证工件质量的一致性，通常把刀具寿命作为选择刀具的依据。

5. 进、退刀及刀具路径的分析

为提高数控加工的加工效率，需要对数控加工中的时间进行分析。数控加工时间一般分为加工时间和辅助加工时间，加工时间是刀具实际切削过程需要的时间，辅助加工时间是指除了加工时间以外的辅助切削加工产生的时间，包括工件的装夹，拆卸，换刀，进，退刀等。随着加工自动化程度的提高、自动更换工作台的应用，以及自动化机构的发展，进、退刀占整个辅助加工时间的比例越来越高。

分析加工过程中的进、退刀和加工过程刀具路径，在保证加工质量的前提下，可以有效地提高加工效率。

6. 加工过程中切削三要素的分析

切削三要素即切削速度、进给量和背吃刀量，是切削过程的关键因素，是加工精度的主要决定因素。切削三要素的确定是以加工精度为依据的。

目前，切削三要素的确定方法主要有经验法和查表法。经验法是根据工艺人员积累的工艺方面的经验，来确定加工过程所需要的工艺参数；查表法是工艺人员从大量的工艺表格中查找所需的工艺数据，以适应加工过程的需求，这些表格是在长期的工艺工作中积累下来的经验，对于刚刚入行的工艺人员帮助很大。

在数控机床上加工零件时，切削用量被预先编入程序，正常加工时，切削参数不能改变。只有在试切或出现异常情况时，才可以通过速率调节旋钮或电手轮来调整切削用量。因此程序中选用的切削用量应是最优的、合理的切削用量。

数控铣和数控车是目前应用最多的两种加工方式，这里分别就数控铣和数控车的切削参数的选择予以介绍。

（1）数控铣削的切削用量　铣削加工的切削用量包括切削速度、进给速度、背吃刀量和侧吃刀量。从刀具寿命出发，切削用量的选择方法是：先选择背吃刀量或侧吃刀量，其次选择进给速度，最后确定切削速度。

1）背吃刀量 a_p 或侧吃刀量 a_e。如图 2-1 所示，背吃刀量 a_p 为平行于铣刀轴线测量的切削层尺寸，单位为 mm。端面铣削时，a_p 为切削层深度；而圆周铣削时，a_p 为被加工表面的宽度。侧吃刀量 a_e 为垂直于铣刀轴线测量的切削层尺寸，单位为 mm。端面铣削时，a_e 为被加工表面宽度；而圆周铣削时，a_e 为切削层深度。

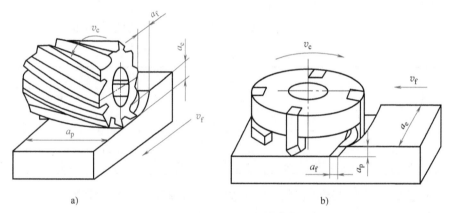

a)　　　　　　　　　　　　b)

图 2-1　铣削切削用量示意图

a）圆周铣削　b）端面铣削

背吃刀量或侧吃刀量的选取主要由加工余量和对表面质量的要求决定，一般按照表 2-1 表面粗糙度与加工余量之间的关系进行工序步骤和铣削余量的安排。

表 2-1　表面粗糙度与加工余量之间的关系

表面粗糙度 $Ra/\mu m$	粗加工最大加工余量/mm		半精加工最大加工余量/mm		精加工最大加工余量/mm	
	圆周铣削	端面铣削	圆周铣削	端面铣削	圆周铣削	端面铣削
12.6~25	5	6				
3.3~12.5			0.5~1	0.5~1		
0.8~3.2					0.3~0.5	0.5~1

当工件表面粗糙度值要求为 $Ra=12.6\sim25\mu m$ 时，圆周铣削加工余量小于 5mm，端面铣削加工余量小于 6mm，粗铣一次进给就可以达到要求，此时工艺系统的刚度或机床动力成为切削深度选择的主要因素。

当工件表面粗糙度值要求为 $Ra=3.3\sim12.5\mu m$ 时，分粗铣和半精铣两步进行。粗铣时背吃刀量或侧吃刀量选取同前。粗铣后留 0.5～1mm 余量，在半精铣时切除。

当工件表面粗糙度值要求为 $Ra = 0.8～3.2\mu m$ 时，分粗铣、半精铣、精铣三步进行。半精铣时背吃刀量或侧吃刀量取 1.5～2mm；精铣时，圆周铣削侧吃刀量取 0.3～0.5mm，端面铣削背吃刀量取 0.5～1 mm。

2）每齿进给量 f_z 与进给速度 v_f。铣削加工的每齿进给量 f_z 是指刀具转过一个刀齿，工件与刀具沿进给运动方向的相对位移量，单位为 mm/z；进给速度 v_f 是单位时间内工件与铣刀沿进给方向的相对位移量，单位为 mm/min。进给速度与进给量的关系为

$$v_f = nzf_z \tag{2-1}$$

式中，n 是铣刀转速，单位为 r/min；z 是铣刀齿数；f_z 是每齿进给量，单位为 mm/z。

每齿进给量 f_z 与进给速度 v_f 是数控铣床加工切削用量中的重要参数，根据零件的表面粗糙度、加工精度要求、刀具及工件材料等因素，参考切削用量手册选取或通过经验选取每齿进给量 f_z。

工件材料的强度和硬度越高，f_z 越小，反之则越大。硬质合金铣刀的每齿进给量高于同类高速钢铣刀。工件表面粗糙度要求越高，f_z 就越小。对于钢和铸铁材料的加工，铣刀每齿进给量的选取一般参考表 2-2。工件刚性差或刀具强度低时，应取较小值。

表 2-2　铣刀每齿进给量参考值（钢和铸铁材料）

工件材料	$f_z/(mm/z)$			
	粗铣		精铣	
	高速钢铣刀	硬质合金铣刀	高速钢铣刀	硬质合金铣刀
钢	0.10～0.15	0.10～0.25	0.02～0.05	0.10～0.15
铸铁	0.12～0.20	0.15～0.30		

3）切削速度 v_c。铣刀旋转切削时，刀尖的瞬时速度就是它的切削速度 v_c，即刀尖在 1min 内所经过的路程，切削速度的单位是 m/min。

铣削的切削速度 v_c 与刀具寿命、每齿进给量 f_z、背吃刀量 a_p、侧吃刀量 a_e 以及铣刀齿数 z 成反比，而与铣刀直径成正比。当 f_z、a_p、a_e 和 z 增大时，切削刃负荷增加，而且同时工作的齿数也增多，使切削热增加，刀具磨损加快，从而限制了切削速度的提高。铣削加工的切削速度 v_c 可参考表 2-3 选取，也可参考有关切削用量手册中的经验公式通过计算选取。

表 2-3　铣削加工切削速度参考值

工件材料	硬度 HBW	切削速度 $v_c/(m/min)$	
		高速钢铣刀	硬质合金铣刀
钢	<225	18～42	66～150
	225～325	12～36	54～120
	326～425	6～21	36～75
铸铁	<190	21～36	66～150
	190～260	9～18	45～90
	261～320	4.5～10	21～30

（2）数控车削的切削用量　数控车削时，切削用量（a_p、f、v_c）选择的合理性，对于

充分发挥机床潜力与刀具切削性能，实现优质、高产、低成本和安全操作具有很重要的作用。数控车削时切削用量的选择和数控铣削的总体原则是一致的：粗加工时，选择较大的背吃刀量和进给量，采用较低的切削速度；半精加工和精加工时，通常选择较小的背吃刀量和进给量，尽可能提高切削速度。但是车削还有一定的特殊性，例如，粗车时，首先考虑选择一个尽可能大的背吃刀量 a_p，其次选择一个较大的进给量 f，最后确定一个合适的切削速度 v_c。增大背吃刀量 a_p 可使走刀次数减少，增大进给量 f 有利于断屑。因此，根据以上原则选择粗车切削用量对于提高生产效率、减少刀具消耗、降低加工成本是有利的；精车时，加工目的就是要保证高的加工精度和低的表面粗糙度值，加工余量小且较均匀，选择精车切削用量时，应着重考虑如何保证加工质量，并在此基础上尽量提高生产效率。因此，精车时应选用较小（但不太小）的背吃刀量 a_p 和进给量 f，并选用切削性能高的刀具材料和合理的几何参数，以尽可能提高切削速度 v_c。

1）背吃刀量 a_p。工件上已加工表面和待加工表面之间的垂直距离，单位为 mm。

背吃刀量主要根据机床、夹具、刀具和工件的刚度来决定。在工艺系统刚度和机床功率允许的情况下，粗加工时，尽可能选取较大的背吃刀量，以减少进给次数。半精加工时，则应考虑留出精车余量，一般常取 0.1~0.5mm（直径方向）。

2）进给量 f。车削时，进给量为工件每转一转，车刀沿进给方向移动的距离，其单位为 mm/r。

进给量 f 的选取应该与背吃刀量和主轴转速相适应。在保证工件加工质量的前提下，可以选择较高的进给速度（2000mm/min 以下）。在切断、车削深孔或精车时，应选择较低的进给速度。当刀具空行程特别是远距离"回零"时，可以设定高的进给速度。

粗车时，一般取 $f=0.3~0.8$mm/r，精车时常取 $f=0.1~0.3$mm/r，切断时 $f=0.05~0.2$mm/r。

3）切削速度 v_c。指切削刃上的选定点相对于工件主运动的瞬时速度，是衡量主运动大小的参数，单位为 m/min。

切削速度除了通过计算和查表选取外，还可以根据实践经验确定。需要注意的是，交流变频调速的数控车床低速输出转矩小，因而切削速度不能太低。

① 外圆车削主轴转速。只车外圆时，主轴转速应根据零件上被加工部位的直径，并按零件和刀具材料以及加工性质等条件所允许的切削速度来确定。

切削速度确定后，利用下式计算主轴转速

$$n = 1000\frac{v_c}{\pi D} \qquad (2-2)$$

式中，n 是主轴转速，单位为 r/min；v_c 是切削速度，单位为 m/min；D 是工件直径，单位为 mm。

确定主轴转速一般通过以上计算得到，也可参考表 2-4 通过工艺试验确定。

② 车螺纹时主轴的转速。在车削螺纹时，车床的主轴转速将受到螺纹螺距 P（或导程）的大小、驱动电动机的升降频特性，以及螺纹插补运算速度等多种因素的影响，故对于不同的数控系统，推荐不同的主轴转速选择范围。大多数经济型数控车床推荐车螺纹时的主轴转速为

$$n \leqslant (1200/P) - k \qquad (2-3)$$

式中，n 是主轴转速，单位为 r/min；P 是被加工螺纹的螺距，单位为 mm；k 是保险系数，一般取 80。

表 2-4　硬质合金外圆车刀切削速度的参考值

工件材料	热处理状态	a_p/mm		
		>0.3~2	>2~6	>6~10
		f(mm/r)		
		>0.08~0.3	>0.3~0.6	>0.6~1
		v_c/(m/min)		
低碳钢、易切钢	热轧	140~180	100~120	70~90
中碳钢	热轧	130~160	90~110	60~80
	调质	100~130	70~90	50~70
合金结构钢	热轧	100~130	70~90	50~70
	调质	80~110	50~70	40~60
工具钢	退火	90~120	60~80	50~70
灰铸铁	<190HBW	90~120	60~80	50~70
	190~225HBW	80~110	50~70	40~60
高锰钢			10~20	
铜及铜合金		200~250	120~180	90~120
铝及铝合金		300~600	200~400	150~200
铸铝合金（$w_{Si}=13\%$）		100~180	80~150	60~100

注：切削钢及灰铸铁时刀具寿命约为 60min。

此外，在安排粗、精车削用量时，应注意机床说明书给定的允许切削用量范围。对于主轴采用交流变频调速的数控车床，由于主轴在低转速时转矩降低，尤其应注意此时的切削用量选择。

总之，切削用量的具体数值应根据机床性能、相关的手册并结合实际经验用类比的方法确定。同时，使主轴转速、切削深度及进给速度三者能相互适应，以形成最佳切削用量。表 2-5 为数控车削用量推荐表。

表 2-5　数控车削用量推荐表

工件材料	加工内容	背吃刀量/mm	切削速度/(m/min)	进给量/(mm/r)	刀具材料
碳素钢 R_m>600MPa	粗加工	5~7	60~80	0.2~0.4	YT 类
	粗加工	2~3	80~120	0.2~0.4	
	精加工	0.2~0.3	120~150	0.1~0.2	
	车螺纹		70~100	导程	
	钻中心孔		500~800r/min		W18Cr4V
	钻孔		~30	0.1~0.2	
	切断（宽度<5mm）		70~110	0.1~0.2	YT 类
合金钢 R_m=1470MPa	粗加工	2~3	50~80	0.2~0.4	YT 类
	精加工	0.1~0.15	60~100	0.1~0.2	
	切断（宽度< 5 mm）		40~70	0.1~0.2	

（续）

工件材料	加工内容	背吃刀量/mm	切削速度/(m/min)	进给量/(mm/r)	刀具材料
铸铁 200HBW 以下	粗加工	2~3	50~70	0.2~0.4	CBN
	精加工	0.1~0.15	70~100	0.1~0.2	
	切断(宽度<5mm)		50~70	0.1~0.2	
铝	粗加工	2~3	600~1000	0.2~0.4	PCBN
	精加工	0.2~0.3	800~1200	0.1~0.2	
	切断(宽度<5mm)		600~1000	0.1~0.2	
黄铜	粗加工	2~4	400~500	0.2~0.4	YG 类
	精加工	0.1~0.15	450~600	0.1~0.2	
	切断(宽度<5mm)		400~500	0.1~0.2	

2.2 零件的加工工艺性分析

在了解数控加工工艺分析内容的基础上，采用科学的分析方法可以提高数控加工工艺分析的正确度和效率。零件的数控加工工艺分析方法本着全面考虑、重点突破的原则，设计合理的、符合加工逻辑的加工过程，从而达到降低加工成本、提高加工效率、稳定加工质量的目的。

本节以小型汽油机箱体加工中心加工工序为例，分析数控加工工艺。小型汽油机箱体加工中心工序的加工要素如图 2-2 所示，其基本要求如下：

1）加工上端面（化油器法兰面），要求距离轴承孔轴线 49.5mm ± 0.05mm，平面与轴承孔中心线平行度公差为 0.05mm，表面粗糙度值为 $Ra3.2\mu m$。

2）加工化油器连接孔，要求直径 $\phi39^{+0.1}_{0}$mm，该孔中心线距轴承孔底部距离 31.5mm。

3）加工销孔，要求直径 $\phi4$mm ± 0.02mm，同时加工上端面，保证销孔中心线与上端面之间有 24.5mm 的距离，并在孔口倒角。

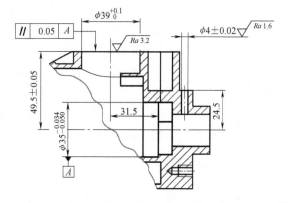
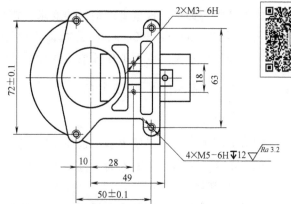

图 2-2　小型汽油机箱体加工中心工序的加工要素

4）加工上端面的 4×M5 的螺孔及 2×M3 的螺孔，保证其位置尺寸。

5）生产模式：大批量生产，日产量 500 件，双班生产。

2.2.1 加工零件图样的分析

1. 工件材料及物理性能的分析

分析箱体的工程图样，确定箱体毛坯采用压铸铝合金（YL113），工件硬度 90~110HBW。

2. 零件图上技术要求的分析

零件图上技术要求的分析需要根据产品的性能及该零件在产品中的作用进行，考虑到整个图样的复杂性，采用数控加工实现箱体的制造，从整个制造过程看，只分析数控加工工序以及与之相联系的技术要求。

本工序的工序要求如前所述，这里不再赘述。图 2-2 所示为实现这些要素的技术要求，需要分析前道工序的加工要求，因为化油器法兰面和轴承孔有位置要求，因此前道工序需要加工出轴承孔。为保证加工的稳定性，需要以大斜面作为支撑定位表面，在加工轴承孔时同样要以大斜面作为支撑定位表面，这时需要利用尺寸链的原理计算工艺尺寸，以保证化油器连接孔中心线距轴承孔底部距离 31.5mm 的要求。

3. 工作坐标系的分析

工作坐标系的建立主要是为了编程的需要，通过分析箱体零件的加工工艺要求，一般根据工艺基准设定工作坐标系，另外工作坐标系的选择还要考虑加工前的工件坐标系的建立。

针对图 2-2 中汽油机箱体零件的工序要求，选择 $\phi35_{-0.050}^{-0.034}$mm 轴承孔的中心线作为 X 轴，化油器孔中心线与轴承孔中心线的交点作为坐标原点，建立笛卡儿坐标系作为工作坐标系。

由于箱体零件为大批量生产，为提高生产效率需要设计夹具，采用一机多件的生产模式，这时候工作坐标系要通过夹具的定位元件复制到夹具上，将夹具在机床上进行找正、对刀，建立工作坐标系，实现工件的加工。

2.2.2 数控机床的选择

数控机床的选择原则是低成本，高质量，满足生产的需求。为保证工序要求，选用普通的立式加工中心即可。根据生产纲领的要求，需要设计专用夹具，每个工作台可装夹 6 件，夹具长×宽约为 400mm×300mm，选择机床进给行程 $X×Y×Z≈1000$mm×600mm×400mm 的机床。为提高生产效率、改善工作环境、降低劳动强度，夹具设计时考虑采用气动夹紧装置。

2.2.3 定位基准的可靠性分析

1. 定位准确

综合分析本工序的工序要求，选择 $\phi35_{-0.050}^{-0.034}$mm 轴承孔作为定位基准，为限制绕轴承孔旋转的自由度，采用大斜面作为定位基准，实现了工件的准确定位。

2. 夹紧可靠

工件在夹具上的夹紧是为了保证工件在切削力作用下保持正确的定位状态。根据箱体的结构，可以采用在轴承孔的后端夹紧的方式，这样可以将工件的大斜面压紧在夹具的定位面上。

夹具的定位夹紧原理如图 2-3 所示。

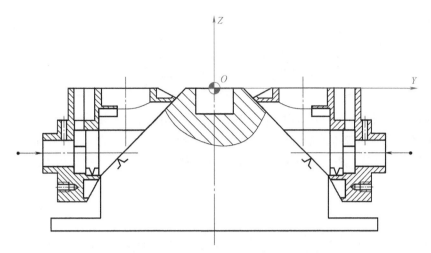

图 2-3 箱体加工中心工序夹具的定位夹紧原理图

2.3 加工方法的选择及工艺路线的确定

2.3.1 加工方法的选择

加工方法主要根据工件的加工精度要求和各类加工方法的经济加工精度，并结合企业的设备状况进行选择。表 2-6 为各类加工方法所能达到的经济加工精度。

表 2-6 各类加工方法所能达到的经济加工精度

加工方法		标准公差等级 IT	表面粗糙度 Ra/μm
车削	粗车	12~13	12.5~50
	半精车	10~11	1.6~6.3
	精车	6~9	0.2~1.6
镗	粗镗	12~13	6.3~12.5
	半精镗	9~11	1.6~3.2
	精镗	6~8	0.2~0.8
钻孔		11~13	3.2~50
扩孔		10~11	1.6~12.5
铰孔	粗铰	8~9	1.6~3.2
	半精铰	7~8	0.8~1.6
	精铰	6~7	0.2~0.8
铣削	粗铣	11~13	3.2~12.5
	半精铣	10~11	0.8~3.2
	精铣	6~9	0.2~0.8
拉削	半精拉	10~11	0.4~1.6
	精拉	6~9	0.1~1.2
磨削	粗磨	7~9	0.8~1.6
	半精磨	6~8	0.2~0.4
	精磨	5~7	0.05~0.1
珩磨	半精珩	6~7	0.2~0.8
	精珩	4~6	0.025~0.2

（续）

加 工 方 法		标准公差等级 IT	表面粗糙度 Ra/μm
研磨	半精研	5~6	0.05~0.4
	精研	3~5	0.012~0.05
超精加工		01~5	0.012~0.1

在汽油机箱体的加工中心工序的加工中，化油器孔的技术要求为 $\phi 39^{+0.1}_{0}$ mm，其标准公差等级为 IT10，参照表 2-6 及企业设备状况，选择半精镗的加工方式；$\phi 4$mm±0.02mm 销孔的标准公差等级为 IT8，加工方式采用半精铰；4×M5 以及 2×M3 螺孔采用攻螺纹的加工方法可以实现其工艺要求。

2.3.2　工艺路线的确定

在数控加工中，确定了加工方法之后，要确定工序内各工步的内容及顺序，通常在保证加工质量的前提下，一个加工要素的加工需要安排多个工步才能完成。表 2-7~表 2-9 为车削外圆、内孔表面加工及平面加工的加工精度与工艺路线。

表 2-7　车削外圆的加工精度及工艺路线

序号	工艺路线	标准公差等级 IT	表面粗糙度 Ra/μm
1	粗车	12~13	12.5~50
2	粗车-半精车	10~11	1.6~6.3
3	粗车-半精车-精车	6~8	0.2~1.6
4	粗车-半精车-粗磨	7~8	0.8~1.6
5	粗车-半精车-粗磨-精磨	5~6	0.1~0.8
6	粗铣-半精铣-磨削-研磨	4~6	0.05~0.2
7	粗车-半精车-粗磨-精磨-抛光	4~5	0.2~0.012
8	粗车-半精车-粗磨-精磨-超精加工	3~5	0.05~0.012

表 2-8　内孔表面加工的加工精度与工艺路线

序号	工艺路线	标准公差等级 IT	表面粗糙度 Ra/μm
1	钻	12~13	12.5~50
2	钻-扩	10~11	3.2~12.5
3	钻-扩-铰	7~9	0.4~1.6
4	钻-扩-拉	7~9	0.4~1.6
5	粗镗	12~13	12.5~50
6	粗镗-半精镗	10~11	3.2~12.5
7	粗镗-半精镗-精镗	6~9	0.1~1.6
8	粗镗-半精镗-磨削	6~9	0.1~1.6
9	粗镗-半精镗-磨削-珩磨	6~7	0.025~0.2
10	粗镗-半精镗-磨削-研磨	5~7	0.012~0.1
11	粗镗-半精镗-磨削-超精加工	3~5	0.025~0.1

通常情况下，可以参照表 2-7~表 2-9 进行加工工步的安排，在毛坯质量好、加工余量比较均匀的前提下，可以做适当的调整。

表 2-9 平面加工的加工精度与工艺路线

序号	工艺路线	标准公差等级 IT	表面粗糙度 Ra/μm
1	粗铣	12~13	12.5~50
2	粗铣-半精铣	8~11	1.6~6.3
3	粗铣-半精铣-精铣	6~7	0.2~0.8
4	粗车	12~13	12.5~50
5	粗车-半精车	8~9	1.6~6.3
6	粗车-半精车-精车	6~7	0.4~1.6
7	粗铣-半精铣-磨削	6~7	0.2~1.6
8	粗车-半精车-磨削	6~8	0.2~1.6
9	粗铣-半精铣-磨削-研磨	5~7	0.012~0.2
10	粗车-半精车-磨削-超精加工	4~5	0.012~0.1

汽油机箱体采用铝合金压铸生产的毛坯，其表面质量、毛坯精度比较高，加工余量也比较均匀，加工过程中的误差复映比较小，此时可以适当调整加工的工步内容：化油器孔 $\phi 39^{+0.1}_{0}$ mm 可以直接进行半精镗；$\phi 4$mm±0.02mm 销孔采用钻孔到 $\phi 3.6$mm，然后半精铰达到工艺要求；4×M5 采用钻孔到 $\phi 4.2$mm，再利用 M5 丝锥进行攻螺纹；2×M3 采用钻孔到 $\phi 2.5$mm，再利用 M3 丝锥进行攻螺纹。

工艺路线的确定还包含刀具路径的选择，刀具路径的选择原则是：

1）优化换刀顺序，减少换刀时间。

2）减少刀具进、退刀时间，减少刀具的空行程时间。

在汽油机箱体加工中心工序的加工中，采用一次装夹加工 6 件的方式，这样可以有效地减少换刀时间的比例，满足以上刀具路径的选择原则。

2.3.3 夹具的装夹

将夹具安装在机床工作台上，要保证夹具在机床上的正确位置，本着有利于工作坐标系的建立原则进行夹具的装夹，具体操作分为找正和对刀两个步骤。夹具结构示意图如图 2-4 所示。

1. 找正

找正的目的就是使机床坐标系的坐标轴与工件坐标系坐标轴平行，为后续工作坐标系的建立奠定基础。具体做法是：将百分表（千分表）压紧在夹具的某一边上，然后起动机床的某一轴进行移动，手动调整夹具的位置，直至百分表（千分表）的表针不再波动，即完成了机床坐标系和工件坐标系对应坐标轴的平行的调整。

在汽油机箱体加工中心工序夹具的装夹时，将夹具安装在工作台上，将百分表（千分表）压紧在夹具的前表面上，起动机床 X 轴运动，观察百分表（千分表）指针的波动情况，并根据其波动情况调整夹具的前后位置，直至表针不再波动，说明机床坐标系 X 轴和工件坐标系的 X 轴平行，从而机床坐标系和工件坐标系平行。因此夹具找正坐标轴的平面需要精加工。

2. 对刀

对刀的目的就是建立工作坐标系，工作坐标系实际上是工件坐标系的原点在机床坐标系中的位置，将这一位置量输入到机床数控系统中，加工时数控系统自动加上这一位置量，实

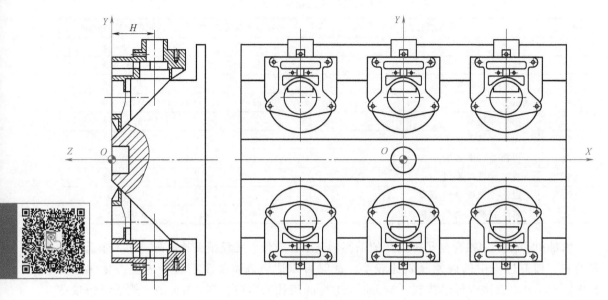

图 2-4　夹具结构示意图

现机床坐标系和工件坐标系的统一。对刀就是在机床坐标系下找工件坐标系原点的过程，用百分表（千分表）通过移动机床的坐标轴来找到反映工件坐标系的原点、坐标轴等。

汽油机箱体加工中心工序夹具找正时，将百分表（千分表）固定在机床主轴上，手动驱动主轴旋转，使得百分表（千分表）的测头压紧在夹具中心的定位孔上，观察表针波动情况，相应移动波动方向上的位置，直至表针不再波动。此时，记下显示屏上 X、Y 的坐标值，找到夹具的定位孔在机床坐标系中的位置，而编程所用的工件坐标系与定位孔保持一定的联系，间接地也就找到了机床坐标系和工件坐标系的关系。将这一数值输入到数控系统中，便完成了工作坐标系的创建工作，也就是完成了对刀工作。

2.4　选择工具和确定切削用量

2.4.1　刀具的选择

根据工件材料性能、加工工序切削用量等因素，正确选用刀具及刀柄。刀具选择原则是：在满足工艺要求的前提下，刀具的安装调整方便、刚性好、寿命和精度高。当标准刀具不能满足工艺要求，可以设计制作专用的刀具。影响刀具选用的因素如下。

（1）生产性质　从加工成本上考虑对刀具选择的影响。例如，在大量生产时采用专用刀具，可能是合算的，而在单件或小批量生产时，选择标准刀具更适合一些。

（2）机床类型　完成某工序所用的数控机床对选择的刀具类型（钻头、车刀或铣刀）也有影响。在能够保证工件系统和刀具系统刚性好的前提下，允许采用高生产率的刀具，例如高速切削车刀和大进给量车刀。

（3）数控加工工艺　数控加工工艺不同，选择刀具的类型不同。例如，孔的加工可以用钻头及扩孔钻，也可用钻头和镗刀来进行加工。

（4）加工精度 加工精度包括加工的形状精度、位置精度以及表面粗糙度的要求，影响加工刀具的类型和结构形状，例如孔的最后加工依据孔的精度可用钻头、扩孔钻、铰刀或镗刀来加工。

（5）工件材料 工件材料将决定刀具材料和切削部分几何参数的选择，刀具材料与工件的加工精度、材料硬度等有关。不同材料的刀具对切削参数的影响不同，表2-10是常用刀具材料的性能比较。

表2-10 常用刀具材料的性能比较

刀具材料	切削速度	耐磨性	硬度	硬度随温度变化
高速钢	最低	最差	最低	最大
硬质合金	低	差	低	大
陶瓷	中	中	中	中
金刚石	高	好	高	小

选择刀具后，要完成数控加工刀具卡片的填写，数控加工刀具卡片示例见表2-11。

表2-11 数控加工刀具卡片

数控加工刀具卡片						
产品型号		零件型号		工序号		企业名称
产品名称		零件名称		工序名称		
刀具号	刀具名称	刀具材料	刀具型号	加工内容及技术要求	加工部位简图	
设计		校对		审核		批准

在汽油机箱体零件的数控加工中，按照前述的分析分别将选用的刀具填入到表2-11中，得到箱体零件的数控加工刀具卡片。

2.4.2 量检具的选择

加工精度是否满足要求，需要利用量检具予以检验，数控加工中所选用的量检具分为通用量检具和专用量检具。通用量检具包括游标卡尺、螺旋千分尺、千分表、百分表、塞尺、螺纹塞规、三坐标测量机等；专用量检具是指专门为检测某一要素而设计的检测工具，包括各类塞规、卡规、位置度检测量规等。

量检具的选用依据两个原则：加工质量原则和生产批量原则。加工质量原则是指所选用量检具能够满足检测要素的质量要求，检测要素越高，所选用的量检具的分辨率和精确度越高，它是检测的根本。生产批量原则是指检测中要体现检测效率和检测成本，生产批量大时，选用专用检具，单件小批生产时选用通用检具，它是提高检测效率的辅助。

数控加工工序比较复杂，检测要素比较多，为方便量检具的管理，在量检具选用完毕后填写，数控加工量检具卡片，见表2-12。

表2-12　数控加工量检具卡片

数控加工量检具卡片					
产品型号		零件型号		工序号		企业名称
产品名称		零件名称		工序名称		
工步号	量检具名称	量检具型号	检测内容及技术要求	检测部位简图	
设计		校对		审核		批准	

2.4.3　数控加工工艺卡

零件数控加工中，切削用量的确定可以参照2.1.2节数控加工工艺分析的主要内容第6部分加工过程中切削三要素的分析的内容。

在汽油机箱体的加工中心工序加工中，应根据各工步的内容，逐一确定各工步的切削速度（主轴转速）、切削深度、进给速度等参数，并将这些参数填入数控加工工艺卡片，见表2-13。

表2-13　数控加工工艺卡片

数控加工工艺卡片					
产品型号		零件型号		工序号		企业名称
产品名称		零件名称		工序名称		
工步号	加工内容及技术要求	主轴转速/（r/min）	进给速度/（mm/min）	切削深度/mm	加工部位简图
设计		校对		审核		批准	

知识点自测

2-1　从加工工艺特点方面，分析数控加工工艺和普通机械加工工艺的异同。

2-2　简述数控加工工艺分析的主要内容。

2-3　在数控加工夹具的设计中，如何选择工件的定位基准？

2-4　在数控加工中，如何实现工件坐标系和机床坐标系的统一？

2-5　在数控加工工艺规程的编制中，如何确定切削加工三要素？

2-6　综述数控加工顺序安排的原则。

2-7　如何确定数控加工的工艺路线？

2-8　本章以汽油机箱体加工中心工序为例，讲述了上端面、化油器孔、销孔、螺孔的数控加工工艺，其中采用了轴承孔和大斜面作为定位基准，请确定轴承孔和大斜面的加工工艺，并填写数控加工刀具卡片（表 2-11）、数控加工量检具卡片（表 2-12）和数控加工工艺卡片（表 2-13）。

第3章

数控机床的机械结构

数控机床的机械结构和布局与传统机床有许多相似之处，但作为一种机电一体化设备，它具有许多有别于传统机床的结构特点。传统机床存在着刚性不足、抗振性差、热变形大、摩擦阻力大及有传动间隙等缺点，难以满足对加工精度、表面质量、生产率以及使用寿命等的要求。现代数控机床，特别是加工中心，在机床整体布局、外部造型等方面，以及支撑部件、主传动系统、进给传动系统、刀具系统、辅助功能等部件都发生了很大的变化，形成了其特有的机械结构的特点。

3.1 数控机床的机械结构概述

3.1.1 数控机床机械结构的组成

机床本体是数控机床的主体部分，是完成各种切削加工的机械结构，来自于数控装置的各种运动和动作指令，都必须由机床本体转换成真实的、准确的机械运动和动作，才能实现数控机床的功能，并保证数控机床的性能要求。数控机床的机床本体由下列各部分组成：

1）主传动系统。包括动力源、传动件及主运动执行件——主轴等。主传动系统的作用是将驱动装置的运动和动力传给执行件，实现主切削运动。

2）进给传动系统。包括动力源、传动件及进给运动执行件——工作台、刀架等。进给传动系统的作用是将伺服驱动装置的运动和动力传给执行件，实现进给运动。

3）基础支承件。包括床身、立柱、导轨、工作台等。基础支承件的作用是支承机床的各主要部件，并使它们在静止或运动中保持相对正确的位置。

4）辅助装置。包括自动换刀装置、液压气动系统、润滑冷却装置等。

5）实现工件回转、分度定位的装置和附件，如回转工作台。

6）刀库、刀架和自动换刀装置（ATC）。

7）自动托盘交换装置（APC）。

8）特殊功能装置，如刀具破损检测、精度检测和监控装置等。

其中，机床基础件、主传动系统、进给系统以及液压、润滑、冷却等辅助装置是构成数控机床的机床本体的基本部件，是必需的，其他部件则按数控机床的功能和需要选用。尽管数控机床的机床本体的基本构成与传统的机床十分相似，但由于数控机床在功能和性能上的要求与传统机床存在着巨大的差距，所以数控机床的机床本体在总体布局、结构、性能上与传统机床有许多明显的差异，出现了许多适应数控机床功能特点的完全新颖的机械结构和部件。

3.1.2 数控机床机械结构的主要特点

1. 结构简单、操作方便、自动化程度高

数控机床的主轴箱、进给变速箱的结构一般非常简单；齿轮、轴类零件、轴承的数量大为减少；电动机可以直接连接主轴和滚珠丝杠，不需要齿轮；在使用直线电动机、电主轴的场合，甚至可以不用丝杠、主轴箱。

数控机床需要根据数控系统的指令，自动完成对进给速度、主轴转速、刀具运动轨迹以及其他机床辅助技能（如自动换刀，自动冷却）的控制。它必须利用伺服进给系统代替普通机床的进给系统，并可以通过主轴调速系统实现主轴自动变速。因此，在操作上，它不像普通机床那样，需要操作者通过手柄进行调整和变速，操作机构比普通机床要简单得多，许多机床甚至没有手动机械操作系统。

数控机床的大部分辅助动作都可以通过数控系统的辅助技能（M技能）进行控制，因此，常用的操作按钮也较普通机床少。

2. 广泛采用高效、无间隙传动装置和新技术、新产品

数控机床进行的是高速、高精度加工，在简化机械结构的同时，对于机械传动装置和元件也提出了更高的要求。高效、无间隙传动装置和元件在数控机床上得到了广泛的应用，如滚珠丝杠副、塑料滑动导轨、静压导轨、直线滚动导轨等高效执行部件，不仅可以减少进给系统的摩擦阻力，提高传动效率，还可以使运动平稳，获得较高的定位精度。

随着新材料、新工艺的普及和应用，高速加工已经成为目前数控机床的发展方向之一，快进速度达到了每分钟数十米，甚至上百米，主轴转速达到了每分钟上万转，甚至十几万转，采用电主轴、直线电动机、直线滚动导轨等新产品、新技术已势在必行。

3. 具有适应无人化、柔性化加工的特殊部件

"工艺复合化"和"功能集成化"是无人化、柔性加工的基本要求，也是数控机床最显著的特点和当前的发展方向。因此，自动换刀装置（ATC）、动力刀架、自动换屑装置、自动润滑装置等特殊机械部件是必不可少的，有的机床还带有自动工作台交换装置（APC）。"功能集成化"是当前数控机床的另一重要发展方向。在现代数控机床上，自动换刀装置、自动工作台交换装置等已经成为基本装置。随着数控机床向无人化、柔性化加工发展，功能集成化更多体现在工件的自动装卸、自动定位，刀具的自动对刀、破损检测、寿命管理，工件的自动测量和自动补偿功能上。因此，国外还开发了集中突破传统机床界限，集钻、铣、镗、车、磨等加工于一体的所谓"万能加工机床"，大大提高了附加值，并随之不断出现新的机械部件。

4. 对机械结构、零部件的要求高

高速、高效、高精度的加工要求，无人化管理以及工艺复合化、功能集成化，一方面可以大大地提高生产率，同时，也必然会使机床的开机时间、工作负载随之增加，机床必须在高负荷下长时间可靠工作。因此，对组成机床的各种零部件和控制系统的可靠性要求很高。

此外，为了提高加工效率，充分发挥机床性能，数控机床通常都能够同时进行粗精加工。这就要求机床性能满足大切削量的粗加工对机床的刚度、强度和抗振性的要求，而且也能达到精密加工机床对机床精度的要求。因此，数控机床的主轴电动机的功率一般比同规格的普通机床大，主要部件和基础件的加工精度通常比普通机床高，对组成机床各部件的动、静态性能以及热稳定性的精度保持性也提出了更高的要求。

3.1.3　数控机床对机械结构的基本要求

1. 具有较高的静、动刚度和良好抗振性

机床的刚度反映了机床机构抵抗变形的能力。机床变形产生的误差，通常很难通过调整和补偿的方法予以彻底地解决。为了满足数控机床高效、高精度、高可靠性以及自动化的要求，与普通机床相比，数控机床应具有更高的静刚度。此外，为了充分发挥机床的效率，加大切削用量，还必须提高机床的抗振性，避免切削时产生的共振和颤振。而提高机构的动刚度是提高机床抗振性的基本途径。

2. 具有较好的热稳定性

机床的热变形是影响机床加工精度的主要因素之一。由于数控机床的主轴转速、快速进给速度都远远超过普通机床，机床又长时间处于连续工作状态，电动机、丝杠、轴承、导轨的发热都比较严重，加上高速切削产生的切屑的影响，使得数控机床的热变形影响比普通机床要严重得多。虽然先进的数控系统具有热变形补偿功能，但是它并不能完全消除热变形对于加工精度的影响，在数控机床上还应采取必要的措施，尽可能减小机床的热变形。

3. 具有较高的运动精度和良好的低速稳定性

利用伺服系统代替普通机床的进给系统是数控机床的主要特点。伺服系统最小的移动量（脉冲当量）一般只有 0.001mm，甚至更小；最低进给速度一般只有 1mm/min，甚至更低。这就要求进给系统具有较高的运动精度、良好的跟踪性能和低速稳定性，才能对数控系统的位置指令做出准确的响应，从而得到要求的定位精度。

传动装置的间隙直接影响着机床的定位精度，虽然在数控系统中可以通过间隙补偿、单向定位等措施减小这一影响，但不能完全消除。特别是对于非均匀间隙，必须采用机械消除间隙措施，问题才能得到较好的解决。

4. 具有良好的操作、安全防护性能

方便、舒适的操作性能，是操作者普遍关心的问题。在大部分数控机床上，刀具和工件的装卸、刀具和夹具的调整，还需要操作者完成，机床的维修更离不开人，而且由于加工效率的提高，数控机床的工件装卸可能比普通机床更加频繁，因此良好的操作性能是数控机床设计时必须注意的问题。数控机床是一种高度自动化的加工设备，动作复杂，高速运动部件较多，对机床动作互锁、安全防护性能的要求也比普通机床要高很多。同时，数控机床一般都有高压、大流量的冷却系统，为了防止切屑、切削液的飞溅，数控机床通常都应采用封闭和半封闭的防护形式，增强防护性能。

🖈 3.2　数控机床的主传动系统

数控机床主传动系统是数控机床的大功率执行机构，其功能是接收数控系统（CNC）的 S 码速度指令及 M 码辅助功能指令，驱动主轴进行切削加工。它包括主轴驱动装置、主轴电动机、主轴位置检测装置、传动机构及主轴。通常，主轴驱动被加工工件旋转的是车削加工，所对应的机床是车床类；主轴驱动切削刀具旋转的是铣削加工，所对应的机床是铣床类。

3.2.1 数控机床对主传动系统的要求

机床的主传动与进给运动有较大的差别。机床主轴的工作运动通常是旋转运动，不像进给运动需要丝杠或其他直线运动装置作往复运动。数控机床通常通过主轴的回转与进给轴的进给实现刀具与工件快速的相对切削运动。在20世纪60~70年代，数控机床的主轴一般采用三相感应电动机配上多级齿轮变速箱实现有级变速的驱动方式。随着刀具技术、生产技术、加工工艺以及生产效率的不断发展，上述传统的主轴驱动已经不能满足生产的需要。现代数控机床对主传动系统提出了更高的要求。

1. 具有更大的调速范围，并能实现无级调速

为了保证加工时选用合理的切削用量，从而获得最高的生产率、加工精度和表面质量，数控机床必须具有更大的调速范围。对于自动换刀的数控机床，为了适应各种工序和各种加工材料的需要，主运动的调速范围还应进一步扩大。

2. 具有足够大的驱动功率

机床主轴系统必须具有足够大的驱动功率或输出转矩，以适应现代高速、高效、强力切削的加工需要。一般数控机床的主轴驱动功率在3.7~250kW之间。

3. 有较高的精度和刚度，传动平稳，噪声低

数控机床加工精度的提高，与主传动系统具有较高的精度密切相关。为此，要提高传动件的制造精度与刚度，齿轮齿面应高频感应淬火以增加耐磨性；最后一级采用斜齿轮传动，使传动平稳；采用精度高的轴承及合理的支承跨距等，以提高主轴组件的刚性。

4. 控制功能的多样化

同步控制功能：在车削中心上，为使之具有螺纹车削功能，要求主轴与进给运动实行同步控制，即主轴上安装了脉冲编码器。

主轴准停功能：在加工中心上，要求主轴具有高精度的准停功能，以保证换刀位置的准确以及某些加工工艺的需要。

具有恒线速度切削控制功能：利用车床和磨床加工工件端面时，为了保证端面表面粗糙度的一致性，要求刀具切削的线速度为恒定值。

C轴控制功能：在车削中心上，要求主轴具有C轴控制功能。

5. 良好的抗振性和热稳定性

数控机床在加工时，可能由于断续切削、加工余量不均匀、运动部件不平衡以及切削过程中的自振等原因引起冲击力或交变力的干扰，使主轴产生振动，影响加工精度和表面粗糙度，严重时可能破坏刀具或主传动系统中的零件，使其无法工作。主传动系统的发热使其中所有零部件产生热变形，降低传动效率，破坏了零部件之间的相对位置精度和运动精度，造成加工误差。为此，主轴组件要有较高的固有频率，实现动平衡，保持合适的配合间隙并进行循环润滑等。

6. 能实现刀具的快速和自动装卸

在自动换刀的数控机床中，主轴应能准确地停在某一固定位置上，以便在该处进行换刀等动作，这就要求主轴实现定向控制。此外，为实现主轴快速自动换刀功能，必须设有刀具的自动夹紧机构。

3.2.2 主传动的变速方式

对主轴的调速范围要求更高，就是要求主轴能在较宽的转速范围内根据数控系统的指令自动实现无级调速，并减少中间传动环节，简化主轴箱。主轴变速分为有级变速、无级变速和分段无级变速三种形式，其中有级变速仅用于经济型数控机床，大多数数控机床均采用无级变速或分段无级变速。在无级变速中，变频调速主轴一般用于普及型数控机床，交流伺服主轴则用于中、高档数控机床。

全功能数控机床的主传动系统大多采用无级变速。目前，无级变速系统根据控制方式的不同主要有变频主轴系统和伺服主轴系统两种，一般采用直流或交流主轴电机，通过带传动带动主轴旋转，或通过带传动和主轴箱内的减速齿轮（以获得更大的转矩）带动主轴旋转。另外，根据主轴速度控制信号的不同可分为模拟量控制的主轴驱动装置和串行数字控制的主轴驱动装置两类。模拟量控制的主轴驱动装置采用变频器实现主轴电动机控制，有通用变频器控制通用电动机和专用变频器控制专用电动机两种形式。目前大部分的经济型机床均采用数控系统模拟量输出+变频器+感应（异步）电动机的形式，性价比很高，这时也可以将模拟主轴称为变频主轴。串行数字控制的主轴驱动装置一般由各数控公司自行研制并生产，如西门子公司的 611 系列，日本发那克公司的 α 系列等。

数控机床主运动调速范围很宽，其主轴的传动变速类型主要有以下几种。

（1）带有变速齿轮的主传动（分段无级变速） 带有变速齿轮的主传动如图 3-1 所示，这是大中型数控机床较常采用的传动类型，它使用无级变速交、直流电动机，再通过几对齿轮传动后，实现分段无级变速。这种变速方式使得变速范围扩大，其优点是在低速时能满足主轴输出转矩特性的要求。但齿轮变速机构通常采用液压拨叉或电磁离合器变速方式，造成

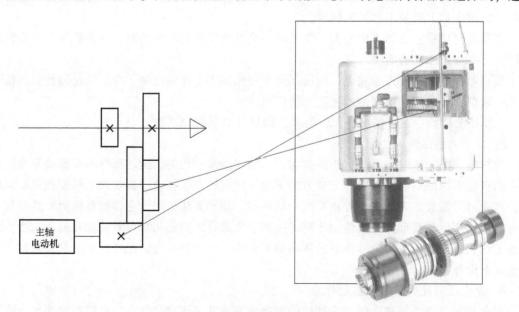

图 3-1 带有变速齿轮的主传动

主轴箱结构复杂，成本增高。另外，这种传动机构容易引起振动和噪声。

（2）采用定比传动装置的主传动（无级变速）　采用定比传动装置的主传动如图 3-2 所示，主电动机和主轴一般采用定传动比的连接形式，或是主电动机和主轴直接连接的形式。在使用定传动比传动时，通常采用 V 带或同步带传动。定比传动装置常用同步带或 V 带连接电动机与主轴，避免了齿轮传动引起的振动与噪声。这种传动类型主要用在转速较高、变速范围不大的小型数控机床上。它通过一级带传动实现变速，其优点是结构简单、安装调试方便，电动机本身的调差就能够满足要求，不用齿轮变速，可以避免齿轮传动引起的振动和噪声，但变速范围受电动机调速范围的限制，只适用于高速低转矩特性要求的主轴带传动变速中，常用的带类型有 V 带、平带、多楔带和同步带。

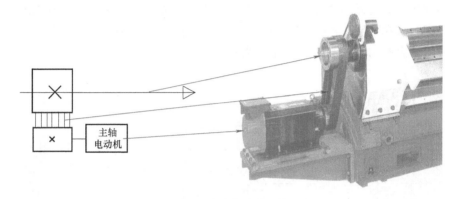

图 3-2　采用定比传动装置的主传动

（3）采用电主轴的主传动（无级变速）　采用电主轴的主传动如图 3-3 所示，这种传动方式大大简化了主轴箱体与主轴的结构，主轴部件的刚性更好。但主轴输出转矩小，电动机发热对主轴影响较大，需对主轴进行强制冷却。机床主轴由内装式电动机直接驱动，从而使

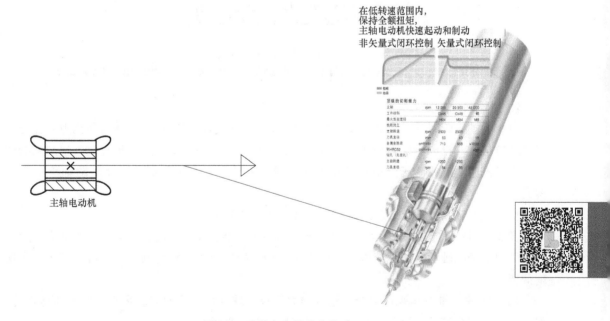

图 3-3　采用电主轴的主传动

主轴部件从机床传动系统和整体结构中独立出来，成为"主轴单元"，又称为"电主轴"。其不存在复杂的中间传动环节，调整范围广，振动噪声小，易控制，能实现准停，准速，准位，加工效率和加工精度高。

3.2.3 数控机床的主轴部件

数控机床的主轴部件包括主轴、主轴支承、装在主轴上的传动件和密封件等。对于加工中心的主轴，为实现刀具的快速和自动装卸，主轴部件还包括刀具的自动装卸、主轴定向停止（准停）和主轴孔内的切屑清除等装置。

1. 主轴端部结构

主轴端部用于安装刀具或夹持工件的夹具。在设计要求上应能保证定位准确、安装可靠、连接牢固、装卸方便，并能传递足够的转矩。主轴端部的结构形状都已标准化，图 3-4 所示为几种机床上通用的主轴端部的结构型式。

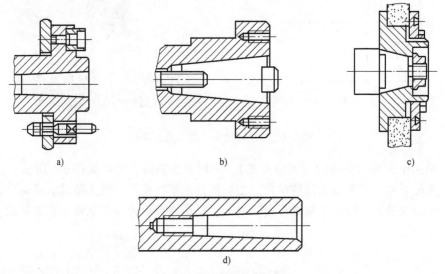

图 3-4 主轴端部的结构型式

a）车床主轴端部 b）铣、镗主轴端部 c）外圆磨床砂轮主轴端部 d）内圆磨床砂轮主轴端部

2. 主轴部件的支承

机床主轴带着刀具或夹具在支承中作回转运动，传递切削转矩、承受切削抗力并保证必要的旋转精度，机床主轴多采用滚动轴承作为支承，对于精度要求高、承受较大切削载荷的主轴，可采用动压或静压滑动轴承作支承。图 3-5 所示为主轴常用的几种滚动轴承的结构型式。

图 3-6 所示为数控机床主轴轴承常见的三种配置形式。

图 3-6a 中，前支承采用双列圆柱滚子轴承和双列推力 60°角接触球轴承，后支承采用成对推力角接触球轴承。此种结构普遍应用于各种数控机床，其综合刚度高，可以满足强力切削的要求。

图 3-6b 中，前支承采用多个高精度推力角接触球轴承，这种配置具有良好的高速性能，但它的承载能力较小，适用于高速轻载和精密的主轴部件。

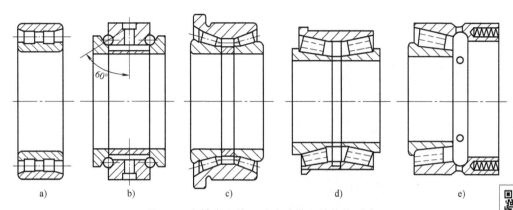

图 3-5　主轴常用的几种滚动轴承的结构型式

a）双列圆柱滚子轴承　b）双列推力角接触球轴承　c）双列圆锥滚子轴承

d）带凸轮的双列圆柱滚子轴承　e）带弹簧的圆锥滚子轴承

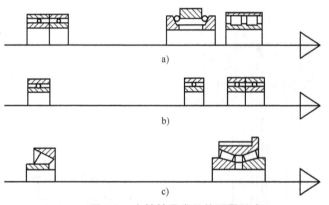

图 3-6　主轴轴承常见的配置形式

　　图 3-6c 中，前支承为双列圆锥滚子轴承，后支承为圆锥滚子轴承，其径向和轴向刚度高，能承受重载荷，安装与调整性能好。但限制了主轴的转速精度的提高，适用于中等精度、低速与重载荷的数控机床主轴。

　　3. 主轴内刀具的自动夹紧和切屑清除装置

　　在带有刀库的自动换刀数控机床中，为实现刀具在主轴上的自动装卸，其主轴必须设计有刀具的自动夹紧机构。自动换刀数控加工中心机床主轴的刀具夹紧机构如图 3-7 所示。刀夹 1 以锥度为 7:24 的锥柄在主轴 3 前端的锥孔中定位，并通过拧紧在锥柄尾部的拉钉 2 拉紧在锥孔中。夹紧刀夹时，液压缸上腔接通回油，弹簧 11 推活塞 6 上移，处于图示位置，拉杆 4 在碟形弹簧 5 的作用下向上移动；由于此时装在拉杆 4 前端径向孔中的钢球 12 进入主轴孔中直径较小的 d_2 处（图 3-7b），被迫径向收拢而卡进拉钉 2 的环形凹槽内，因而刀杆被拉杆 4 拉紧，依靠摩擦力紧固在主轴上。切削转矩则由端面键 13 传递。换刀前需将刀夹松开时，液压油进入液压缸上腔，活塞 6 推动拉杆 4 向下移动，碟形弹簧 5 被压缩；当钢球 12 随拉杆 4 一起下移至进入主轴孔直径较大的 d_1 处时，它就不再能约束拉钉 2 的头部，紧接着拉杆 4 前端内孔的台肩端面碰到拉钉 2，把刀夹 1 顶松。此时，行程开关 10 发出信号，换刀机械手随即将刀夹 1 取下。与此同时，由压缩空气管接头 9 经活塞和拉杆的中心通

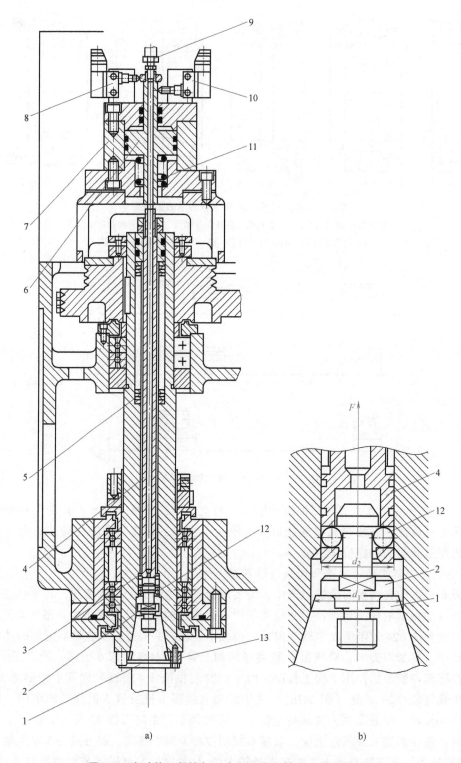

a)   b)

图 3-7　自动换刀数控加工中心机床主轴的刀具夹紧机构

1—刀夹　2—拉钉　3—主轴　4—拉杆　5—碟形弹簧　6—活塞　7—液压缸

8、10—行程开关　9—压缩空气管接头　11—弹簧　12—钢球　13—端面键

孔吹入主轴装刀孔内，把切屑或脏物清除干净，以保证刀具的安装精度。机械手把新刀装上主轴后，液压缸 7 接通回油，碟形弹簧 5 又拉紧刀夹 1。刀夹拉紧后，行程开关 8 发出信号。

为了保持主轴锥孔的清洁，常用压缩空气吹屑，图 3-7 中活塞 6 的中心钻有压缩空气通道，当活塞向左移动时，压缩空气经拉杆 4 吹出，将主轴锥孔清理干净。喷气头中的喷气小孔要有合理的喷射角度，并均匀分布，以提高其吹屑效果。

4. 主轴准停装置

在数控镗铣加工中心上，由于需要进行自动换刀，要求主轴每次停在一个固定的准确的位置上。所以，主轴上必须设有准停装置。在自动换刀的数控镗铣加工中心上，切削转矩通常是通过刀杆的端面键来传递的，因此在每一次自动装卸刀杆时，都必须使刀柄上的键槽对准主轴上的端面键，这就要求主轴具有准确周向定位的功能。在加工精密坐标孔时，由于每次都能在主轴固定的圆周位置上装刀，就能保证刀尖与主轴相对位置的一致性，从而提高孔径的正确性，这是主轴准停装置带来的好处。

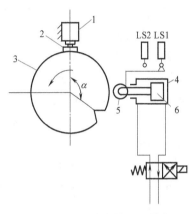

目前准停装置主要有机械式和电气式两种。图 3-8 所示为一种利用 V 形槽轮定位盘的机械式准停装置。其工作原理为，准停前主轴必须处于停止状态，当接收到主轴准停指令后，主轴电动机以低速转动，主轴箱内齿轮换档使主轴低速旋转，时间继电器开始动作，并延时 4~6s，保证主轴转稳后接通无触点开关 1 的电源，当主轴转到图示位置即凸轮定位盘 3 上的感应块 2 与无触点开关 1 相接触后发出信号，使主轴电动机停转。另一延时继电器延时 0.2~0.4s 后，液压油进入定位液压缸下腔，

图 3-8 机械式主轴准停装置

1—无触点开关 2—感应块 3—凸轮定位盘 4—点位液压缸 5—定向滚轮 6—定向活塞

使定向活塞向左移动，当定向活塞上的定向滚轮 5 顶入凸轮定位盘的凹槽内时，行程开关 LS2 发出信号，主轴准停完成。若延时继电器延时 1s 后行程开关 LS2 仍不发信号，说明准停没完成，需使定向活塞 6 后退，重新准停。当活塞杆向右移到位时，行程开关 LS1 发出定向滚轮 5 退出凸轮定位盘凹槽的信号，此时主轴可起动工作。

机械准停装置比较准确可靠，但结构较复杂。现代的数控机床一般都采用电气式主轴准停装置，只要数控系统发出指令信号，主轴就可以准确地定向。图 3-9 所示为一种用磁传感器检测定向的电气式主轴准停装置。

在主轴上安装有一个永久磁铁 4 与主轴一起旋转，在距离永久磁铁 4 旋转轨迹外 1~2mm 处，固定有一个磁传感器 5。当机床主轴需要停转换刀时，数控装置发出主轴停转的指令，主轴电动机 3 立即减速使主轴以很低的转速回转。当永久磁铁 4 对准磁传感器 5 时，磁传感器发出准停信号，此信号经放大后，由定向电路使电动机准确地停止在规定的周向位置上。这种准停装置机械结构简单，永久磁铁 4 与磁传

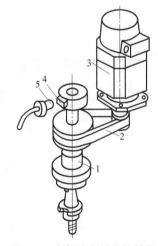

图 3-9 电气式主轴准停装置

1—主轴 2—同步齿形带 3—主轴电动机 4—永久磁铁 5—磁传感器

感器 5 之间没有接触摩擦，准停的定位精度可达±1°，能满足一般换刀要求，而且定向时间短，可靠性较高。

3.2.4 高速电主轴系统

电主轴是最近几年在数控机床领域出现的将机床主轴与主轴电机融为一体的新技术。国外电主轴最早用于内圆磨床，20世纪80年代，随着数控机床和高速切削技术的发展，逐渐将电主轴技术应用于加工中心、数控铣床等高档数控机床，成为机床技术所取得的重大成就之一。传统的主轴一般是通过传动带、齿轮来进行传动和驱动的，而电主轴是将异步电动机直接装入主轴内部，通过驱动电源直接驱动主轴进行工作，以实现机床主轴系统的"零传动"。这种主轴电动机与机床主轴"合二为一"的传动结构形式，使主轴部件从机床的传动系统和整体结构中相对独立出来，因此可做成"主轴单元"，称为"电主轴"（Electric Spindle/Motor Spindle），从而减少中间带或者齿轮机械传动等环节，实现了机械与电动机一体的主轴单元。电主轴不但减少了中间环节存在的打滑、振动和噪声的因素，也加速了主轴在高速领域的快速发展，成为满足高速切削、实现高速加工的最佳方案，其高转速、高精度、高刚性、低噪声、低温升、结构紧凑、易于平衡、安装方便、传动效率高等优点，使它在超高速切削机床上得到广泛的应用。数控车床电主轴部件如图 3-10 所示，用磁悬浮轴承的高速加工中心电主轴部件如图 3-11 所示。

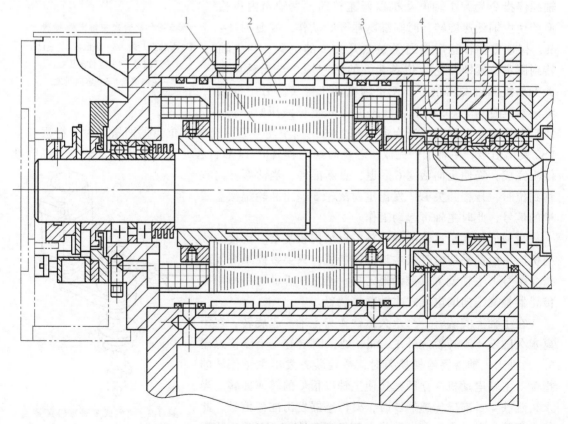

图 3-10 数控车床电主轴部件

1—转子 2—定子 3—箱体 4—主轴

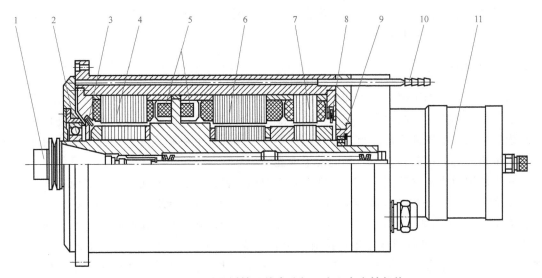

图 3-11 用磁悬浮轴承的高速加工中心电主轴部件

1—刀具系统 2、9—捕捉轴承 3、8—传感器 4、7—径向轴承 5—轴向推力轴承
6—高频电动机 10—冷却水管路 11—气-液压力放大器

高速电主轴取消了由电动机驱动主轴旋转工作的中间变速和传动装置（如齿轮、带、联轴器等），因此高速电主轴具有如下优点：

1）主轴由内装式电动机直接驱动，省去了中间传动环节，机械结构简单、紧凑，噪声低，主轴振动小，回转精度高，快速响应性好，机械效率高。

2）电主轴系统减少了高精密齿轮等关键零件，消除了齿轮传动误差，运行时更加平稳。

3）采用交流变频调速和矢量控制技术，输出功率大，调速范围宽，功率—转矩特性好，可在额定转速范围实现无级调速，以适应各种负载和工况变化的需要。

4）可实现精确的主轴定位，并实现很高的速度、加速度及定角度快速准停，动态精度和稳定性好，可满足高速切削和精密加工的需要。

5）大幅度缩短了加工时间，只有原来加工时间的约 1/4。

6）加工表面质量高，无需再进行打磨等表面处理工序。

机床主轴高速化后，由于离心力作用，传统的 CAT（7：24）刀柄结构已经不能满足使用要求，需要采用 HSK（1：10）等其他符合高速要求的刀柄接口形式。HSK 刀柄具有突出的静态和动态连接刚性、大的传递转矩能力、高的刀具重复定位精度和连接可靠性，特别适合在高速、高精度情况下使用。因此，HSK 刀柄接口已经广泛为高速电主轴所采用。近年来，由 SANDVIK 公司提出的 Capto 刀具接口也开始在机床行业得到应用，其基本原理与 HSK 接口相似，但传递转矩的能力稍大一些，缺点是主轴轴端内孔加工难度较大，工艺比较复杂。

由于高速切削和实际应用的需要，随着主轴轴承及其润滑技术、精密加工技术、精密动平衡技术、高速刀具及其接口技术等相关技术的发展，数控机床用电主轴高速化已成为目前普遍的发展趋势，如钻、铣用电主轴，瑞士 IBAG 的 HF42 的转速达到 140000r/min，英国 WestWind 公司的 PCB 钻孔机电主轴 D1733 更是达到了 250000r/min 的转速；加工中心用电主轴，瑞士 FISCHER 最高转速达到 42000r/min，意大利 CAMFIOR 达到了 75000r/min。在电主轴的系统刚度方面，由于轴承及其润滑技术的发展，电主轴的系统刚度越来越大，满足了数控机床高速、高效和精密加工发展的需要。

3.2.5 刀具系统

由于高速切削加工时离心力和振动的影响，要求刀具具有很高的几何精度和装夹重复定位精度，很高的刚度和高速动平衡的安全可靠性。传统的 7：24 锥度刀柄系统在进行高速切削时表现出明显的刚性不足、重复定位精度不高、轴向尺寸不稳定等，主轴的膨胀引起刀具及夹紧机构质心的偏离，影响刀具的动平衡能力。

常规数控机床通常采用 7：24 锥度实心长刀柄，目前共有五种规格且已实现标准化，即 NT（传统型）、DIN69893（德国标准）、ISO7388/1（国际化标准）、ANSI/ASME（美国标准）和 BT（日本标准）。其中 BT（7：24 锥度）刀柄结构简单、成本低、使用便利，得到了广泛应用。BT 刀柄与机床主轴连接时仅靠锥面定位，高速条件下，材料特性和尺寸差异造成主轴锥孔和配合的刀柄同时产生不均匀变形量，其中主轴锥孔的扩张量大于刀柄，导致刀柄和主轴的配合面产生锥孔间隙。7：24 标准锥度长刀柄仅前段 70% 与主轴保持接触，而后段配合中存在微小间隙，从而导致刀具产生径向圆跳动，破坏了工具系统的动平衡。在拉紧机构作用下，BT 刀柄沿轴向移动，削弱了刀柄轴向定位精度，造成加工尺寸误差。大锥度还会限制自动换刀 ATC 过程高速化，降低重复定位精度和造成刀柄拆卸困难。7：24 锥度刀柄与主轴连接的结构与原理如图 3-12 所示，7：24 锥度刀柄与主轴的连接过程如图 3-13 所示。

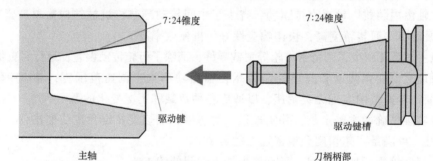

图 3-12　7：24 锥度刀柄与主轴连接的结构与原理

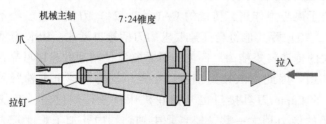

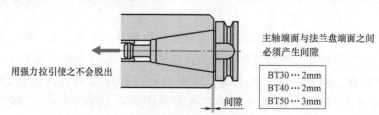

图 3-13　7：24 锥度刀柄与主轴的连接过程

由于传统的机床和刀具连接存在结构和功能缺陷，已不能满足高速加工的高精度、高效率及静、动刚度、动平衡性等要求。目前，高速切削应用较广泛的有德国 HSK 刀具系统、日本 Big-Plus 刀具系统（图 3-14）、美国 KM 刀具系统（图 3-15 所示）和 Showa D2F2C 刀具系统等，它们均属于两面拘束刀柄。

HSK（德文 Hohl Shaft Kegel，简称 HSK）刀柄是由德国亚琛工业大学机床实验室研制的一种双面夹紧刀

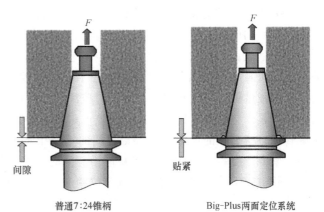

普通7:24锥柄　　　　　　Big-Plus两面定位系统

图 3-14　普通刀具和 Big-Plus 刀具系统的比较

柄，锥度为 1：10（2°51′78″），采用锥面（径向）和法兰端面（轴向）双面定位和夹紧。工作时空心短锥柄与主轴锥孔能完全接触，起到定心作用，保证主轴的连接刚性。HSK 刀柄与主轴连接的结构与原理如图 3-16 所示，在拉紧机构作用下拉杆向右移动，此时刀柄前端锥面的弹性夹爪会径向扩张，同时夹爪的外锥面与空心短锥柄内孔的 30°锥面开始接触配合。此时空心短锥柄出现弹性变形，其端面与主轴端面靠紧，消除 HSK 刀柄法兰盘与主轴端面间的间隙（约 0.1mm）。

图 3-15　KM 刀具系统

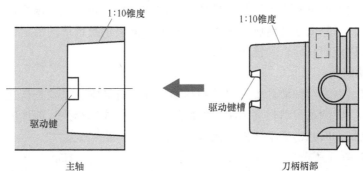

图 3-16　HSK 刀柄与主轴连接的结构与原理

HSK 工具系统的突出特征是采用端面和锥面同步接触双重定位，保证配合可靠性。类似 BT 锥柄，HSK 的径向精度取决于锥面接触特性（二者的径向精度最高可达 0.2μm）。HSK 接口的轴向精度取决于接触端面，与轴向夹紧力无关，仅由结构决定，这与 BT 锥柄显著不同。HSK 刀柄的第二个特征是空心锥柄，以较小夹紧力产生足够弹性变形，空心薄壁的径向膨胀量保持与主轴内锥孔变形对应。空心柄部还为夹紧拉钉提供了安装位置，实现由内向外夹紧，空心柄部还可内置切削液。采用内夹紧方式可使离心力转化为夹紧力，保证高速旋转的刀柄夹紧的可靠性。HSK 刀柄的第三个特征是采用 1∶10 的小锥度可减小锥面部分的夹紧力，提高 HSK 接口的承载能力，同时又能够保证锥部良好的定位作用。

　　尽管 HSK 刀柄具有较高的重复定位精度，ATC 自动换刀行程短、速度快，但是 HSK 刀柄不能和目前 7∶24 锥度主轴孔兼容，结构上采用中空柄使锥柄部分强度减弱；刀柄自锁后退出时主轴孔易磨损，且锥面磨损 1μm 时端面间的间隙会增加 10μm，使刀柄的夹紧失效，甚至损坏夹紧部件；刀柄上的 V 形定位槽使得刀柄本身处于不平衡状态，高速转动时容易发生振动；锥度配合过盈量较小（KM 的 1/5～1/2），极限转速比 KM 结构低；而且制造精度要求较高，结构复杂，成本较高。以上缺点在一定程度上限制了 HSK 刀柄的广泛使用。针对以上不足，美国研制和推出了 KM 刀柄。

3.3　数控机床的进给传动系统

3.3.1　数控机床对进给传动系统的要求

　　数控机床进给传动系统的功能是实现执行机构（刀架、溜板等）的运动。为了确保数控机床进给传动系统的传动精度和工作平稳性，对数控机床进给传动系统提出了如下要求。

　　1. 高的传动精度与定位精度

　　数控机床进给传动装置的传动精度和定位精度对零件的加工精度起着关键性的作用，对采用步进电动机驱动的开环控制系统尤其如此。无论对于点位、直线控制系统，还是轮廓控制系统，传动精度和定位精度都是表征数控机床性能的主要指标。设计中，通过在进给传动链中加入减速齿轮，以减小脉冲当量，预紧传动滚珠丝杠，消除齿轮、蜗轮等传动件的间隙等办法，可达到提高传动精度和定位精度的目的。由此可见，机床本身的精度，尤其是伺服传动链和伺服传动机构的精度，是影响工作精度的主要因素。

　　2. 小的摩擦力

　　机械传动结构的摩擦阻力主要来自丝杠螺母副和导轨。在数控机床进给传动系统中，为了减小摩擦阻力，消除低速进给爬行现象，提高整个伺服进给系统的稳定性，广泛采用滚珠丝杠和滚动导轨以及塑料导轨和静压导轨等。

　　3. 小的运动惯量

　　传动件的惯量对进给传动系统的起动和制动特性都有影响，尤其是高速运转的零件，其惯量的影响更大。在满足传动强度和刚度的前提下，尽可能减小执行部件的重量，减小旋转零件的直径和重量，以减小运动部件的惯量。

　　4. 无间隙传动

　　进给系统的传动间隙一般指反向间隙，即反向死区误差，它存在于整个传动链的各传动副中,直接影响数控机床的加工精度。因此,应尽量消除传动间隙,减小反向死区误差。设计中可采用消除间隙的联轴器及有消除间隙措施的传动副等方法。

5. 响应速度快

快速响应特性是指进给传动系统对输入指令信号的响应速度及瞬态过程结束的迅速程度,是系统的动态性能,反映了系统的跟踪精度。工件加工过程中,工作台应能在规定的速度范围内灵敏而精确地跟踪指令,在运行时不出现丢步和多步现象。进给传动系统响应速度的大小不仅影响机床的加工效率,而且影响加工精度。合理地控制机床工作台及传动机构的刚度、间隙、摩擦力以及转动惯量,可提高进给传动系统的快速响应特性。

6. 宽的进给调速范围

进给传动系统在承担全部工作负载的条件下,应具有很宽的调速范围,以适应各种工件材料、尺寸和刀具等变化的需要,工作进给速度范围可达 $3 \sim 1 \times 10^5$ mm/min。为了完成精密定位,系统的低速趋近速度达 0.1mm/min;为了缩短辅助时间,提高加工效率,快速移动速度应高达 15m/min。

7. 稳定性好,寿命长

稳定性是进给传动系统能够正常工作的最基本的条件,特别是在低速进给情况下不产生爬行,并能适应外加负载的变化而不发生共振。适当选择系统的惯性、刚度、阻尼及增益等各项参数,可提高进给传动系统的稳定性。

8. 使用维护方便

数控机床属高精度自动控制机床,主要用于单件、中小批量、加工中心高精度及复杂的生产加工,机床的开机率相应较高,因而进给系统的结构设计应便于维护和保养,最大限度地减小数控机床维修的工作量,以提高机床的利用率。

3.3.2 进给传动装置

一个典型的数控机床闭环控制的进给系统是由位置比较器、放大元件、驱动元件、机械传动装置和检测反馈元件等部分组成的。

机械传动装置是指将电动机的旋转运动变为工作台或刀架的直线运动的整个机械传动链。在数控机床进给驱动系统中,常用的机械传动装置主要有齿轮传动副、滚珠丝杠螺母副、齿轮齿条副等。

1. 齿轮传动副

数控机床的机械进给装置中常采用齿轮传动副来达到一定的降速比和转矩的要求。一对啮合的齿轮,总应有一定的齿侧间隙才能正常地工作。但齿侧间隙会造成进给系统的反向动作落后于数控系统指令要求,形成跟随误差甚至是轮廓误差。对闭环系统来说,齿侧间隙也会影响系统的稳定性。因此,齿轮传动副常采用各种措施,以尽量减小齿侧间隙。在数控机床上,针对不同类型的齿轮传动副有不同的调整齿侧间隙的方法。

(1)圆柱齿轮传动消除齿侧间隙的方法

1)偏心轴套调整法,如图 3-17 所示,齿轮 1 装在电动机轴上,调整偏心轴套 2 可以改变齿轮 1 和 3 之间的中心距,从而消除齿侧间隙。

2)轴向垫片调整法,如图 3-18 所示,将一对齿轮 1 和 2 的轮齿沿齿宽方向制成小锥度,使齿厚在齿轮的轴向稍有变化。调整时改变垫片 3 的厚度就能改变齿轮 1 和 2 的轴向相

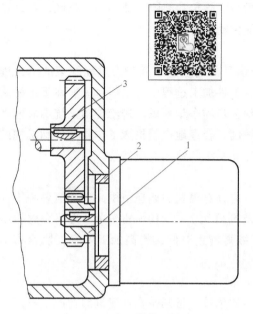

图 3-17　偏心轴套调整法

1、3—齿轮　2—偏心轴套

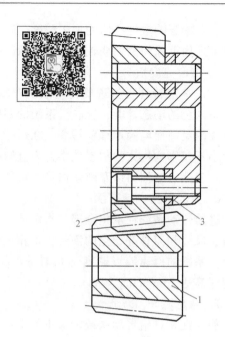

图 3-18　轴向垫片调整法

1、2—齿轮　3—垫片

对位置，从而消除齿侧间隙。

3）双片齿轮错齿调整法，如图 3-19 所示。两个相同齿数的薄片齿轮 3 和 4 与另一个宽齿轮啮合，两薄片齿轮可相对回转。在两个薄片齿轮 3 和 4 的端面均匀分布着四个螺孔，分别装上螺纹凸耳 1 和 2。薄片齿轮 3 的端面还有另外四个通孔，凸耳可以在其中穿过，弹簧 8 的两端分别钩在螺纹凸耳 2 和调节螺钉 5 上。通过旋转螺母 7 调节弹簧 8 的拉力，调节完后用旋转螺母 6 锁紧。弹簧的拉力使薄片齿轮错位，即两个薄片齿轮的左右齿面分别贴在宽

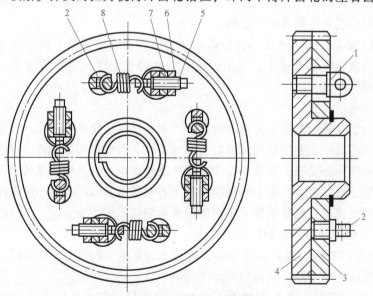

图 3-19　双片齿轮错齿调整法

1、2—螺纹凸耳　3、4—薄片齿轮　5—调节螺钉　6、7—旋转螺母　8—弹簧

齿轮齿槽的左右齿面上，从而消除了齿侧间隙。

（2）斜齿轮传动消除齿侧间隙的方法

1）轴向垫片调整法，如图3-20所示。宽齿轮1同时与两个相同薄片斜齿轮3和4啮合，薄片齿轮由平键和轴连接，互相不能相对回转。薄片斜齿轮3和4的齿形拼装后一起加工，并与键槽保持确定的相对位置。装配时在两薄齿轮之间装入厚度为δ的垫片2，使薄片斜齿轮3、4的螺旋线产生错位，其左右两齿面分别与宽齿轮1的齿贴紧，消除齿侧间隙。

2）轴向压簧调整法，如图3-21所示。该结构的消隙原理与轴向垫片调整法相似，所不同的是利用薄片斜齿轮2右面的弹簧压力使两个薄片齿轮产生相对轴向位移，从而它们的左、右齿面分别与宽齿轮6的左右齿面贴紧，以消除齿侧间隙。

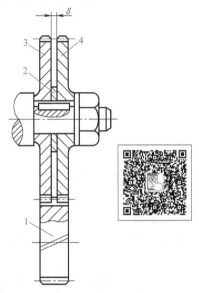

图3-20　轴向垫片调整法

1—宽齿轮　2—垫片　3、4—薄片斜齿轮

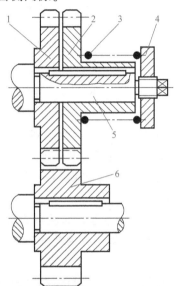

图3-21　轴向压簧调整法

1、2—薄片斜齿轮　3—轴向弹簧
4—调节螺母　5—轴　6—宽齿轮

2. 滚珠丝杠螺母副

为了提高数控机床进给系统的快速响应性能和运动精度，必须减少运动件的摩擦阻力和动静摩擦力之差。为此，在中小型数控机床中，滚珠丝杠螺母副是最普遍采用的结构。

（1）工作原理　滚珠丝杠螺母副是回转运动与直线运动相互转换的传动装置。图3-22所示是滚珠丝杠螺母副的原理图。在丝杠1和螺母3上加工有弧形螺旋槽，当它们套装在一起时形成了螺旋滚道2，并在滚道内装满滚珠4。当丝杠相对于螺母旋转时，两者发生轴向位移，而滚珠则沿着滚道滚动，螺母螺旋槽的两端用回珠管连接起来，使滚珠能作周而复始的循环运动，管道的两端还起着挡珠的作用，以防滚珠沿滚道掉出。

（2）特点

1）传动效率高、摩擦损失小。滚珠丝杠螺母副的传动效率高达85%～98%，是普通梯形丝杠的2～4倍，功率消耗减少2/3～3/4。

2）运动灵敏、低速时无爬行。由于是滚动摩擦，动静摩擦系数相差极小，因此低速不易爬行，高速传动平稳。

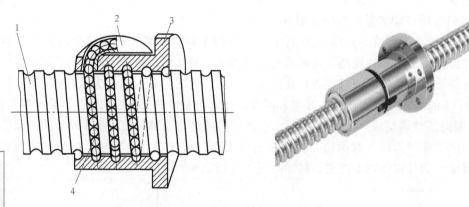

图 3-22　滚珠丝杠螺母副的原理图
1—丝杠　2—滚道　3—螺母　4—滚珠

3）传动精度高、刚性好。用多种方法可以消除丝杠螺母的轴向间隙，使反向无空行程，定位精度高，适当预紧后，还可以提高轴向刚度。

4）不能自锁、有可逆性。即能将旋转运动转换成直线运动，也能将直线运动转换成旋转运动。因此丝杠在垂直状态使用时，应增加制动装置或平衡块。

5）制造成本高。滚珠丝杠和螺母等元件的加工精度及表面粗糙度等要求高，制造工艺较复杂，成本高。

（3）滚珠丝杠螺母副的循环方式　常用的循环方式有两种：滚珠在循环反向过程中，与丝杠滚道脱离接触的称为外循环；而在整个循环过程中，滚珠始终与丝杠各表面保持接触的称为内循环。

1）外循环。外循环是滚珠在循环过程结束后通过螺母外表的螺旋槽或插管返回丝杠螺母间重新进入循环的循环方式。

常用的外循环方式如图 3-23 所示。外循环滚珠丝杠螺母副按滚珠循环时的返回方式不同可分为端盖式、插管埋入式、插管式和螺旋槽式。

图 3-23a 所示为端盖式。在螺母末端加工出以切向孔，作为滚珠的回程管道，螺母两端的盖板上开有滚珠的回程口，滚珠由此进入回程管，形成循环。

图 3-23b 所示为插管式。它用弯管作为返回管道，在螺母外圆上装有螺旋形的插管口，其两端接入滚珠螺母工作始末两端孔中，以引导滚珠通过插管，形成滚珠的多圈循环链。这种形式结构简单，工艺性好，承载能力较强，但径向尺寸较大，目前应用最为广泛，也可用于重载传动系统中。

图 3-23c 所示为螺旋槽式，它在螺母的外圆上铣出螺旋槽，槽的两端钻出通孔并与螺纹管道相切，形成返回通道，这种结构径向尺寸较小，但制造较复杂。

2）内循环。图 3-24 所示为内循环滚珠丝杠。内循环均采用反向器实现滚珠循环，它靠螺母上安装的反向器接通相邻两滚道，形成一个闭合的循环回路，使滚珠成单圈循环。反向器的数目与滚珠圈数相等，一般有 2~4 个，且沿圆周等分分布。这种循环方式的结构紧凑，刚度好，滚珠流通性好，摩擦损失小，效率高；适用于高灵敏度、高精度的进给系统，不宜用于重载传动，且制造较困难。

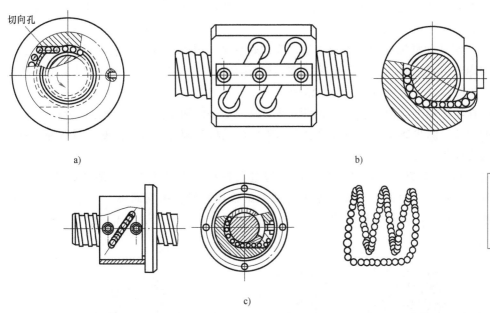

图 3-23 常用的外循环方式

a）端盖式 b）插管式 c）螺旋槽式

反向器有两种类型，即圆柱凸键反向器和扁圆镶块反向器。

图 3-24a 所示为圆柱凸键反向器，它的圆柱部分嵌入螺母内，端部开有反向槽。反向槽靠圆柱外圆面及其上端的圆键定位，以保证对准螺纹滚道方向。

图 3-24b 所示为扁圆镶块反向器，反向器为一般圆头平键形镶块，镶块嵌入螺母的切槽中，其端部开有反向槽，用镶块的外轮廓定位。将两种反向器相比较，后者尺寸较小，从而

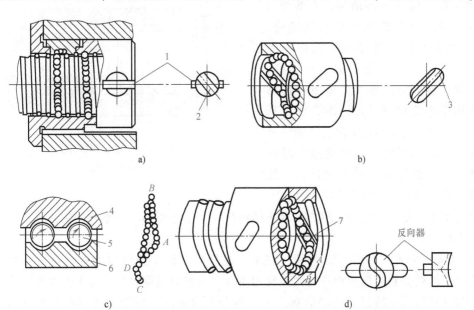

图 3-24 内循环滚珠丝杠

1—凸键 2、3—反向槽 4—丝杠 5—钢珠 6—螺母 7—反向器

减小了螺母的径向尺寸及缩短了轴向尺寸。但这种反向器的外轮廓和螺母上的切槽尺寸精度要求较高。

（4）滚珠丝杠螺母副的预紧方法 滚珠丝杠的传动间隙是指丝杠和螺母无相对转动时，丝杠和螺母两者之间的最大轴向窜动量。除了本身的轴向间隙之外，还包括施加轴向载荷后，产生的弹性变形所造成的轴向窜动量。

滚珠丝杠螺母副轴向间隙调整和预紧的原理都是使两个螺母产生轴向位移，以消除它们之间的间隙。除少数使用微量过盈滚珠的单螺母结构消隙外，常采用双螺母预紧方法，其结构形式有以下三种。

1）垫片预紧方式 如图3-25所示，通过调整垫片的厚度使左右两螺母产生轴向位移，来消除间隙和产生预紧力。这种方法能精确调整预紧量，结构简单，工作可靠，但调整费时，滚道磨损时不能随时进行调整，并且调整的精度也不高，适用于一般精度的数控机床。

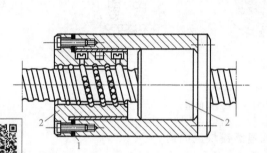
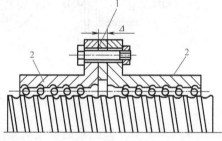

图 3-25　垫片预紧方式

1—垫片　2—螺母

2）螺纹预紧方式如图 3-26 所示，是利用螺母来实现预紧的结构，右螺母 4 外端有凸缘，而左螺母 1 是螺纹结构，用两个圆螺母 2、3 把垫片压在螺母座上，左右螺母和螺母座上加工有键槽，采用平键连接，使螺母在螺母座内可以轴向滑移而不能相对转动。调整时，只要拧紧圆螺母 3 使左螺母 1 向左滑动，可以改变两螺母的间距，即可消除间隙并产生预紧力。螺母 2 是锁紧螺母，调整完毕后，将螺母 2 和螺母 3 并紧，可以防

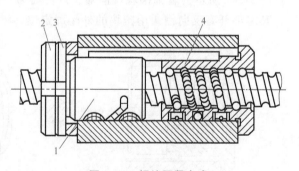

图 3-26　螺纹预紧方式

1~4—螺母

止螺母在工作中松动。这种调整方法具有结构简单、工作可靠、调整方便的优点，但调整预紧量不准确。

3）齿差预紧方式如图3-27所示，在两个螺母的凸缘上分别切出齿数差为1的两个齿轮，这两个齿轮分别与两端相应的内齿轮相啮合，内齿轮紧固在螺母座上。预紧时脱开内齿圈，使两个螺母同向转过相同的齿数，然后再合上内齿圈。两螺母的轴向相对位移发生变化，从而实现间隙的调整和施加预紧力。这种调整方式的结构复杂，但调整方便，并可以获得精确的调整量，可实现定量精密微调，是目前应用较广的一种结构。

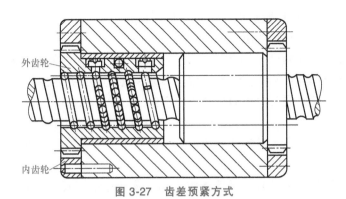

图 3-27　齿差预紧方式

外齿轮

内齿轮

3. 齿轮齿条副

在大型数控机床（如大型数控龙门铣床）中，工作台的行程很大。因此，它的进给运动不宜采用滚珠丝杠副实现，因太长的丝杠易于下垂，将影响到它的螺距精度及工作性能，此外，其扭转刚度也相应下降，故常用齿轮齿条传动。当驱动负载小时，可采用双轮错齿调整法，分别与齿条齿槽左、右侧贴紧，从而消除齿侧间隙。

图 3-28 所示是齿轮齿条副消除间隙方法的原理图。进给运动由轴 2 输入，通过两对斜齿轮将运动传给轴 1 和轴 3，然后由两个直齿轮 4 和 5 去传动齿条，带动工作台移动，轴 2 上两个斜齿轮的螺旋线方向相反。如果通过弹簧在轴 2 上作用一个进给力 F，则使斜齿轮产生微量的轴向移动，这时轴 1 和 3 便以相反的方向转过微小的角度，使齿轮 4 和 5 分别与齿条的两齿面贴紧，消除了间隙。

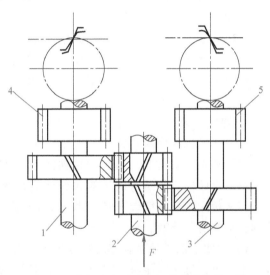

图 3-28　齿轮齿条副消除间隙方法的原理图
1~3—轴　4、5—齿轮

3.3.3　数控机床的导轨

导轨是机床的重要部件之一，起导向及支承作用，即保证运动部件在外力的作用下（运动部件本身的重量、工件重量、切削力及牵引力等）能准确地沿着一定方向的运动。在导轨副中，与运动部件连成一体的运动一方叫作动导轨，与支承件连成一体固定不动的一方为支承导轨。动导轨对于支承导轨通常是只有一个自由度的直线运动或回转运动，它在很大程度上决定了数控机床的刚度、精度与精度保持性。数控机床要求高速进给不振动，低速进给时不爬行，高的灵敏度，能在重载下长期连续工作，耐磨性高、精度保持性好等。

1. 对导轨的要求

（1）导向精度高　导向精度是指机床的运动部件沿导轨移动时的直线性和它与有关基面之间的相互位置的准确性。无论在空载或切削工件时导轨都应有足够的导向精度，这是对导轨的基本要求。影响导轨精度的主要原因除制造精度外，还有导轨的结构型式、装配质量、导轨及其床身的刚度和热变形。

（2）耐磨性能好　导轨的耐磨性是指导轨在长期使用过程中能否保持一定的导向精度。因导轨在工作过程中难免有所磨损，所以应力求减少磨损量，并在磨损后能自动补偿或便于调整。数控机床常采用摩擦系数小的滚动导轨和静压导轨，以降低导轨磨损。

（3）足够的刚度　导轨受力变形会影响部件之间的导向精度和相对位置，因此要求导轨应有足够的刚度。为减轻或平衡外力的影响，数控机床常采用加大导轨面的尺寸或添加辅助导轨的方法来提高刚度。

（4）低速运动平稳　应使导轨的摩擦阻力小，运动轻便，低速运动时无爬行现象。

（5）结构简单、工艺性好　导轨要制造和维修方便，在使用时便于调整和维护。

2. 导轨的分类

导轨副按导轨面的摩擦性质分为滑动导轨副和滚动导轨副。滑动导轨副又分为普通滑动导轨、静压导轨和卸荷导轨等。

导轨按结构型式可以分为开式导轨和闭式导轨。开式导轨是指在部件自重和外载作用下，运动导轨和支承导轨的工作面始终保持接触、贴合。其特点是结构简单，但不能承受较大颠覆力矩的作用。闭式导轨借助于压板形成辅助导轨面，保证工作面始终保持可靠的接触。

3. 数控机床常用的导轨

目前数控机床使用的导轨主要有 3 种：塑料滑动导轨、滚动导轨和静压导轨。

（1）塑料滑动导轨　传统的铸铁滑动导轨，除经济型数控机床外，其他数控机床已不再采用。取而代之的是铸铁塑料或镶钢塑料滑动导轨。塑料导轨常用在导轨副的运动导轨上，与之相配的是铸铁或钢质导轨。数控机床上常用聚四氟乙烯导轨软带和环氧耐磨涂层导轨两类塑料滑动导轨。

1）聚四氟乙烯导轨软带的特点包括：①摩擦特性好，其摩擦系数小，且动、静摩擦系数差别很小，低速时能防止爬行，使运动平稳和获得高的定位精度。②减振性好，塑料的阻尼特性好，其减振消音性能对提高摩擦副的相对运动速度有很大意义。③耐磨性好，塑料导轨有自润滑作用，材料中又含有青铜粉、二硫化钼和石墨等，对润滑油的供油量要求不高，无润滑油也能工作。④化学稳定性好，塑料导轨耐低温，耐强酸、强碱、强氧化剂及各种有机溶剂，具有很好的化学稳定性。⑤工艺性好，可降低对粘贴塑料的金属基体的硬度和表面质量的要求，且塑料易于加工，能获得优良的导轨表面质量。由于聚四氟乙烯导轨软带具有以上优点，所以被广泛应用于中、小型数控机床的运动导轨上。

导轨软带的使用工艺很简单，它不受导轨形式限制，各种组合形式的滑动导轨均可粘贴。粘贴的工艺过程是：先将导轨粘贴面加工至表面粗糙度 $Ra3.2 \sim 1.6$，并加工成 $0.5 \sim 1mm$ 深的凹槽；然后用汽油、金属清洁剂或丙酮清洗粘贴面，将已经切割成形的导轨软带清洗后用黏结剂粘贴；固化 $1 \sim 2h$ 后，再合拢到固定导轨或专用夹具上，施加一定的压力；在室温下固化 $24h$，取下并清除余胶即可开油槽进行精加工。由于这类导轨采用粘结方法，习惯上称为"贴塑导轨"，如图 3-29 所示。

2）环氧耐磨涂层导轨的涂层是以环氧树脂和二硫化铝为基体，加入增塑剂，混合成液状或膏状为一组分、以固化剂为另一组分的双组分塑料涂层，如图 3-30 所示。环氧耐磨涂

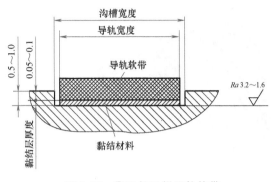

图 3-29 聚四氟乙烯导轨软带

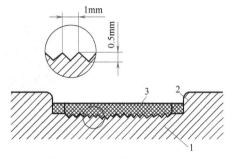

图 3-30 环氧耐磨涂层导轨
1—滑座 2—胶条 3—注塑层

层导轨在机床上的应用形式如图 3-31 所示。其特点包括：①有良好的可加工性，可经车、铣、刨、钻、磨削和刮削加工。②良好的摩擦特性和耐磨性，而且抗压强度比聚四氟乙烯导轨软带要高，固化时体积不收缩，尺寸稳定。③可在调整好固定导轨和运动导轨间的相关位置精度后注入涂料，这样可节省许多加工工时。④它特别适用于重型机床和不能用导轨软带的复杂配型面。

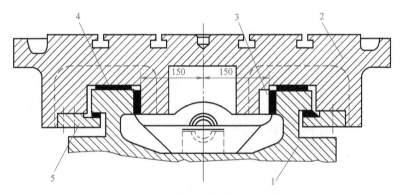

图 3-31 环氧耐磨涂层导轨在机床上的应用形式
1—床身 2—工作台 3—镶条 4—导轨软带 5—下压板

（2）滚动导轨

在静、动导轨面之间放置滚动体如滚珠、滚柱、滚针或滚动导轨块，组成滚动导轨。滚动导轨与滑动导轨相比，优点是：摩擦系数小，动、静摩擦系数很接近，起动轻便，运动灵敏，不易爬行；磨损小，精度保持性好，寿命长；具有较高的重复定位精度，运动平稳；可采用油脂润滑，润滑系统简单。缺点是：抗振性差，但可以通过预紧方式提高，结构复杂，成本较高。

滚动体材料一般用滚动轴承钢，淬火后硬度达 60HRC 以上。支承导轨可用淬硬钢或铸铁制造，钢导轨具有承载能力大和耐磨性较高的特点。常用材料为低碳合金钢、合金结构钢、合金工具钢等。铸铁导轨常用材料 H200，硬度为 200～220HBS。现代数控机床常采用的滚动导轨有滚动导轨块和直线滚动导轨两种。

1）滚动导轨块。滚动导轨块是一种滚动体作循环运动的滚动导轨，其结构如图 3-32 所

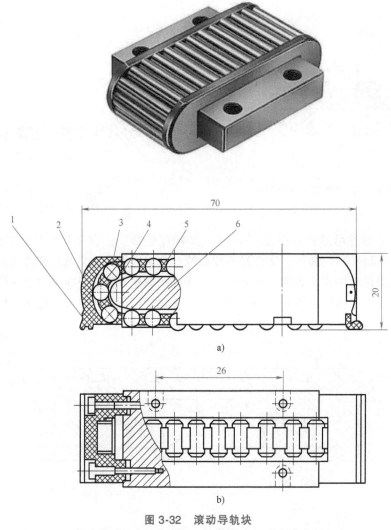

图 3-32　滚动导轨块

1—防护板　2—端盖　3—滚柱　4—导向片　5—保持器　6—本体

示，1 为防护板，端盖 2 与导向片 4 引导滚动体（滚柱 3）返回，5 为保持器，6 为本体。使用时，滚动导轨块安装在运动部件的导轨面上，每一导轨至少用两块，导轨块的数目取决于导轨的长度和负载的大小，与之相配的导轨多用镶钢淬火导轨。当运动部件移动时，滚柱 3 在支承部件的导轨面与本体 6 之间滚动，同时又绕本体 6 循环滚动，滚柱 3 与运动部件的导轨面不接触，因此该导轨面不需要淬硬磨光。滚动导轨块的特点是刚度高，承载能力大，便于拆装。

2）直线滚动导轨。直线滚动导轨是最常采用的滚动导轨，已经系列化、标准化，型号和规格齐全，并且实现了专业化、商品化大量生产，应用广泛，非常方便。它主要由导轨、滑块、保持器、滚珠组成，如图 3-33 所示。当滑块沿导轨体移动时，滚珠在导轨体和滑块之间的圆弧直槽内滚动，并通过端盖内的滚道从工作负荷区到非工作负荷区，然后再滚动回工作负荷区，不断循环，从而把导轨体和滑块之间的移动变成了滚动。为防止灰尘和污物进入导轨滚道，滑块两端及下部均装有塑料密封垫，滑块上设有润滑油注油杯。使用时，导轨

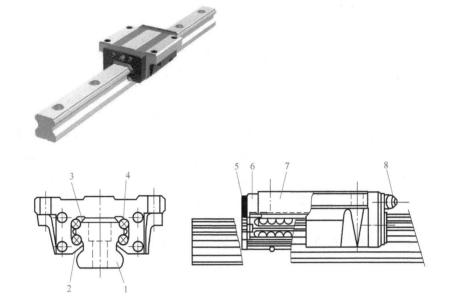

图 3-33　直线滚动导轨

1—导轨体　2—侧面密封垫　3—保持器　4—滚珠　5—端部密封垫　6—端盖　7—滑块　8—润滑油杯

固定在不运动部件上，滑块固定在运动部件上。

（3）静压导轨　静压导轨的滑动面之间开有油腔，将有一定压力的油通过节流器输入油腔，形成压力油膜，浮起运动部件，使导轨工作表面处于纯液体摩擦，不产生磨损。由于承载的要求不同，静压导轨可分为开式和闭式两大类。

1）开式静压导轨。开式静压导轨的工作原理如图 3-34a 所示。液压泵 2 起动后，油经滤油器 1 吸入，用溢流阀 3 调节供油压力，再经滤油器 4，通过节流器 5 降压至油腔压力进入导轨的油腔，并通过导轨间隙向外流出，回到油箱 8。油腔压力形成浮力将运动部件 6 浮

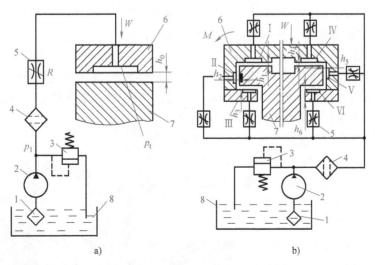

图 3-34　静压导轨工作原理图

a）开式静压导轨　b）闭式静压导轨

1、4—滤油器　2—液压泵　3—溢流阀　5—节流器　6—运动部件　7—固定部件　8—油箱

起，形成一定的导轨间隙。当载荷增大时，运动部件下沉，导轨间隙减小，液阻增加，流量减小，从而使油经过节流器时的压力损失减小，油腔压力增大，直至与载荷 W 平衡。

2）闭式静压导轨。开式静压导轨只能承受垂直方向的负载，承受颠覆力矩的能力差。而闭式静压导轨能承受较大的颠覆力矩，导轨刚度也较高，其工作原理如图 3-34b 所示。设油腔 I、II、III、IV、V、VI 处的油压分别为 p_{r1}、p_{r2}、p_{r3}、p_{r4}、p_{r5}、p_{r6}。当运动部件 6 受到颠覆力矩 M 后，油腔 III 和 IV 的间隙增大，油腔 I 和 VI 间隙减小，由于各节流器的作用，使油腔 III 和 IV 的压力 p_{r3} 和 p_{r4} 减小，而溃腔 I 和 VI 的压力 p_{r1} 和 p_{r6} 增大，这些力作用在运动部件上，并形成一个与填覆力矩反向的力矩，以平衡载荷 W，从而使运动部件保持平衡。

静压导轨的滑动面之间开有油腔，将有一定压力的油通过节流输入油腔，形成压力油膜，浮起运动部件，使导轨工作表面处于纯液体摩擦，不产生磨损，精度保持性好；同时摩擦系数也极低（0.0005），使驱动功率大大降低，低速无爬行，承载能力大，刚度好。此外，油液有吸振作用，抗振性好，其缺点是结构复杂，要有供油系统，油的清洁度要求高。

📌 3.4 数控机床的辅助装置

数控机床的辅助装置是保证充分发挥数控机床功能所必需的配套装置，常用的辅助装置包括：自动换刀装置，液压气压系统，排屑装置，冷却、润滑装置，回转工作台和数控分度头，防护、照明等各种辅助装置。

3.4.1 回转工作台

为了提高生产效率，扩大工艺范围及适应某些零件的加工要求，数控机床除了有沿 X、Y 和 Z 三个坐标轴的直线进给运动外，往往还带有绕 X、Y 和 Z 轴的圆周进给运动。数控机床的圆周进给运动通常是由回转工作台来实现。数控回转工作台除了可以实现圆周运动之外，还可以完成分度运动。例如加工分度盘的轴向孔，若采用间歇分度转位结构进行分度，由于它的分度数有限，因而带来极大的不便，若采用数控回转工作台进行加工就比较方便。

数控机床中常用的回转工作台有分度工作台和数控回转工作台。

1. 分度工作台

数控机床的分度工作台（图 3-35）与数控回转工作台不同，它只能完成分度运动。它不能实现圆周进给，也就是说在切削过程中不能转动，只是非切削状态下将工件进行转位换面，以实现在一次装夹下完成多个面的多工序加工。由于结构上的原因，分度工作台的分度运动只限于某些规定角度，如在 0°~360°范围内每 5°分一次，或每长 1°分一次。工作台的定位用鼠牙盘，它应用了误差平均原理，因而能够获得较高的分度精度和定心精度（分度精度为±0.5°~±3°）。鼠牙盘式分度工作台结构简单，定位刚度好，磨损小，寿命长，定位精度在使用过程中还能不断提高，因而广泛应用于数控机床中。

图 3-35 数控机床分度工作台

2. 数控回转工作台

数控回转工作台的外形与分度工作台无较大区别，但在结构上具有一定的特点。和数控机床的进给驱动机构相似，数控回转工作台要求能实现连续的自动进给，区别在于数控机床的进给驱动机构是直线进给运动，而数控回转工作台是圆周进给运动，所以在结构上两者有很多共同之处。数控回转工作台既能实现分度运动，又能实现连续圆周进给运动，因此在数控机床中最为常用。数控回转工作台一般都采用伺服电动机驱动，蜗轮蜗杆副传动，定位精度完全由控制系统决定。图 3-36 所示为数控回转工作台。

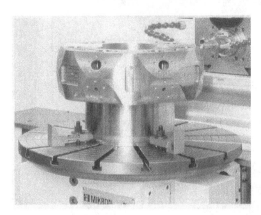

图 3-36　数控回转工作台

3.4.2　自动换刀装置

为进一步提高数控机床的加工效率，实现一次装夹即可完成多道工序或全部工序加工，必须有自动换刀装置，以便选用不同刀具，完成不同工序的加工工艺。自动换刀装置应当具备换刀时间短、刀具重复定位精度高、足够的刀具储备量、占地面积小、安全可靠等特性。自动换刀装置（Automatic Tool Changer，ATC）是指储备有一定数量的刀具并能完成刀具的自动交换功能的装置。采用自动换刀装置能够缩短非切削时间，可使非切削时间减少 20% ~ 30%，易于实现工序的集中，扩大数控机床的工艺范围，并减少设备占地面积。

各类数控机床的自动换刀装置的结构取决于数控机床本身的形式、工艺范围及其刀具的种类和数量等因素。常见的自动换刀装置主要有回转刀架换刀、转塔头式换刀和带刀库的自动换刀系统等几种形式。

1. 回转刀架换刀

如图 3-37 所示，回转刀架是一种最简单的自动换刀装置，常用于数控车床。根据不同的机床要求，可设计成四方刀架、六角刀架、盘形回转刀架（图 3-38），有四把、六把或更多的刀具。

回转刀架必须具有良好的强度和刚度，以承受粗加工的切削力，同时要保证回转刀架在每次转位的重复定位精度。回转刀架在结构上必须具有良好的强度和刚度，以承受粗加工时的切削抗力。由于车削加工精度在很大程度上取决于刀尖位置，对于数控车床来说，加工过程中刀具位置不进行人工调整，因此更有必要选择可靠的定位方案和合理的定位结构，以保证回转刀架在每次转位之后，具有尽可能高的重复定位精度（一般为 0.001~0.005mm）。

图 3-37　回转刀架

图 3-38　盘形回转刀架

一般情况下，回转刀架的换刀动作包括刀架抬起、刀架转位及刀架压紧等。

2. 转塔头式换刀

转塔头式换刀装置是带有旋转刀具的数控机床上常用的一种换刀装置，这种换刀装置的转塔头上装有多个主轴，每个主轴上预先安装有各工序所需的旋转刀具。当发出换刀指令时，各主轴头依次地转到加工位置，并接通主轴运动，使相应的主轴带动刀具旋转，而其他处于不加工位置上的主轴都与主运动脱开，如图 3-39 所示。

转塔头式换刀的主要优点在于省去了自动松夹、卸刀、装刀、夹紧以及刀具搬运等一系列复杂的操作，从而提高了换刀的可靠性，并显著地缩短了换刀时间。但由于上述结构上的原因，转塔头式换刀装置通常只是用于工序较少、精度要求不太高的机床，例如数控钻床等。

3. 带刀库的自动换刀系统

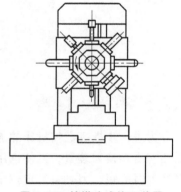

图 3-39　转塔头式换刀装置

回转刀架、转塔头式换刀装置容纳的刀具数量不能太多，不能满足复杂零件的加工需要，因此，目前多工序数控机床（加工中心）多采用带刀库的自动换刀系统。加工中心是一种带有刀库并能自动更换刀具对工件进行多工序加工的数控机床。工件经一次装夹后，数控系统能控制机床连续完成多工步的加工，工序高度集中。带刀库的自动换刀系统是加工中心的重要组成部分，主要包括刀库、刀具交换装置等部分。

（1）刀库　刀库是存放加工过程中所使用的全部刀具的装置，按程序指令把将要用的刀具准确地送到换刀位置上，并接收从主轴送来的已用刀具。它的容量为几把刀到上百把刀。加工中心刀库的形式很多，结构也各不相同，常用的有鼓（盘）式刀库、链式刀库和格子盒式刀库。

1）鼓（盘）式刀库。鼓（盘）式刀库结构简单、紧凑，在钻削中心上应用较多。目前，大部分的刀库安装在机床立柱的顶面和侧面，当刀库容量较大时，为了防止刀库转动造成的振动对加工精度的影响，也有的安装在单独的地基上。刀具的布局形式如图 3-40 所示。

鼓（盘）式刀库的刀具轴线与鼓（圆盘）的轴线平行，刀具环形排列，分径向、轴向两种取刀方式，其刀座（刀套）结构不同。为增加刀库空间利用率，可采用双环或多环排

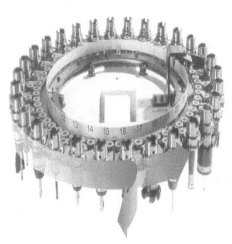

图3-40 鼓（盘）式刀库刀具的布局形式

列刀具的形式，但会增大圆盘直径，转动惯量也会增大，选刀时间变长。因此鼓（盘）式刀库一般存放刀具不超过32把。

2）链式刀库。链式刀库是在环形链条上装有许多刀座，刀座的孔中装夹各种刀具，链条由链轮驱动，如图3-41所示。链式刀库有单环链式和多环链式等几种，如图3-41a、b所示。当链条较长时，可以增加支承链轮的数目，使链条折叠回绕，提高空间利用率，称为折叠链式刀库，如图3-41c所示。

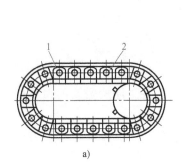
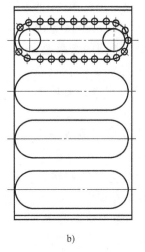
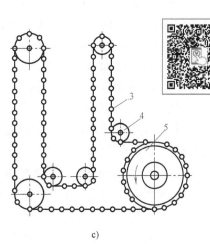

a)　　　　　　　　　　　b)　　　　　　　　　　　c)

图3-41 链式刀库

a）单环链式刀库 b）多环链式刀库 c）折叠链式刀库

1—导轨 2—刀具 3—链条 4—张紧轮 5—链轮

链式刀库的优点是结构紧凑、布局灵活、刀库容量大。通常情况下，刀具轴线和主轴轴线垂直，因此，换刀必须通过机械手进行，机械结构比鼓（盘）式刀库复杂。在刀库容量较大时，可采用加长链条式布置或多环链式布置，使其外形更紧凑、占用空间更小。一般当刀具数量在30~120把时，多采用链式刀库。

3）格子盒式刀库。图 3-42 所示为固定型格子盒式刀库。刀具分几排直线排列，由纵、横向移动的取刀机械手完成选刀运动，将选取的刀具送到固定的换刀位置刀座上，由换刀机械手交换刀具。这种形式刀具排列密集，空间利用率高，刀库容量大。

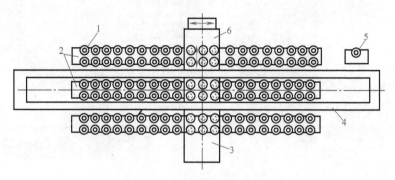

图 3-42   固定型格子盒式刀库

1—刀座   2—刀具固定板架   3—取刀机械手横向导轨   4—取刀机械手纵向导轨   5—换刀位置刀座   6—换刀机械手

（2）刀库的容量   刀库中的刀具并不是越多越好，太大的容量会增加刀库的尺寸和占地面积，使选刀时间增长。刀库的容量首先要考虑加工工艺的需要。根据以钻、铣为主的立式加工中心所需刀具数的统计，绘制出图 3-43 所示的可加工工件工艺比率与刀具数量的关系曲线。曲线表明，用 10 把孔加工刀具可完成 70% 的钻削工艺，四把铣刀可完成 90% 的铣削工艺。据此可以看出，用 14 把刀具就可以完成 70% 以上的钻铣加工。若是从完成对被加工工件的全部工序进行统计，得到的结果是，大部分（超过 80%）的工件完成全部加工过程只需 40 把刀具就够了。因此，从使用角度出发，刀库的容量一般取为 10~40 把，盲目地加大刀库容量，将会使刀库的利用率降低，结构过于复杂，造成很大浪费。

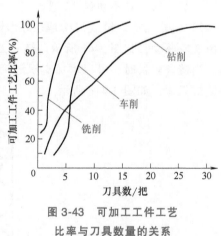

图 3-43   可加工工件工艺
比率与刀具数量的关系

（3）刀具的选择   按数控装置的刀具选择指令，从刀库中挑选各工序所需要的刀具的操作称为自动选刀。常用的选刀方式有顺序选刀和任意选刀。

1）顺序选刀。在加工之前，将加工零件所需刀具按照工艺要求集中插入刀库的刀套中，顺序不能有差错，加工时按顺序调刀称为顺序选刀。

加工不同的工件时，必须重新调整刀库中的刀具顺序，因而操作十分繁琐，而且加工同一工件中各工序的刀具不能重复使用，这样就会增加刀具的数量，另外，刀具的尺寸误差也容易造成加工精度的不稳定。其优点是刀库的驱动和控制都比较简单，因此这种方式适合加工批量较大、工件品种数量较少的中小型自动换刀数控机床。

2）任意选刀。这种方法根据程序指令的要求任意选择所需要的刀具，刀具在刀库中不必按照工件的加工顺序排列，可以任意存放。每把刀具都编上代码，自动换刀时，刀库旋转，每把刀具都经过"刀具识别装置"接受识别。当某把刀具的代码与数控指令的代码相符合时，该把刀具被选中，刀库将刀具送到换刀位置，等待机械手来抓取。

任意选刀的优点是刀库中刀具的排列顺序与工件加工顺序无关，相同的刀具可重复使用。因此，刀具数量比顺序选刀可少一些，刀库也相应的小一些。

任意选刀必须对刀具编码，以便识别。编码方式主要有以下三种。

① 刀具编码方式。这种方式是采用特殊的刀柄结构进行编码。由于每把刀具都有自己的代码，因此，可以存放于刀库的任一刀座中。这样，刀库中的刀具在不同的工序中也就可以重复使用，用过的刀具也不一定要放回原刀座中，这对装刀和选刀都十分有利，刀库的容量也可以相应的减少，而且还可以避免由于刀具存放在刀库中的顺序差错而造成的事故。

刀具编码装置的具体结构如图 3-44 所示。在刀柄 1 后端的拉杆 4 上套装着等间隔的编码环 2，由锁紧螺母 3 固定。编码环的外径有大小两种不同的规格，每个编码环的大小分别表示二进制数的"1"和"0"。通过对两种圆环的不同排列，可以得到一系列的代码。例如通过图中的 7 个编码环，就能够区别出 127 种刀具（2^7-1）。通常全部为零的代码不允许使用，以免和刀座中没有刀具的状况相混淆。

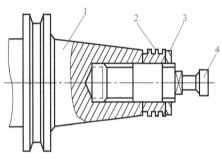

图 3-44　刀具编码装置的具体结构

1—刀柄　2—编码环　3—锁紧螺母　4—拉杆

② 刀座编码方式。这种编码方式对刀库中的每个刀座都进行编码，刀具也编码，并将刀具放到与其号码相符的刀座中。换刀时刀库旋转，使各个刀座依次经过识刀器，直至找到规定的刀座，刀座便停止旋转。由于这种编号方式取消了刀柄中的编码环，使刀柄结构大为简化，长度变短，刀具在加工过程中可重复使用，但必须把用过的刀具放回原来的刀座，送取刀具麻烦，换刀时间长。

圆盘刀库的刀座编码装置如图 3-45 所示，在圆盘圆周上均布若干个刀座编码块 2（装在相应的刀座外侧边缘上），刀库下方装着固定不动的刀座识别装置 1，与刀具编码原理完全相同。

③ 计算机记忆式。目前加工中心上大量使用的是计算机记忆式选刀。这种方式能将刀具号和刀库中的刀座位置（地址）对应地存放在计算机的存储器或可编程序控制器的存储器中。不论刀具存放在哪个刀座上，新的对应关系重新存放，这样刀具可在任意位置（地址）存取，刀具不需设置编码元件，结构大为简化，控制也十分简单。在刀库机构中通常设有刀库零位，执行自动选刀时，刀库可以正反方向旋转，每次选刀时刀库转动不会超过一圈的 1/2。

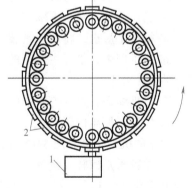

图 3-45　圆盘刀库的刀座编码装置

1—刀座识别装置　2—刀座编码块

（4）刀具交换装置　数控机床的自动换刀装置中，实现刀库与机床主轴之间刀具传递和刀具装卸的装置称为刀具交换装置。自动换刀的刀具可靠紧固在专用刀夹内，每次换刀时将刀夹直接装入主轴。刀具的交换方式通常分为机械手换刀和无机械手换刀两大类。

1）机械手换刀。采用机械手进行刀具交换的方式应用得最为广泛，这是因为机械手换刀有很大的灵活性，而且可以减少换刀时间。机械手的结构型式是多种多样的，因此换刀运动也有所不同。其换刀过程的分解动作如图 3-46 所示。

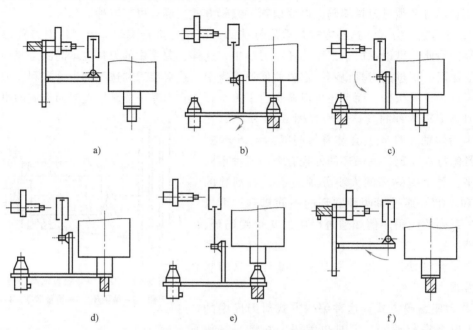

图 3-46　机械手换刀过程的分解动作

① 抓刀爪伸出，抓住刀库上待换的刀具。刀库刀座上的锁板拉开。机械手前移，将刀具从刀库上取下。

② 机械手带着刀库上的刀具绕竖直轴逆时针方向摆动 90°到与主轴轴线平行，另一个抓刀爪伸出抓住主轴上的刀具，主轴将刀杆松开。

③ 机械手前移，将刀具从主轴上取下。

④ 机械手绕自身水平轴转动 180°，将两把刀具交换位置。

⑤ 机械手后退，将新刀具装入主轴，主轴将刀具锁住。

⑥ 抓爪回缩，松开主轴上的刀具。机械手绕竖直轴回摆 90°，将刀具放回刀库刀座，刀座上的锁板合上。

⑦ 抓爪缩回，松开刀库上的刀具。

⑧ 恢复到原始位置。

常见的机械手有如图 3-47 所示的几种形式。

① 单臂单爪回转式机械手。这种机械手的手臂可以回转不同的角度，进行自动换刀，手臂上只有一个卡爪，不论在刀库上或是在主轴上，均靠这一个卡爪来装刀及卸刀，因此换刀时间较长，如图 3-47a 所示。

② 单臂双爪回转式机械手。这种机械手的手臂上有两个卡爪，两个卡爪有所分工，一个卡爪只执行从主轴上取下"旧刀"送回刀库的任务，另一个卡爪则执行由刀库取出"新刀"送到主轴的任务，其换刀时间较上述单爪回转式机械手要少，如图 3-47b 所示。

③ 双臂回转式机械手。这种机械手的两臂各有一个卡爪，两个卡爪可同时抓取刀库及

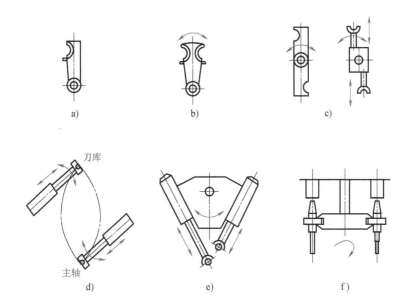

图 3-47 常见的机械手形式

a）单臂单爪回转式 b）单臂双爪回转式 c）双臂回转式
d）双机械手 e）双臂往复交叉式 f）双臂端面夹紧式

主轴上的刀具，回转 180°后又同时将刀具放回刀库及装入主轴。换刀时间较以上两种单臂机械手均短，是最常用的一种形式。图 3-47c 右边的一种机械手在抓取或将刀具送入刀库及主轴时，两臂可伸缩。

④ 双机械手。这种机械手相当于两个单臂单爪机械手，互相配合起来进行自动换刀。其中一个机械手从主轴上取下"旧刀"送回刀库，另一个机械手由刀库取出"新刀"装入机床主轴，如图 3-47d 所示。

⑤ 双臂往复交叉式机械手。这种机械手的两手臂可以往复运动，并交叉成一定角度。一个手臂从主轴上取下"旧刀"送回刀库，另一个手臂由刀库取出"新刀"装入机床主轴。整个机械手可沿某导轨直线移动或绕某个转轴回转，以实现刀库与主轴间的运刀工作，如图 3-47e 所示。

⑥ 双臂端面夹紧式机械手。这种机械手只是在夹紧部位上与前几种不同。前几种机械手均靠夹紧刀柄的外圆表面以抓取刀具，这种机械手则夹紧刀柄的两个端面，如图 3-47f 所示。

2）无机械手换刀。无机械手换刀的方式是利用刀库与机床主轴的相对运动实现刀具交换，也叫主轴直接换刀。XH754 型卧式加工中心就是采用这类刀具交换装置的实例。无机械手换刀过程如图 3-48 所示。

① 当加工工步结束后执行换刀指令，主轴实现准停，主轴箱沿 Y 轴上升。这时机床上方的刀库的空档刀正好处在换刀位置，装夹刀具的卡爪打开，如图 3-48a 所示。

② 主轴箱上升到极限位置，被更换刀具的刀杆进入刀库空刀位，被刀具定位卡爪钳住，与此同时主轴内刀杆自动夹紧装置放松刀具，如图 3-48b 所示。

③ 刀库伸出，从主轴锥孔内将刀具拔出，如图 3-48c 所示。

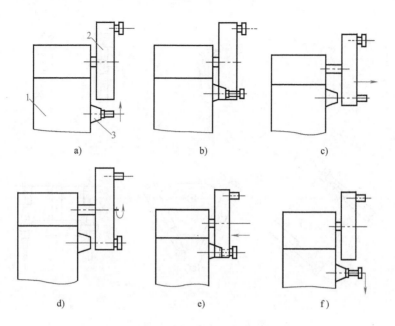

图 3-48　无机械手换刀过程

1—立柱　2—刀库　3—主轴箱

④ 刀库转位，按照程序指令要求将选好的刀具转到主轴最下面的换刀位置，同时压缩空气将主轴锥孔吹净，如图 3-48d 所示。

⑤ 刀库退回，同时将新刀具插入主轴锥孔，主轴内刀具夹紧装置将刀杆拉紧，如图 3-48e 所示。

⑥ 主轴下降到加工位置后起动，开始下一步的加工，如图 3-48f 所示。

3.4.3　排屑装置

1. 排屑装置在数控机床上的作用

排屑装置的主要工作是将切屑从加工区域排出数控机床之外。

在数控车床和磨床上的切屑中往往混合着切削液，排屑装置从其中分离出切屑，并将它们送入切屑收集箱（车）内，而切削液则被回收到切削液箱。

数控铣床、加工中心和数控镗铣床的工件安装在工作台上，切屑不能直接落入排屑装置，故往往需要采用大流量切削液冲刷或压缩空气吹扫等方法使切屑进入排屑槽，然后再回收切削液并排出切屑。

2. 典型排屑装置

排屑装置的种类繁多，图 3-49 所示为其中的三种。

（1）平板链式排屑装置　如图 3-49a 所示，该装置以滚动链轮牵引钢质平板链带在封闭箱中运转，加工中的切屑落到链带上被带出机床。这种装置能排除各种形状的切屑，适应性强，各类机床都能采用。在车床上使用时多与机床切削液箱合为一体，以简化机床结构。

（2）刮板式排屑装置　如图 3-49b 所示，该装置的传动原理与平板链式基本相同，只是链板不同，它带有刮板链板。这种装置常用于输送各种材料的短小切屑，排屑能力较强。因

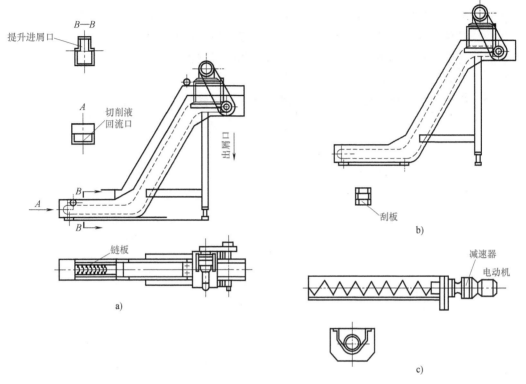

图 3-49 排屑装置

a) 平板链式 b) 刮板式 c) 螺旋式

负载大，故需采用较大功率的驱动电动机。

（3）螺旋式排屑装置 如图 3-49c 所示，螺旋杆转动时，沟槽中的切屑即由螺旋杆推动连续向前运动，最终排入切屑收集箱。螺旋杆有两种结构型式，一种是用扁型钢条卷成螺旋弹簧状，另一种是在轴上焊有螺旋形钢板。这种装置占据空间小，适于安装在机床与立柱间空隙狭小的位置上。螺旋式排屑装置结构简单，排屑性能良好，但只适合沿水平或小角度倾斜的直线方向排运切屑，不能大角度倾斜、提升或转向排屑。

知识点自测

3-1 简述数控机床机械结构的基本组成部分及其作用。

3-2 数控机床对主传动系统有哪些要求？

3-3 简述滚珠丝杠螺母副的工作原理及特点。

3-4 数控机床的刀库有哪些类型？各种刀库的特点是什么？

3-5 与普通机床相比较，数控机床的主传动系统的特点有哪些？

3-6 数控机床中消除齿轮传动副侧隙的方法有哪些？试举例说明。

3-7 数控机床中滚珠丝杠螺母副采用哪些预紧和消除侧隙的方法？

3-8 数控机床的自动换刀装置有哪些主要类型？常见的刀库类型有哪些？

3-9 数控机床的排屑装置有哪些形式？

3-10 数控机床对进给系统有哪些要求？

3-11 滚珠丝杠螺母副的滚珠有哪两类循环方式？常见的结构型式是什么？

3-12 滚珠丝杠螺母副在机床上的支承方式有几种？各有何优缺点？

3-13 转塔头式换刀装置有何特点？并简述其换刀过程。

3-14 常见的机械手有几种形式？各有何特点？

3-15 数控回转工作台的功用如何？数控分度工作台的功用如何？

第 4 章

计算机数控（CNC）系统

🔩 4.1 CNC 系统概述

数控系统是数字控制系统的简称，英文名称为 Numerical Control System。EIA（美国电子工业协会）所属的数控标准化委员会对其定义为：CNC 是用一个存储程序的计算机，按照存储在计算机内的读写存储器中的控制程序去执行数控装置的部分或全部功能，在计算机之外的唯一装置是接口。ISO（国际标准化组织）对其的定义为数控系统是一种控制系统，它自动阅读输入载体上事先给定的数字，并将其译码，从而使机床移动和加工零件。

CNC 系统最初是针对数控机床而言的，如车床、铣床、加工中心等的 CNC 系统。但随着技术的发展，CNC 系统的外延也逐渐宽泛。2010 年，为促进我国数控技术的推广应用与持续创新，推动机械产品的创新应用，科技部联合各有关单位正式启动了"数控一代机械产品创新应用示范工程"（以下简称"示范工程"）。

所谓数控一代就是将数控技术及产品与各行各业的机械设备有机融合，实现机械设备的数字化控制，从而引发机械产品本身的内涵发生根本性变化，使产品的功能极大丰富，产品性能发生质的飞跃，全面提升机械产品的质量水平和市场竞争力。示范工程重点围绕纺织机械、塑料及橡胶加工机械、中小型机床与基础制造装备、印刷机械、包装机械、食品加工机械、制药机械、高效节能产品等，实现数控化集成开发。数控一代的提出，扩展了数控系统的外延。

4.1.1 CNC 系统的组成

如图 4-1 所示，CNC 系统由计算机硬件和软件组成，其核心是计算机数控装置。它通过系统控制软件配合系统硬件，合理地组织、管理数控系统的输入输出，实现图形显示、系统诊断、各种复杂的轨迹控制、通信及网络功能等，进而控制伺服系统驱动机械本体，使机床按照操作者的要求进行自动加工。

数控系统主要由三大部分组成：数控装置、伺服驱动系统和位置测量系统。数控装置硬件是一个具有输入输出功能的专用计算机系统，按加工工件程序进行插补运算，发出控制指令到伺服驱动系统；位置测量系统检测机械的直线和回转运动位置、速度，并反馈到控制系统和伺服驱动系统，来修正控制指令；伺服驱动系统将来自控制系统的控制指令和测量系统的反馈信息进行比较和控制调节，驱动伺服电动机，由伺服电动机驱动机械按要求运动。这

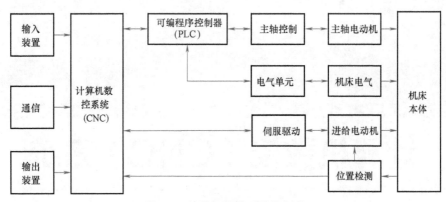

图 4-1　计算机数控系统的组成

三部分有机结合，组成完整的闭环控制的数控系统。数控装置的硬件是具有人际交互功能、具有包括现场总线接口输入输出能力的专用计算机。伺服驱动系统主要包括伺服驱动装置和电动机。位置测量系统主要是采用长光栅或圆光栅的增量式位移编码器。

4.1.2　CNC 装置的功能

CNC 装置由于现在普遍采用了微处理器，通过软件可以实现很多功能。数控系统有多种系列，性能各异。数控系统的功能通常包括基本功能和选择功能，基本功能是数控系统必备的功能，选择功能是供用户根据机床特点和用途进行选择的功能。CNC 装置的功能主要反映在准备功能 G 指令代码和辅助功能 M 指令代码上。根据数控机床的类型、用途、档次的不同，CNC 装置的功能有很大差别，下面介绍其主要功能。

（1）控制功能　CNC 装置能控制的轴数和能同时控制（联动）的轴数是其主要性能之一。控制轴有移动轴和回转轴，也有基本轴和附加轴，通过轴的联动可以完成轮廓轨迹的加工。一般数控车床只需二轴控制，二轴联动；一般数控铣床需要三轴控制、三轴联动或两轴半联动；一般加工中心为多轴控制，三轴联动。控制轴数越多，特别是同时控制的轴数越多，要求 CNC 装置的功能就越强，同时 CNC 装置也就越复杂，编制程序也越困难。

（2）准备功能　准备功能也称 G 指令代码，它用来指定机床运动方式的功能，包括基本移动、平面选择、坐标设定、刀具补偿、固定循环等指令。对于点位式的加工机床，如钻床、压力机等，需要点位移动控制系统。对于轮廓控制的加工机床，如车床、铣床、加工中心等，需要控制系统有两个或两个以上的进给坐标具有联动功能。

（3）插补功能　CNC 装置是通过软件插补来实现刀具运动轨迹控制的。由于轮廓控制的实时性很强，软件插补的计算速度难以满足数控机床对进给速度和分辨率的要求，同时由于 CNC 不断扩展其他方面的功能，也要求减少插补计算所占用的 CPU 时间。因此，CNC 的插补功能实际上被分为粗插补和精插补，插补软件每次插补一个小线段的数据为粗插补，伺服系统根据粗插补的结果，将小线段分成单个脉冲的输出称为精插补。有的数控机床采用硬件进行精插补。

（4）进给功能　根据加工工艺要求，CNC 装置的进给功能用 F 指令代码直接指定数控机床加工的进给速度。

1）切削进给速度是以每分钟进给的毫米数指定刀具的进给速度，如 100mm/min。对于回转轴，表示每分钟进给的角度。

2）同步进给速度是以主轴每转进给的毫米数规定的进给速度，如 0.02mm/r。只有主轴上装有位置编码器的数控机床才能指定同步进给速度，用于切削螺纹的编程。

3）进给倍率操作面板上设置了进给倍率开关，倍率可以从 0~200% 之间变化，每档间隔 10%。使用倍率开关不用修改程序就可以改变进给速度，并可以在试切零件时随时改变进给速度或在发生意外时随时停止进给。

（5）主轴功能 主轴功能就是指定主轴转速的功能。

1）转速的编码方式一般用 S 指令代码指定。一般用地址符 S 后加两位数字或四位数字表示，单位分别为 r/min 和 mm/min。

2）指定恒定线速度功能可以保证车床和磨床加工工件的端面质量，并使不同直径的外圆的加工具有相同的切削速度。

3）主轴定向准停功能使主轴在径向的某一位置准确停止，有自动换刀功能的机床必须选取有这一功能的 CNC 装置。

（6）辅助功能 辅助功能用来指定主轴的起、停和转向，切削液的开和关，刀库的起和停等，一般是开关量的控制，它用 M 指令代码表示。各种型号的数控装置具有的辅助功能差别很大，而且有许多是自定义的。

（7）刀具功能 刀具功能用来选择所需的刀具，刀具功能字以地址符 T 为首，后面跟两位或四位数字，代表刀具的编号。

（8）补偿功能 补偿功能是通过输入到 CNC 装置存储器的补偿量，根据编程轨迹重新计算刀具的运动轨迹和坐标尺寸，从而加工出符合要求的工件。补偿功能主要有以下种类：

1）刀具的尺寸补偿如刀具长度补偿、刀具半径补偿和刀尖圆弧补偿。这些功能可以补偿刀具磨损以及换刀时对准正确位置，简化编程。

2）丝杠的螺距误差补偿和反向间隙补偿或者热变形补偿。通过事先检测出丝杠螺距误差和反向间隙，并输入到 CNC 装置中，在实际加工中进行补偿，从而提高数控机床的加工精度。

（9）字符、图形显示功能 CNC 控制器可以配置单色或彩色 CRT 或 LCD，通过软件和硬件接口实现字符和图形的显示。通常可以显示程序、参数、各种补偿量、坐标位置、故障信息、人机对话编程菜单、零件图形及刀具实际移动轨迹的坐标等。

（10）自诊断功能 为了防止故障的发生或在发生故障后可以迅速查明故障的类型和部位，以减少停机时间，CNC 装置中设置了各种诊断程序。不同的 CNC 装置设置的诊断程序是不同的，诊断的水平也不同。诊断程序一般可以包含在系统程序中，在系统运行过程中进行检查和诊断；也可以作为服务性程序，在系统运行前或故障停机后进行诊断，查找故障的部位。有的 CNC 可以进行远程通信诊断。

（11）通信功能 为了适应柔性制造系统（FMS）和计算机集成制造系统（CIMS）的需求，CNC 装置通常具有 RS232C 通信接口，有的还备有 DNC 接口，有的 CNC 还可以通过以太网接入工厂的通信网络。

（12）人机交互图形编程功能 为了进一步提高数控机床的编程效率，对于 NC 程序的编制，特别是较为复杂零件的 NC 程序都要通过计算机辅助编程，尤其是利用图形进行自动编程，以提高编程效率。因此，对于现代 CNC 装置一般要求具有人机交互图形编程功能。

有这种功能的 CNC 装置可以根据零件图直接编制程序，即编程人员只需送入图样上简单表示的几何尺寸就能自动地计算出全部交点、切点和圆心坐标，生成加工程序。有的 CNC 装置可根据引导图和显示说明进行对话式编程，并具有自动工序选择、刀具和切削条件的自动选择等智能功能。有的 CNC 装置还备有用户宏程序功能（如日本 FANUC 系统）。这些功能有助于那些未受过 CNC 编程专门训练的机械工人能够很快地进行程序编制工作。

4.1.3 CNC 装置的一般工作过程

（1）输入　CNC 控制器通常有零件加工程序、机床参数和刀具补偿参数。机床参数一般在机床出厂时或在用户安装调试时已经设定好，所以输入 CNC 装置的主要是零件加工程序和刀具补偿数据，输入方式有纸带输入、键盘输入、软盘输入、上级计算机 DNC 通信输入等。CNC 输入工作方式有存储方式和 NC 方式。存储方式是将整个零件程序一次全部输入到 CNC 内部存储器中，加工时再从存储器中把程序一个一个调出，该方式应用较多。NC 方式是 CNC 一边输入一边加工的方式，即在前一程序段加工时，输入后一个程序段的内容。

（2）译码　译码是以零件程序的一个程序段为单位进行处理，把其中零件的轮廓信息（起点、终点、直线或圆弧等），F、S、T、M 等信息按一定的语法规则解释（编译）成计算机能够识别的数据形式，并以一定的数据格式存放在指定的内存专用区域。编译过程中还要进行语法检查，发现错误立即报警。

（3）刀具补偿　刀具补偿包括刀具半径补偿和刀具长度补偿。为了方便编程人员编制零件加工程序，编程时零件程序是以零件轮廓轨迹来编程的，与刀具尺寸无关。程序输入和刀具参数输入分别进行。刀具补偿的作用是把零件轮廓轨迹按系统存储的刀具尺寸数据自动转换成刀具中心（刀位点）相对于工件的移动轨迹。

刀具补偿包括 B 机能和 C 机能刀具补偿功能。在较高档次的 CNC 中一般应用 C 机能刀具补偿，C 机能刀具补偿能够进行程序段之间的自动转接和过切削判断等功能。

（4）进给速度　处理数控加工程序给定的刀具相对于工件的移动速度是在各个坐标合成运动方向上的速度，即 F 代码的指令值。速度处理首先要进行的工作是将各坐标合成运动方向上的速度分解成各进给运动坐标方向的分速度，为插补时计算各进给坐标的行程量做准备；另外对于机床允许的最低和最高速度限制也在这里处理。有的数控机床的 CNC 软件的自动加速和减速也放在这里进行。

（5）插补　零件加工程序程序段中的指令行程信息是有限的。如对于加工直线的程序段仅给定起、终点坐标；对于加工圆弧的程序段除了给定其起、终点坐标外，还给定其圆心坐标或圆弧半径。要进行轨迹加工，CNC 必须从一条已知起点和终点的曲线上自动进行"数据点密化"的工作，这就是插补。插补在每个规定的周期（插补周期）内进行一次，即在每个周期内，按指令进给速度计算出一个微小的直线数据段，通常经过若干个插补周期后，插补完一个程序段的加工，也就完成了从程序段起点到终点的"数据密化"工作。

（6）位置控制　位置控制装置位于伺服系统的位置环上，其原理如图 4-2 所示。它的主要工作是在每个采样周期内，将插补计算出的理论位置与实际反馈位置进行比较，用其差值控制进给电动机。位置控制可由软件完成，也可由硬件完成。在位置控制中通常还要完成位置回路的增益调整、各坐标方向的螺距误差补偿和反向间隙补偿等，以提高机床的定位精度。

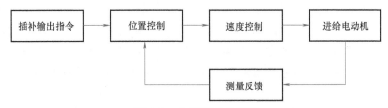

图 4-2 位置控制的原理

（7）I/O 处理 CNC 的 I/O 处理是 CNC 与机床之间的信息传递和变换的通道。其作用一方面是将机床运动过程中的有关参数输入到 CNC 中，另一方面是将 CNC 的输出命令（如换刀、主轴变速换档、加切削液等）变为执行机构的控制信号，实现对机床的控制。

（8）显示 CNC 装置的显示主要是为操作者提供方便，显示装置有 CRT 显示器或 LCD 数码显示器，一般位于机床的控制面板上。通常有零件程序的显示、参数的显示、刀具位置显示、机床状态显示、报警信息显示等。有的 CNC 装置中还有刀具加工轨迹的静态和动态模拟加工图形显示。

CNC 装置中软、硬件的分配比例是由性价比决定的，这也在很大程度上涉及软、硬件的发展水平。但是它们各有特点：硬件处理速度快，造价相对较高，适应性差；软件设计灵活、适应性强，但是处理速度慢。

一般说来，软件结构首先要受到硬件的限制，软件结构也有独立性。对于相同的硬件结构，可以配备不同的软件结构。现代 CNC 装置中软、硬件界面并不是固定不变的，而是随着软、硬件的水平和成本以及 CNC 装置所具有的性能不同而发生变化。图 4-3 给出了不同时期和不同产品中的四种典型的 CNC 装置软、硬件功能界面。

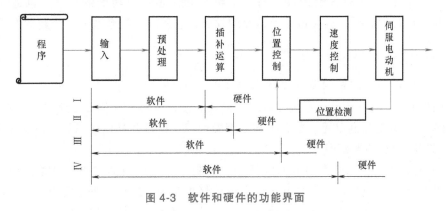

图 4-3 软件和硬件的功能界面

4.2 CNC 装置的硬件

4.2.1 CNC 装置的硬件构成特点

随着大规模集成电路技术和表面安装技术的发展，CNC 装置硬件模块及安装方式不断改进。从 CNC 装置的总体安装结构看，有整体式结构和分体式结构两种。

所谓整体式结构是把 CRT 和 MDI 面板、操作面板以及功能模块板组成的电路板等安装在同一机箱内。这种方式的优点是结构紧凑，便于安装，但有时可能造成某些信号连线过长。分体式结构通常把 CRT 和 MDI 面板、操作面板等做成一个部件，而把功能模块组成的电路板安装在一个机箱内，两者之间用导线或光纤连接。许多 CNC 机床把操作面板也单独作为一个部件，这是由于所控制机床的要求不同，操作面板相应地也要改变，做成分体式有利于更换和安装。

CNC 操作面板在机床上的安装形式有吊挂式、床头式、控制柜式、控制台式等多种。

从组成 CNC 装置的电路板的结构特点来看，有两种常见的结构，即大板式结构和模块化结构。大板式结构的特点是，一个系统一般都有一块大板，称为主板。主板上装有主 CPU 和各轴的位置控制电路等。其他相关的子板（完成一定功能的电路板），如 ROM 板、零件程序存储器板和 PLC 板都直接插在主板上面，组成 CNC 装置的核心部分。由此可见，大板式结构紧凑，体积小，可靠性高，价格低，有很高的性价比，也便于机床的一体化设计。大板结构虽有上述优点，但它的硬件功能不易变动，不利于组织生产。

另外一种柔性比较高的结构就是总线模块化的开放系统结构，其特点是将 CPU、存储器、输入输出控制分别做成插件板（称为硬件模块），甚至将 CPU、存储器、输入输出控制组成独立微型计算机级的硬件模块，相应的软件也是模块结构，固化在硬件模块中。硬软件模块形成一个特定的功能单元，称为功能模块。功能模块间有明确定义的接口，接口是固定的，成为工厂标准或工业标准，彼此可以进行信息交换。于是可以积木式组成 CNC 装置，使设计简单，装置有良好的适应性和扩展性，试制周期短，调整维护方便，效率高。

从 CNC 装置使用的 CPU 及结构来分，CNC 装置的硬件结构一般分为单 CPU 和多 CPU 结构两大类。初期的 CNC 装置和现在的一些经济型 CNC 装置采用单 CPU 结构，而多 CPU 结构可以满足数控机床高进给速度、高加工精度和许多复杂功能的要求，也适应于并入 FMS 和 CIMS 运行的需要，从而得到了迅速的发展，它反映了当今数控系统新的发展水平。

4.2.2 单 CPU 结构 CNC 装置

单 CPU 结构 CNC 装置的基本结构包括 CPU、总线、I/O 接口、存储器、串行接口和 CRT/MDI 接口等，还包括数控系统控制单元部件和接口电路，如位置控制单元、PLC 接口、主轴控制单元、速度控制单元、穿孔机和纸带阅读机接口以及其他接口等。图 4-4 所示为一种单 CPU 结构 CNC 装置框图。

CPU 主要完成控制和运算两方面的任务。控制功能包括内部控制，对零件加工程序的输入、输出控制，对机床加工现场状态信息的记忆控制等。运算任务是完成一系列的数据处理工作，如译码、刀补计算、运动轨迹计算、插补运算和位置控制的给定值与反馈值的比较运算等。在经济型 CNC 装置中，常采用 8 位微处理器芯片或 8 位、16 位的单片机芯片。中高档的 CNC 通常采用 16 位、32 位甚至 64 位的微处理器芯片。

在单 CPU 结构 CNC 装置中通常采用总线结构。总线是微处理器赖以工作的物理导线，按其功能可以分为三组总线，即数据总线（DB）、地址总线（AD）和控制总线（CB）。

CNC 装置中的存储器包括只读存储器（ROM）和随机存储器（RAM）两种。系统程序存放在只读存储器 EPROM 中，由生产厂家固化。即使断电，程序也不会丢失。系统程序只能由 CPU 读出，不能写入。运算的中间结果、需要显示的数据、运行中的状态、标志信息等存放在随机存储器 RAM 中。它可以随时读出和写入，断电后，信息就消失。加工的零件

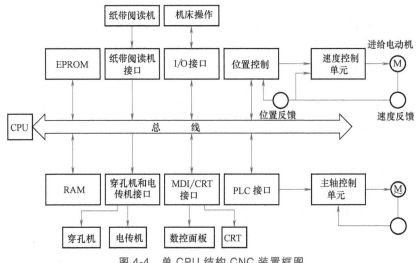

图 4-4　单 CPU 结构 CNC 装置框图

程序、机床参数、刀具参数等存放在有后备电池的 CMOS RAM 中，或者存放在磁泡存储器中，这些信息在这种存储器中能随机读出，还可以根据操作需要写入或修改，断电后，信息仍然保留。

CNC 装置中的位置控制单元主要对机床进给运动的坐标轴位置进行控制。位置控制的硬件一般采用大规模专用集成电路位置控制芯片或控制模板。

CNC 接受指令信息的输入有多种形式，如光电式纸带阅读机、磁带机、软盘、计算机通信接口等形式，以及利用数控面板上的键盘操作的手动数据输入（MDI）和机床操作面板上手动按钮、开关量信息的输入。所有这些输入都要有相应的接口来实现。而 CNC 的输出也有多种，如程序的穿孔机、电传机输出、字符与图形显示的阴极射线管 CRT 输出、位置伺服控制和机床强电控制指令的输出等，同样要有相应的接口来执行。

单 CPU 结构 CNC 装置的特点是：CNC 的所有功能都是通过一个 CPU 进行集中控制、分时处理来实现的；该 CPU 通过总线与存储器、I/O 控制元件等各种接口电路相连，构成 CNC 的硬件；结构简单，易于实现；由于只有一个 CPU 的控制，功能受字长、数据宽度、寻址能力和运算速度等因素的限制。

4.2.3　多 CPU 结构 CNC 装置

多 CPU 结构 CNC 装置是指在 CNC 装置中有两个或两个以上的 CPU 能控制系统总线或主存储器进行工作的系统结构。该结构有紧耦合和松耦合两种形式。紧耦合是指两个或两个以上的 CPU 构成的处理部件之间采用紧耦合（相关性强），有集中的操作系统，共享资源。松耦合是指两个或两个以上的 CPU 构成的功能模块之间采用松耦合（相关性弱或具有相对的独立性），由多重操作系统实现并行处理。

现代的 CNC 装置大多采用多 CPU 结构。在这种结构中，每个 CPU 完成系统中规定的一部分功能，独立执行程序，它比单 CPU 结构提高了计算机的处理速度。多 CPU 结构 CNC 装置采用模块化设计，将软件和硬件模块形成一定的功能模块。模块间有明确的符合工业标准的接口，彼此间可以进行信息交换。这样可以形成模块化结构，缩短了设计制造周期，并且具有良好的适应性和扩展性，结构紧凑。多 CPU 结构 CNC 装置中，由于每个 CPU 分管各自的任务，形成若干个模块，如果某个模块出了故障，其他模块仍然照常工作，并且插件模块更换方便，可以使故障对系统的影响减少到最小的程度，提高了可靠性。该装置性价比高，适合于多轴控制、高进给速度、高精度的数控机床。

1. 多 CPU 结构 CNC 装置的典型结构

（1）共享总线结构　在这种结构的 CNC 装置中，只有主模块有权控制系统总线，且在某一时刻只能有一个主模块占有总线，如有多个主模块同时请求使用总线会产生竞争总线问题。

共享总线结构的各模块之间的通信，主要依靠存储器实现，采用公共存储器的方式。公共存储器直接插在系统总线上，有总线使用权的主模块都能访问，可供任意两个主模块交换信息。共享总线的多 CPU 结构 CNC 装置的结构框图如图 4-5 所示。

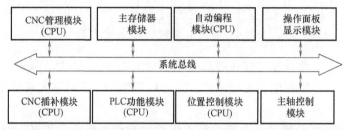

图 4-5　共享总线的多 CPU 结构 CNC 装置的结构框图

（2）共享存储器结构　在该结构中，采用多端口存储器来实现各 CPU 之间的互联和通信，每个端口都配有一套数据、地址和控制线，以供端口访问，由多端控制逻辑电路解决访问冲突。共享存储器的多 CPU 结构 CNC 装置的结构框图如图 4-6 所示。

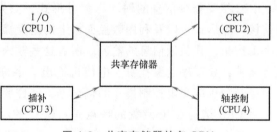

图 4-6　共享存储器的多 CPU
结构 CNC 装置的结构框图

当 CNC 装置功能复杂、要求 CPU 数量增多时，会因争用共享存储器而造成信息传输的阻塞，降低系统的效率，其扩展功能较为困难。

2. 多 CPU 结构 CNC 装置的基本功能模块

（1）管理模块　该模块是管理和组织整个 CNC 装置工作的模块，主要功能包括初始化、中断管理、总线裁决、系统出错识别和处理、系统硬件与软件诊断等。

（2）插补模块　该模块是在完成插补前，进行零件程序的译码、刀具补偿、坐标位移量计算、进给速度处理等预处理，然后进行插补计算，并给定各坐标轴的位置值。

（3）位置控制模块　该模块是对坐标位置给定值与由位置检测装置测到的实际位置值进行比较，并获得差值，进行自动加减速、回基准点、对伺服系统滞后量的监视和漂移补偿，最后得到速度控制的模拟电压（或速度的数字量），去驱动进给电动机。

（4）PLC 模块　零件程序的开关量（S、M、T）和从机床面板来的信号在这个模块中进行逻辑处理，实现机床电气设备的起停、刀具交换、转台分度、工件数量和运转时间的计数等。

（5）命令与数据输入输出模块 该模块指零件程序、参数和数据、各种操作指令的输入输出，以及显示所需要的各种接口电路。

（6）存储器模块 该模块是程序和数据的主存储器，或是功能模块数据传送用的共享存储器。

4.3 CNC 装置的软件

CNC 装置的软件是为完成 CNC 装置的各项功能而专门设计和编制的，是数控加工系统的一种专用软件，又称为系统软件（系统程序）。CNC 系统软件的管理作用类似于计算机操作系统的功能。不同的 CNC 装置，其功能和控制方案也不同，因而各系统软件在结构上和规模上差别较大，各厂家的软件互不兼容。现代数控机床的功能大都采用软件来实现，所以，系统软件的设计及功能是 CNC 装置的关键。

数控系统是按照事先编制好的控制程序来实现各种控制的，而控制程序是根据用户对数控系统所提出的各种要求进行设计的。在设计系统软件之前必须细致地分析被控制对象的特点和对控制功能的要求，决定采用哪一种计算方法。在确定好控制方式、计算方法和控制顺序后，将其处理顺序用框图描述出来，使系统设计者对所设计的系统有一个明确而又清晰的认识。

4.3.1 CNC 装置控制软件的结构

CNC 装置的软件又称系统软件，由管理软件和控制软件两部分组成。管理软件包括零件程序的输入/输出程序、显示程序和 CNC 装置的自诊断程序等；控制软件包括译码程序、刀具补偿计算程序、插补计算程序和位置控制程序等。CNC 装置的软件框图如图 4-7 所示。下面就几个主要程序作简要介绍。

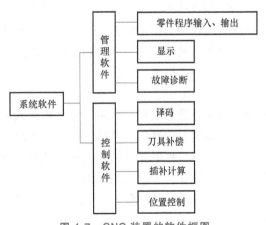

图 4-7 CNC 装置的软件框图

（1）输入程序 CNC 系统中的零件加工程序，一般都是通过键盘、软盘、纸带阅读机或通信等方式输入的。在软件设计中，这些输入方式大都采用中断方式来完成，且每一种输入法均有一个相对应的中断服务程序，无论哪一种输入方法，其存储过程总是要经过零件程序的输入，然后将输入的零件程序存放到缓冲器中，再经缓冲器到达零件程序存储器。

（2）译码程序 译码程序对零件程序进行处理，把零件加工程序中的各种零件轮廓信息（如起点、终点、直线或圆弧等）、加工速度信息和其他辅助信息按照一定的语法规则解释成计算机能够识别的数据形式，并以一定的数据格式存放在指定的内存单元里。在译码过程中，还要完成对程序段的语法检查，若发现语法错误便立即报警。

（3）数据处理和插补计算 数据处理即预计算，通常包括刀具长度补偿、刀具半径补偿、反向间隙补偿、丝杠螺距补偿、过象限及进给方向判断、进给速度换算、加减速控制及机床辅助功能处理等。数据处理是为了减轻插补工作的负担及速度控制程序的负担，提高系统的实时处理能力。插补计算的任务是在一条给定起点、终点和形状的曲线上进行"数据点的密化"。根据规划的进给速度和曲线形状，计算一个插补周期中各坐标轴进给的长度。数控系统的插补精度直接影响工件的加工精度，而插补速度决定了工件的表面粗糙度和加工速度，所以插补是一项精度要求较高、实时性很强的运算。通常插补是由粗插补和精插补组成，精插补的插补周期一般取伺服系统的采样周期，而粗插补的插补周期是精插补的插补周期的若干倍。

（4）伺服（位置）控制 伺服（位置）控制的主要任务是在伺服系统的每个采样周期内，将精插补计算出的理论位置与实际反馈位置进行比较，其差值作为伺服调节的输入，经伺服驱动器控制伺服电动机。在位置控制中通常还要完成位置回路的增益调整、各坐标的螺距误差补偿和反向间隙补偿，以提高机床的定位精度。

（5）管理与诊断程序 管理程序是实现计算机数控装置协调工作的主体软件。CNC系统的管理软件主要包括 CPU 管理和外设管理，如前后台程序的合理安排与协调工作、中断服务程序之间的相互通信、控制面板与操作面板上各种信息的监控等。诊断程序可以防止故障的发生或扩大，而且在故障出现后，可以帮助用户迅速查明故障的类型和部位，减少故障停机时间。在设计诊断程序时，诊断程序可以包括在系统运行过程中进行检查与诊断，也可以作为服务程序在系统运行前或故障发生停机后进行诊断。

4.3.2　CNC 装置控制软件的特点

1. CNC 装置的多任务性

CNC 装置作为一个独立的过程数字控制器应用于工业自动化生产中，其多任务性表现在它的管理软件必须完成管理和控制两大任务。其中系统管理包括输入、I/O 处理、通信、显示、诊断以及加工程序的编制管理等程序，系统的控制部分包括译码、刀具补偿、速度处理、插补和位置控制等软件。

同时，CNC 装置的这些任务必须协调工作。也就是在许多情况下，管理和控制的某些工作必须同时进行。例如，为了便于操作人员能及时掌握 CNC 的工作状态，管理软件中的显示模块必须与控制模块同时运行；当 CNC 处于 NC 工作方式时，管理软件中的零件程序输入模块必须与控制软件同时运行。而控制软件运行时，其中一些处理模块也必须同时运行。如为了保证加工过程的连续性，即刀具在各程序段间不停刀，译码、刀补和速度处理模块必须与插补模块同时运行，而插补又必须要与位置控制同时进行等，这种任务并行处理关系如图 4-8 所示。

事实上，CNC 装置是一个专用的实时多任务计算机系统，其软件必然会融合现代计算机软件技术中的许多先进技术，其中最突出的是多任务并行处理和多重实时中断技术。

2. 并行处理

并行处理是指计算机在同一时刻或同一时间间隔内完成两种或两种以上性质相同或不相同的工作。并行处理的优点是提高了运行速度。

并行处理方法分为资源重复法、资源共享法和时间重叠法等。资源重复法是用多套相同或不同的设备同时完成多种相同或不同的任务。如在 CNC 装置硬件设计中采用多 CPU 的系

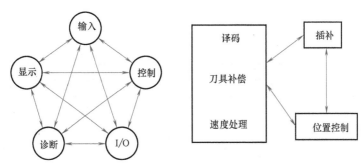

图 4-8　CNC 的任务并行处理关系

统体系结构来提高处理速度。资源共享法是根据"分时共享"的原则，使多个用户按照时间顺序使用同一套设备。时间重叠法是根据流水线处理技术，使多个处理过程在时间上相互错开，轮流使用同一套设备的几个部分。

目前 CNC 装置的硬件结构中，广泛使用资源重复的并行处理技术，如采用多 CPU 的体系结构来提高系统的速度。而在 CNC 装置的软件中，主要采用"资源分时共享"和"资源重叠流水"并行处理方法。

（1）资源分时共享并行处理方法　在单 CPU 结构 CNC 装置中，要采用 CPU 分时共享的原则来解决多任务的同时运行。各个任务何时占用 CPU 及各个任务占用 CPU 时间的长短，是首先要解决的两个时间分配的问题。在 CNC 装置中，各任务占用 CPU 是用循环轮流和中断优先相结合的办法来解决。图 4-9 所示为一个典型的 CNC 装置各任务分时共享 CPU 的并行处理方法。

系统在完成初始化任务后自动进入时间分配循环中，在循环中依次轮流处理各任务。而对于系统中一些实时性很强的任务则按优先级排队，分

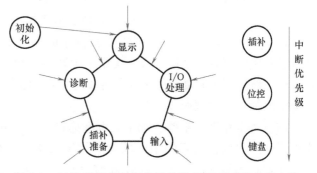

图 4-9　CNC 装置各任务分时共享 CPU 的并行处理方法

别处于不同的中断优先级上作为环外任务，环外任务可以随时中断环内各任务的执行。

每个任务允许占有 CPU 的时间受到一定的限制，对于某些占有 CPU 时间较多的任务，如插补准备（包括译码、刀具半径补偿和速度处理等），可以在其中的某些地方设置断点，当程序运行到断点处时，自动让出 CPU，等到下一个运行时间内自动跳到断点处继续运行。

（2）时间重叠流水并行处理方法　当 CNC 装置在自动加工工作方式时，其数据的转换过程将由零件程序输入、插补准备、插补、位置控制四个子过程组成。如果每个子过程的处理时间分别为 Δt_1、Δt_2、Δt_3、Δt_4，那么一个零件程序段的数据转换时间将是 $t = \Delta t_1 + \Delta t_2 + \Delta t_3 + \Delta t_4$。如果以顺序方式处理每个零件的程序段，则第一个零件程序段处理完以后再处理第二个程序段，依次类推。图 4-10a 所示为这种顺序处理时的时间空间关系。从图中可以看出，两个程序段的输出之间将有一个时间为 t 的间隔。这种时间间隔反映在电动机上就是电动机的时停时转，反映在刀具上就是刀具的时走时停，这种情况在加工工艺上是不允许的。

消除这种间隔的方法是用时间重叠流水处理技术。采用流水处理后的时间空间关系如

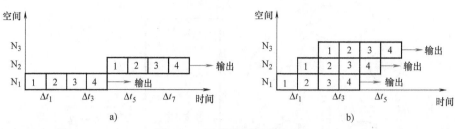

图 4-10　时间重叠流水处理

图 4-10b 所示。

　　流水处理的关键是时间重叠，即在一段时间间隔内不是处理一个子过程，而是处理两个或更多的子过程。从图中可以看出，经过流水处理以后，从时间 Δt_4 开始，每个程序段的输出之间不再有间隔，从而保证了刀具移动的连续性。流水处理要求处理每个子过程的运算时间相等，然而 CNC 装置中每个子过程所需的处理时间都是不同的，解决的方法是取最长的子过程处理时间为流水处理时间间隔。这样在处理时间间隔较短的子过程时，当处理完后就进入等待状态。

　　在单 CPU 结构 CNC 装置中，流水处理的时间重叠只有宏观上的意义。即在一段时间内，CPU 处理多个子过程，但从微观上看，每个子过程是分时占用 CPU 时间。

　　3. 实时中断处理

　　CNC 装置软件结构的另一个特点是实时中断处理。CNC 装置程序以零件加工为对象，每个程序段中有许多子程序，它们按照预定的顺序反复执行，各个步骤间关系十分密切，有许多子程序的实时性很强，这就决定了中断成为整个系统不可缺少的重要组成部分。CNC 装置的中断管理主要由硬件完成，而系统的中断结构决定了软件结构。

　　CNC 的中断类型如下。

　　（1）外部中断　主要有纸带光电阅读机中断、外部监控中断（如紧急停）、键盘和操作面板输入中断。前两种中断的实时性要求很高，将它们放在较高的优先级上，而键盘和操作面板的输入中断则放在较低的中断优先级上。在有些系统中，甚至用查询的方式来处理它。

　　（2）内部定时中断　主要有插补周期定时中断和位置采样定时中断，在有些系统中将两种定时中断合二为一。但是在处理时，总是先处理位置控制，然后处理插补运算。

　　（3）硬件故障中断　它是各种硬件故障检测装置发出的中断，如存储器出错、定时器出错、插补运算超时等。

　　（4）程序性中断　它是程序中出现的异常情况的报警中断，如各种溢出、除零等。

4.4　开放式数控系统

　　传统的数控系统采用专用计算机系统，软硬件对用户都是封闭的，主要存在以下问题：

　　1）由于传统数控系统的封闭性，各数控系统生产厂家的产品软硬件不兼容，使得用户投资安全性受到威胁，购买成本和产品生命周期内的使用成本高。同时专用控制器的软硬件的主流技术远远地落后于 PC 的技术，系统无法"借用"日新月异的 PC 技术而升级。

2）系统功能固定，不能充分反映机床制造厂的生产经验，不具备某些机床或工艺特征需要的性能，用户无法对系统进行重新定义和扩展，也很难满足最终用户的特殊要求。机床生产厂希望生产的数控机床有自己的特色以区别于竞争对手的产品，以利于在激烈的市场竞争中占有一席之地，而传统的数控系统是做不到的。

3）传统数控系统缺乏统一有效和高速的通道与其他控制设备和网络设备进行互连，信息被锁在"黑匣子"中，每一台设备都成为自动化的"孤岛"，对企业的网络化和信息化发展是一个障碍。

4）传统数控系统人机界面不灵活，系统的培训和维护费用昂贵。许多厂家花巨资购买高档数控设备，面对几本甚至十几本沉甸甸的技术资料不知从何下手。由于缺乏使用和维护知识，购买的设备不能充分发挥其作用。一旦出现故障，面对"黑匣子"无从下手，维修费用将十分昂贵。有的设备由于不能正确使用以至于长期处于瘫痪状态，花巨资购买的设备非但不能发挥作用反而成了企业的沉重包袱。

在计算机技术飞速发展的今天，商业和办公自动化的软硬件系统开放性已经非常好，如果计算机的任何软硬件出了故障，都可以很快从市场买到它并加以解决，而这在传统封闭式数控系统中是做不到的。为克服传统数控系统的缺点，数控系统正朝着开放式数控系统的方向发展。

目前其主要形式是基于 PC 的 NC，即在 PC 的总线上插上具有 NC 功能的运动控制卡，完成实时性要求高的 NC 内核功能，或者利用 NC 与 PC 通信改善 PC 的界面和其他功能。在此类系统中，位置控制、运动规划、插补以及 PLC 等实时性要求高的功能由运动控制卡上的 DSP 或 MCU 来实现。这种形式的开放式数控系统在开放性、功能、购买和使用总成本以及人机界面等方面较传统数控系统有很大的改善

基于运动控制卡的控制系统如图 4-11 所示。这种系统结构基于标准 PC，软硬件资源丰富；可以通过多个插卡扩大控制系统规模，具有一定的灵活性；运动控制卡制造商提供的底层运动控制函数库降低了系统开发难度，具有较强的二次开发能力。如今这种类型的控制系统已经被广泛地应用于机械手、火焰切割机等控制中。典型产品有美国 Delta PMAC 和 Galil，英国 TRIO，日本三菱的 Meldas Magic 64，以色列 ACS 以及我国深圳固高的系列控制卡等。

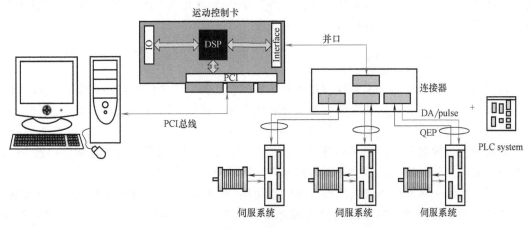

图 4-11 基于运动控制卡的控制系统

上述开放式数控系统还包含有专用硬件，扩展不方便。国内外现阶段开发的开放式数控系统大都是这种结构型式的。这种 PC 化的 NC 还有专有化硬件，还不是严格意义上的开放式数控系统。

4.4.1　开放式控制器的发展

开放式数控系统是制造技术领域的革命性飞跃，其硬件、软件和总线规范都是对外开放的。由于有充足的软、硬件资源可被利用，系统软硬件可随着 PC 技术的发展而升级，不仅使数控系统制造商和用户进行的系统集成得到有力的支持，而且也为针对用户的二次开发带来了方便，促进数控系统多档次、多品种的开发和广泛应用，既可通过升档或裁剪构成各种档次的数控系统，又可通过扩展构成不同类型数控机床的数控系统，开发周期大大缩短。

要实现控制系统的开放，首先得有一个遵循的标准。国际上一些工业化国家都开展了这方面的研究，旨在建立一种标准规范，使得控制系统软硬件与供应商无关，并且实现可移植性、可扩展性、互操作性、统一的人机界面风格和可维护性，以取得产品的柔性特征、降低产品成本和使用的隐形成本、缩短产品供应时间。这些计划包括：

1）欧共体的 ESPRIT 6379 OSACA（Open System Architecture for Control within Automation）计划，开始于 1992 年，历时 6 年，有由控制供应商、机床制造企业和研究机构等组成的 35 个成员。

2）美国空军开展了 NGC（下一代控制器）项目的研究，美国国家标准技术协会 NIST 在 NGC 的基础上进行了进一步研究工作，提出了增强型机床控制器（Enhanced Machine Controller，EMC），并建立了 Linux CNC 实验床验证其基本方案；美国三大汽车公司联合研究了 OMAC，他们联合欧洲 OSACA 组织和日本的 JOP（Japan FA Open Promotion Group）建立了一套国际标准的 API，是一个比较实用且影响较广的标准。

3）日本联合六大公司成立了 OSEC（Open Systems Environment for Controller）组织，该组织讨论的重点是 NC（数字控制）本身和分布式控制系统。该组织定义了开放结构和生产系统的界面规范，推进工厂自动化控制设备的国际标准。

4）2000 年，国家经贸委组织进行"新一代开放式数控系统平台"的研究开发。2001 年 6 月完成了在 OSACA 的基础上编制"开放式数控系统技术规范"和建立了开放式数控系统软、硬件平台，并通过了国家级验收。此外，华中科技大学、清华大学、西安交通大学、山东大学等也在进行开放式数控系统的研究开发。

4.4.2　开放式数控系统的主要特点

传统数控系统驱动和 PLC I/O 与控制器是直接相连的，一个伺服电动机至少有 11 根线。当轴数和 I/O 点多时，布线相当多。出于可靠性考虑，线长有限（一般 3~5m）、扩展不易、可靠性低、维护困难，特别是采用软件化数控内核后，通常只有一个 CPU，控制器一般在操作面板端，离控制箱（放置驱动器等）不能太远，给工程实现带来困难，所以一般 PC 数控系统多采用一体化机箱，但这又不为机床厂家和用户所接受。

现场总线用一根通信线或光纤将所有的驱动和 I/O 级联起来，传送各种信号，以实现对伺服驱动的智能化控制，基于现场总线的运动控制系统如图 4-12 所示。这种方式连线少、可靠性高、扩展方便、易维护、易于实现重新配置，是数控系统的发展方向。

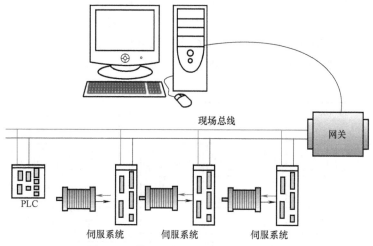

图4-12 基于现场总线的运动控制系统

1. 硬件结构的网络化

（1）工业现场总线 现在数控系统中采用的现场总线标准有 PROFIBUS（传输速率 12Mbit/s），如 Siemens 802D 等；光纤现场总线 SERCOS（最高为 16Mbit/s，但目前大多系统为 4Mbit/s），如 Indramat System2000 和北京机电院的 CH-2010/S，北京和利时公司也研究了 SERCOS 接口的演示系统；CAN 现场总线，如华中数控和南京四开的系统等。但目前基于 SERCOS 和 PROFIBUS 的数控系统都比较贵，而 CAN 总线传输速率慢，最大传输速率为 1Mbit/s 时，传输距离为 40m。

基于现场总线的运动控制系统具有多种优势：首先，以数据报文代替传统伺服模拟量和脉冲信号，传递信息多，可靠性好；其次，可以通过数字总线伺服系统实现功能分散的层次化控制方案；再次，总线式结构简化了控制系统与终端设备的连线，易于系统的扩展。但是在现场总线技术应用于运动控制系统的过程中，其自身存在的问题也开始凸显：

1）协议的标准化。世界上知名的自动化厂商纷纷推出自己的总线协议，并且为维护自己的利益各自为政，客观上导致了总线协议标准的混乱局面。目前市场上已知的现场总线协议有几十种之多，标准太多相当于没有标准，纷杂的总线协议导致协议的互操作性差，难以实现设备互联。

2）实施成本。现场总线的物理层通常需要专用的接口，链路层也需要专用的通信芯片支持，从而导致了系统实施成本的增加。

3）传输速率。现场总线的传输速率一般只限于 1~2Mbit/s。目前运动控制系统朝着高速高精、多通道、多轴的方向发展，节点之间的数据交换量大，因此现场总线的带宽越来越难以满足运动控制系统的要求。

这些问题的存在使现场总线的发展受到限制。与此同时，人们开始考虑将办公领域内应用最为广泛的以太网引入到现场控制层，于是运动控制总线开始进入实时以太网时代。

（2）工业实时以太网 实时以太网技术以其强大优势在工厂自动化领域迅速得到推广，并被广泛认为是总线技术发展的未来。原先的现场总线厂家为了保持自己在业界的地位，也纷纷开始推出各自的实时以太网解决方案，如 EPL、SERCOS Ⅲ、EtherCAT 和 PROFINET

等。为满足不同行业的实时性等需求，这些总线采用了不同的实施方案，如图 4-13 所示。但是，要实现数控高速精加工的控制需求，通常需要修改以太网链路层来保证通信的严格实时。为推进实时以太网的标准化，IEC 重新组织了现场总线分委会，并成立 WG11 工作组负责完成基于 ISO/IEC 88023 的实时网络的附加总线协议。

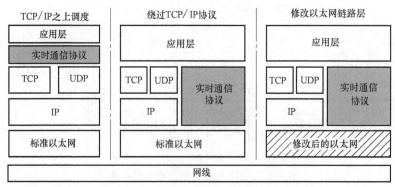

图 4-13　不同实时以太网的实施方案

其中 SERCOS Ⅲ 源于 SERCOS，最初由 Bosch、ABB、Siemens、AEG、AMK 等世界知名运动控制和伺服设备制造商发起，是最早为伺服控制而设计的总线，旨在为伺服系统和 CNC 之间建立一个标准的接口，实现产品模块化和互换性，如今由 SERCOS International 负责维护。SERCOS 和 SERCOS Ⅱ 都是采用光纤作为传输介质，而 SERCOS Ⅲ 则使用 CAT-5 双绞线。SERCOS Ⅲ 是一种基于环形拓扑结构的实时以太网协议，支持交叉通信，具有冗余功能，循环周期可以选择，从 31.25μs 到 60ms 不等，通过数据帧同步方式，节点间可以获得小于 1μs 的同步精度。SERCOS 的通信周期由主节点控制，因此主节点需要专用的网卡；从节点为双网口结构，可以选择 ASIC 或 FPGA 的实现。通过 CIP Safe，SERCOS Ⅲ 可以达到 IEC 61508 中 SIL3（Safety Integrated Level 3）的安全等级。

EPL 由奥地利公司贝加莱（B&R）提出和开发，如今由 EPSG（Ethernet Powerlink Standardization Group）负责维护。EPSG 在 2007 年宣布放弃所有关于 EPL 的专利所有权，因此 EPL 是一个开源的协议栈。EPL 物理层采用标准的以太网，通过主节点为每个节点分配时间槽的机制获得确定性通信，通过发送同步包的方式，EPL 节点间可以获得小于 1μs 的同步精度。由于应用采用 CANopen 协议，因此 EPL 也被称为 CAN open over Ethernet。EPL 支持采用标准 PC 作为主节点，但为了获得高精度的时间槽划分，在应用于运动控制系统时，EPL 主节点需要专用硬件或实时操作系统的支持。因为对交叉通信支持好，所以适用于印刷、包装等有跟随运动的多轴控制系统中。

EtherCAT 由德国 Beckhoff 公司开发，并获得了 ETG（EtherCAT Technology Group）国际组织的支持。EtherCAT 在逻辑上采用环形网络，使用"数据列车"的方式进行数据传输，并通过"on the fly"机制，数据帧在节点 M Ⅱ 接口之间的转发延时可以缩短至 1μs 以内，因此可以获得小于 100μs 的通信周期。通过分布时钟机制，节点之间的同步精度小于 1μs。EtherCAT 的集总帧机制的通信效率高，非常适合数控系统中小数据量高速交换的应用。EtherCAT 支持标准 PC 作为主节点软 CNC 解决方案，但是为了获得一定精度的通信周期，在应用于运动控制系统时，需要实时扩展内核，并且主节点的实时性能会影响系统的周期定时精度。

PROFINET 继承自 Profibus，Profibus International 推出的工业以太网解决方案，同样是由西门子等公司研发。PROFINET 分为 PROFINET CBA、PROFINET SRT（Soft Real-time）和 PROFINET IRT（Isochronous Real-time）三种通信方式，分别适用于企业管理级、现场 IO 和运动控制。PROFINET IRT 采用分时机制获得确定性通信，和 EPL 不同的是它通过交换机进行时间间隙的划分，并以此调度实时和非实时数据，从而获得小于 1ms 的通信周期。PROFINET IRT 的交换机支持 IEEE1588 精密时钟同步协议，从节点之间可以获得小于 $1\mu s$ 的同步精度。在功能安全方面，PROFINET 支持 PROFIsafe，满足工业控制系统 SIL3 的安全等级要求。

日本的安川和松下还分别推出了基于以太网的 Mechatrolink 和 RTEX 实时以太网，但是由于起步相对较晚，并且协议开放程度低，所以目前的应用只局限于自己生产的伺服系统。我国华中科技大学、山东大学等也对工业实时以太网进行了较为深入的研究。

2. 数控功能的软件化

随着计算机性能的提高和实时操作系统的应用，软件化 NC 内核将被广泛接受。它使得数控系统具有更大的柔性和开放性，方便系统的重构和扩展，降低系统的成本。数控系统的运动控制内核要求有很高的实时性（伺服更新和插补周期为几十微秒至几百微秒），其实时性实现有两种方法：硬件实时和软件实时。

在硬件实时实现上，早期 DOS 系统可直接对硬中断进行编程来实现实时性，通常采用在 PC 上插 NC I/O 卡或运动控制卡。由于 DOS 是单任务操作系统、非图形界面，因此在 DOS 下开发的数控系统功能有限、界面一般、网络功能弱，有专有硬件，只能算是基于 PC 化的 NC，不能算是真正的开放式数控系统，如华中 I 型、航天 CASNUC901 系列、四开 SKY 系列等。

Windows 系统推出后，由于其不是实时系统，要达到 NC 的实时性，只有采用多处理器，常见的方式是在 PC 上插一块基于 DSP 处理器的运动控制卡，NC 内核实时功能由运动控制卡实现，称为 PC 与 NC 的融合。这种方式给 NC 功能带来了较大的开放性，通过 Windows 的 GUI 可实现很好的人机界面，但是运动控制卡仍属于专有硬件，各厂家的产品不兼容，会增加成本（1～2 万元），且 Windows 系统工作不稳定，不适合于工业应用（WindowsNT 工作较稳定）。目前大多宣称为开放式的数控系统属于这一类，如功能非常强大的 MAZAK 的 Mazatrol Fusion 640、美国 A2100、Advantage 600、华中 HNC-2000 数控系统等。

在软件实时实现上，只需一个 CPU，系统简单，成本低，但必须有一个实时操作系统。实时系统根据其响应的时间可分为硬实时（Hard real time，小于 $100\mu s$）、严格实时（Firm real time，小于 1ms）和软实时（Soft real time，毫秒级），数控系统内核要求硬实时。现有两种方式：一种是采用单独实时操作系统如 QNX、Lynx、VxWorks 和 WindowsCE 等，这类实时操作系统比较小，对硬件的要求低，但其功能相对 Windows 等较弱，如美国 Clesmen 大学采用 QNX 研究的 Qmotor 系统；另一种是在标准的商用操作系统上加上实时内核，如 WindowsNT 加 VenturCOM 公司的 RTX 和 Linux 加 RTLinux 等。这种组合形式既满足了实时性要求，又具有商用系统的强大功能。Linux 系统具有丰富的应用软件和开发工具，便于与其他系统实现通信和数据共享，可靠性比 Windows 系统高，Linux 系统可以三年不关机，这在工业控制中是至关重要的。目前制造系统在 Windows 下的应用软件比较多，为解决 Windows 应用软件的使用问题，可以通过网络连接前端 PC 扩展运行 Windows 应用软件，既保证了系统的可靠性又达到了已有软件资源的应用。WindowsNT+RTX 组合的应用较成功的有美国的 OpenCNC 和德国的 PA 公司（自己开发的实时内核），这两家公司均有产品推出，另外 SIMENS 公司的 SINUMERIK ® 840Di 也是一种采用 NT 操作系统的单 CPU 的软件化数控系统。Linux 和 RTLinux 是源代码开放的免费操作系统，发展迅猛，是我国大力发展的方向。

3. 数控系统的网络化

随着计算机和互联网技术的高速发展，传统的制造业开始发生根本性改变，装备制造领域正面临一场深刻的技术变革。世界各国纷纷提出先进制造战略计划，其中德国提出"工业 4.0"，聚焦智能工厂、智能生产，以确保其在制造领域的全球领先地位；美国"先进制造业国家战略计划"优先突破"工业互联网"技术，重点发展先进制造的感知控制、智能制造和先进材料；2015 年，中国提出《中国制造 2025》战略规划，重点推进数字化制造、智能制造。从数字制造向智能制造转型升级，是制造业发展的必然趋势。

智能制造的基础是数控机床等设备的互联互通，互联互通的基础是以统一的通信协议为前提的。早在 2006 年，美国机械制造技术协会（AMT）提出了 MT-Connect 协议，用于机床设备的互联互通。2006 年，标准国际组织 OPC 基金会在 OPC（OLEProcessControl）的基础上重新发展了 OPCUA 工控互联协议。2013 年，OPC 基金会与 AMT 协商将两种互联协议进行兼容。MT-Connect 协议与 OPCUA 协议在业内得到了广泛的关注。

传统数控系统缺乏统一、有效和高速的通道与其他控制设备和网络设备进行互连，信息被锁在"黑匣子"中，每一台设备都成为自动化的"孤岛"，对企业的网络化和信息化发展是一个障碍。CNC 机床作为制造自动化的底层基础设备，应该能够双向高速地传送信息，实现加工信息的共享、远程监控、远程诊断和网络制造，基于标准 PC 的开放式数控系统可利用以太网技术实现强大的网络功能、控制网络与数据网络的融合、网络化生产信息和管理信息的集成以及加工过程监控，远程制造、系统的远程诊断和升级。

目前联网功能已经成为数控系统的基本功能之一，如西门子的大部分数控系统可支持 OPC/OPC-UA，而 FANUC 可以提供给用户一组针对 CNC 系统的 API 函数 FOCAS 实现联网。

4.4.3 基于 LINUX 的开放式结构数控系统

1. 系统组成

该系统是一个基于标准 PC 硬件平台和 Linux 与 RTLinux 结合的软件平台之上，设备驱动层采用现场总线互连、与外部网络或 Intranet 采用以太网连接，形成一个可重构配置的纯软件化结合多媒体和网络技术的高档开放式结构数控系统平台。

该平台数控系统运行于没有运动控制卡的标准 PC 硬件平台上，软件平台采用 Linux 和 RTLinux 结合，一些时间性要求严的任务，如运动规划、加减速控制、插补、现场总线通信、PLC 等，由 RTLinux 实现，而其他一些时间性不强的任务在 Linux 中实现，如图 4-14 所示的软件化数控系统结构方案。

基于标准 PC 的控制器与驱动设备和外围 I/O 的连接采用磁隔离的高速 RS422 标准现场总线，该总线每通道的通信速率为 12Mbit/s 时，采用普通双绞线通信距离可达 100m。主机端为 PCI 总线卡，有四个通道（实际现只用两个通道，一个通道连接机床操作面板，另一通道连接设备及 I/O），设备端接口通过 DSP 芯片转换成标准的电动机控制信号。每个通道

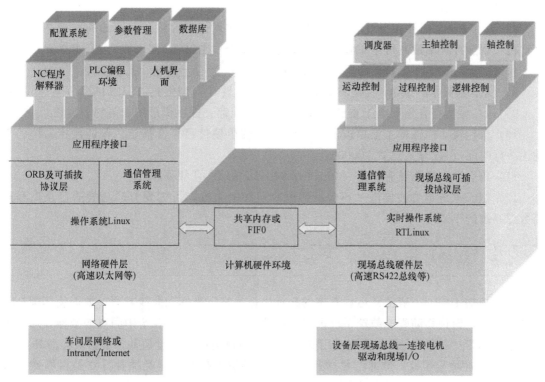

图 4-14　软件化数控系统结构方案

的控制节点可达 32 个，每个节点可控制 1 根轴（通过通信协议中的广播同步信号使各轴间实现同步联动）一组模拟接口（测量接口，系统监控传感器接口等）或一组 PLC I/O（最多可达 256 点），PLC 的总点数可达 2048 点。

2. 系统主要特点

1）控制器具有动态地自动识别系统接口卡的功能，系统可重配置以满足不同加工工艺的机床和设备的数控要求，驱动电动机可配合数字伺服、模拟伺服和步进电动机。

2）网络功能。通过以太网实现数控系统与车间网络或 Intranet/Internet 的互联，利用 TCP/IP 协议开放数控系统的内部数据，实现与生产管理系统和外部网络的高速双向数据交流。具有常规 DNC 功能（采用百兆网其速率比传统速率为 112K 的 232 接口 DNC 快将近一千倍）、生产数据和机床操作数据的管理功能、远程故障诊断和监视功能。

3）系统除具有标准的并口、串口（RS232）、PS2（键盘、鼠标口）、USB 接口、以太网接口外，还配有高速现场总线接口（RS422）、PCMCIA IC Memory Card（Flash ATA）接口、红外无线接口（配刀具检测传感器）。

4）显示屏幕采用 12.1 寸 TFT-LCD。采用统一的用户操作界面风格，通过水平和垂直两排共 18 个动态软按键满足不同加工工艺机床的操作要求，用户可通过配置工具对动态软按键进行定义。垂直软按键可根据水平软按键的功能选择而改变，垂直菜单可以多页。

5）将多媒体技术应用于机床的操作、使用、培训和故障诊断，提高机床的易用性和可维护性，降低使用成本。多媒体技术提供使用操作帮助、在线教程、故障和机床维护向导。

6）具有三维动态加工仿真功能。利用 OpenGL 技术提供三维加工仿真功能和加工过程刀具轨迹动态显示。

7）具有 Nurbs 插补和自适应 Look ahead 功能，实现任意曲线、曲面的高速插补。输出电动机控制脉冲频率最高可达 4MHz（采用直接数字合成 DDS IC 实现），当分辨率为 $0.1\mu m$ 时，快进速度可达 24m，如有需要可输出更高的频率，适合于高速、高精度加工。

8）伺服更新可达 $500\mu s$（控制 6 轴，PENTIUM Ⅲ以上 CPU），PLC 扫描时间小于 2ms。

9）PLC 编程符合国际电工委员会 IEC-61131-3 规范，提供梯形图和语句表编程。

10）采用高可靠性的工控单板机（SBC），加强软硬件可靠性措施，保证数控系统的平均无故障时间（MTBF）达到 20000h。

11）符合欧洲电磁兼容标准（Directive 89/336/EEC）4 级要求。

12）数控系统本身的价格（不包括伺服驱动和电动机）可为现有同功能的普及型和高档数控系统的 1/2。

4.5 数控插补技术

在数控加工中，一般已知运动轨迹的起点坐标、终点坐标和曲线方程，如何使切削加工运动沿着预定轨迹移动呢？数控系统根据这些信息实时地计算出各个中间点的坐标，通常把这个过程称为"插补"。目前普遍应用的两类插补方法为脉冲增量插补和数据采样插补。

（1）脉冲增量插补　脉冲增量插补又称作基准脉冲插补，这类插补算法是以脉冲形式输出，每插补运算一次，最多给每一轴一个进给脉冲。把每次插补运算产生的指令脉冲输出到伺服系统，以驱动工作台运动。每发出一个脉冲，工作台移动一个基本长度单位，也叫脉冲当量，脉冲当量是脉冲分配的基本单位。

（2）数据采样插补　数据采样插补又称数字增量插补、时间分割插补或时间标量插补，这类算法插补结果输出的不是脉冲，而是标准二进制数。根据编程进给速度，把轮廓曲线按插补周期将其分割为一系列微小直线段，然后将这些微小直线段对应的位置增量数据进行输出，以控制伺服系统实现坐标轴的进给。

4.5.1 脉冲增量插补

脉冲增量插补主要为各坐标轴进行脉冲分配计算，其特点是每次插补的结果仅产生一个单位的行程增量（一个脉冲当量），以一个一个脉冲的方式输出给步进电动机，其基本思想是用折线来逼近曲线（包括直线）。插补速度与进给速度密切相关，因而进给速度指标难以提高，当脉冲当量为 $10\mu m$ 时，采用该插补算法所能获得的最高进给速度是 $3\sim4m/min$。

脉冲增量插补的实现方法较简单，通常仅用加法和移位运算方法就可完成插补。因此它比较容易用硬件来实现，而且，用硬件实现这类运算的速度是很快的，但是也有用软件来完成这类算法的。脉冲增量插补主要用在早期采用步进电动机驱动的数控系统。由于此算法的速度指标和精度指标都难以满足现在零件加工的要求，现在的数控系统已很少使用。

这类插补算法有：逐点比较法、数字积分法、比较积分法、矢量判断法、最小偏差法、数字脉冲乘法器法等。

逐点比较法，顾名思义就是每走一步都要和给定轨迹上的坐标值进行比较，看这一点在给定轨迹的上方或下方，或是给定轨迹的里面或外面，从而决定下一步的进给方向，最终能得出一个非常接近规定图形的轨迹，最大偏差不超过一个脉冲当量。

在逐点比较法中，每进给一步都需要进行偏差判别、坐标进给、新偏差计算和终点比较四个节拍。下面分别介绍逐点比较法直线插补和圆弧插补的原理。

（1）逐点比较法直线插补　逐点比较法直线插补流程如图 4-15 所示。

偏差计算是逐点比较法关键的一步，下面以第 I 象限直线为例导出其偏差计算公式。

逐点比较法直线插补过程如图 4-16 所示。假定直线 OA 的起点为坐标原点，终点 A 的坐标为 $A(x_e, y_e)$，为加工点，若 P 点（x_i，y_j）正好处在直线 OA 上，那么下式成立

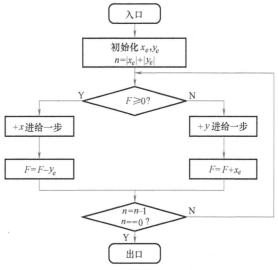

图 4-15　逐点比较法直线插补流程图

$$y_j x_e - x_i y_e = 0 \tag{4-1}$$

若任意点 $P(x_i, y_j)$ 在直线 OA 的上方（严格地说，在直线 OA 与 y 轴所成夹角区域内），那么有下述关系成立

$$\frac{y_j}{x_i} > \frac{y_e}{x_e} \tag{4-2}$$

亦即：$y_j x_e - x_i y_e > 0$

由此可以取偏差判别函数为

$$F_{i,j} = x_e y_j - x_i y_e \tag{4-3}$$

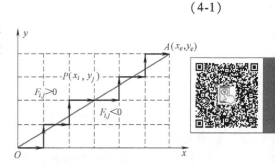

图 4-16　逐点比较法直线插补过程

由 $F_{i,j}$ 的数值（称为"偏差"）就可以判别出 P 点与直线的相对位置。即：

当 $F_{i,j} = 0$ 时，点 $P(x_i, y_j)$ 正好落在直线上；

当 $F_{i,j} > 0$ 时，点 $P(x_i, y_j)$ 落在直线的上方；

当 $F_{i,j} < 0$ 时，点 $P(x_i, y_j)$ 落在直线的下方。

从图 4-16 看出，对于起点在原点、终点为 $A(x_e, y_e)$ 的第 I 象限直线 OA 来说，当点 P 在直线上方（即 $F_{i,j} > 0$）时，应该向 +x 方向发一个脉冲，使机床刀具向 +x 方向前进一步，以接近该直线；当点 P 在直线下方（即 $F_{i,j} < 0$）时，应该向 +y 方向发一个脉冲，使机床刀具向 +y 方向前进一步，趋向该直线；当点 P 正好在直线上（即 $F_{i,j} = 0$）时，既可向 +x 方向发一脉冲，也可向 +y 方向发一脉冲。因此通常将 $F_{i,j} > 0$ 和 $F_{i,j} = 0$ 归于一类，即 $F_{i,j} \geq 0$。这样从坐标原点开始，走一步，算一次，判别 $F_{i,j}$，再趋向直线，逐点接近直线 OA，步步前进。当两个方向所走的步数和终点坐标 $A(x_e, y_e)$ 值相等时，发出终点到达信号，停止插补。

对于图中所示的加工直线 OA，运用上述法则，根据偏差判别函数值，就可以获得如图中折线段那样的近似直线。

但是按照上述法则进行 $F_{i,j}$ 的运算时，要作乘法和减法运算，这对于计算过程以及具体电路实现起来都不很方便。对于计算机而言，这样会影响速度；对于专用控制机而言，会增加硬件设备。因此应简化运算，通常采用的是迭代法，或称递推法，即每走一步后新加工点的加工偏差值用前一点的加工偏差递推出来。下面推导该递推式。

已经知道，加工点的坐标为 P（x_i，y_j）时的偏差为

$$F_{i,j} = x_e y_j - x_i y_e \tag{4-4}$$

若 $F_{i,j} \geqslant 0$ 时，则向 x 轴发出一进给脉冲，刀具从这点即 P（x_i，y_j）向 x 方向前进一步，到达新加工点（x_{i+1}，y_j），$x_i = x_i + 1$，因此新加工点 P（x_{i+1}，y_j）的偏差值为

$$F_{i+1,j} = x_e y_j - (x_i + 1) y_e$$
$$= x_e y_j - x_i y_e - y_e$$
$$= F_{i,j} - y_e$$

即

$$F_{i+1,j} = F_{i,j} - y_e \tag{4-5}$$

如果某一时刻，加工点 P（x_i，y_j）的 $F_{i,j} < 0$，则向 y 轴发出一个进给脉冲，刀具从这一点向 y 方向前进一步，新加工点 P（x_i，y_{j+1}）的偏差值为

$$F_{i,j+1} = x_e (y_j + 1) - x_i y_e$$
$$= x_e y_j - x_i y_e + x_e$$
$$= F_{i,j} + x_e$$

即

$$F_{i,j+1} = F_{i,j} + x_e \tag{4-6}$$

根据式（4-5）及式（4-6）可以看出，新加工点的偏差完全可以用前一加工点的偏差递推出来。

综上所述，逐点比较法的直线插补过程为每走一步要进行以下 4 个节拍（步骤），即判别、进给、运算、比较。

1）判别。根据偏差值确定刀具位置是在直线的上方（或线上），还是在直线的下方。

2）进给。根据判别的结果，决定控制哪个坐标（x 或 y）移动一步。

3）运算。计算出刀具移动后的新偏差，提供给下一步做判别依据。根据式（4-5）及式（4-6）来计算新加工点的偏差，使运算大大简化。但是每一新加工点的偏差是由前一点偏差 $F_{i,j}$ 推算出来的，并且一直递推下去，这样就要知道开始加工时那一点的偏差是多少。当开始加工时，是以人工方式将刀具移到加工起点，即所谓"对刀"，这一点当然没有偏差，所以开始加工点的 $F_{i,j} = 0$。

4）比较。在计算偏差的同时，还要进行一次终点比较，以确定是否到达了终点。若已经到达，就不再进行运算，并发出停机或转换新程序段的信号。

下面以实例来验证图 4-16。设欲加工直线 OA，其终点坐标为 $x_e = 5$，$y_e = 3$，则终点判别值可取为

$$E = x_e + y_e = 5 + 3 = 8$$

开始时偏差 $F = 0$，加工过程的运算节拍见表 4-1。

表 4-1 加工过程的运算节拍

步数	偏差判别	坐标进给	偏差计算	终点判别
起点			$F_{00} = 0$	
1	$F_{00} = 0$	$+\Delta x$	$F_{10} = F_{00} - y_e = 0 - 3 = -3$	$E_7 = E_8 - 1 = 7$
2	$F_{10}(=-3) < 0$	$+\Delta y$	$F_{11} = F_{10} + x_e = -3 + 5 = 2$	$E_6 = E_7 - 1 = 6$
3	$F_{11}(=2) > 0$	$+\Delta x$	$F_{21} = F_{11} - y_e = 2 - 3 = -1$	$E_5 = E_6 - 1 = 5$
4	$F_{21}(=-1) < 0$	$+\Delta y$	$F_{22} = F_{21} + x_e = -1 + 5 = 4$	$E_4 = E_5 - 1 = 4$
5	$F_{22}(=4) > 0$	$+\Delta x$	$F_{32} = F_{22} - y_e = 4 - 3 = 1$	$E_3 = E_4 - 1 = 3$
6	$F_{32}(=1) > 0$	$+\Delta x$	$F_{42} = F_{32} - y_e = 1 - 3 = -2$	$E_2 = E_3 - 1 = 2$
7	$F_{42}(=-2) < 0$	$+\Delta y$	$F_{43} = F_{42} + x_e = -2 + 5 = 3$	$E_1 = E_2 - 1 = 1$
8	$F_{43}(=3) > 0$	$+\Delta x$	$F_{53} = F_{43} - y_e = 3 - 3 = 0$	$E_0 = E_1 - 1 = 0$
9				到达终点

插补路径如图 4-17 所示。

四个象限直线的偏差符号和插补进给方向如图 4-18 所示，用 L_1、L_2、L_3、L_4 分别表示第 Ⅰ、Ⅱ、Ⅲ、Ⅳ 象限的直线。为适用于四个象限的直线插补，插补运算时用 $|X|$、$|Y|$ 代替 X、Y，偏差符号确定可将其转化到第一象限，动点与直线的位置关系按第一象限判别方式进行判别。由图可见，靠近 Y 轴区域偏差大于零，靠近 X 轴区域偏差小于零。$F \geq 0$ 时，进给都是沿 X 轴，不管是 $+X$ 向还是 $-X$ 向，X 的绝对值增大；$F < 0$ 时，进给都是沿 Y 轴，不论 $+Y$ 向还是 $-Y$ 向，Y 的绝对值增大。

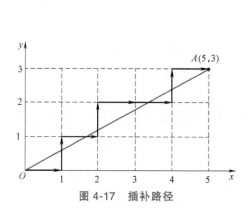

图 4-17 插补路径

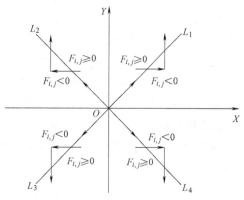

图 4-18 四个象限直线的偏差符号和插补进给方向

（2）逐点比较法圆弧插补 逐点比较法圆弧插补流程如图 4-19 所示。

对于圆弧插补，偏差计算仍然是逐点比较法关键的一步，下面以第 Ⅰ 象限逆圆插补为例导出其偏差计算公式。逐点比较法圆弧插补过程如图 4-20 所示。

在圆弧加工过程中，可用动点到圆心的距离来描述刀具位置与被加工圆弧之间的关系。设圆弧圆心在坐标原点，已知圆弧起点 $A(x_0, y_0)$，终点 $B(x_e, y_e)$，圆弧半径为 R。加工点可能在三种情况出现，即圆弧上、圆弧外、圆弧内。用 F 表示 m 点的偏差值，定义圆弧偏差函数判别式为

$$F = x^2 + y^2 - R^2 \tag{4-7}$$

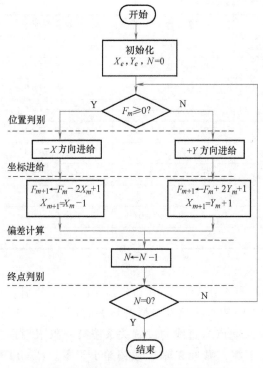

图 4-19 逐点比较法圆弧插补流程图

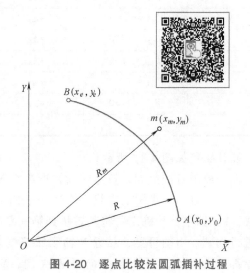

图 4-20 逐点比较法圆弧插补过程

若 $F=0$，则动点 $P\ (x,\ y)$ 位于圆上；

若 $F>0$，则动点 $P\ (x,\ y)$ 位于圆外；

若 $F<0$，则动点 $P\ (x,\ y)$ 位于圆内。

AB 为第一象限逆圆弧 $SR1$，若 $F\geqslant0$，动点在圆弧上或圆弧外，向 X 轴负方向进给单位距离 Δx，计算出新点的偏差；若 $F<0$，表明动点在圆内，向 Y 轴正方向进给 Δy，计算出新一点的偏差，如此走一步算一步，逐点比较直至终点。

由于偏差计算公式中有二次方值计算，下面采用递推公式给予简化，对第一象限逆圆 $F_i\geqslant0$，动点 $P_i\ (x_i,\ y_i)$ 应向 $-x$ 向进给，新的动点坐标为 $(x_{i+1},\ y_{i+1})$，且 $x_{i+1}=x_{i-1}$，$y_{i+1}=y_i$，则新点的偏差值为

$$\begin{aligned}
F_{i+1,j} &= (x_i-1)^2-x_0^2+y_j^2-y_0^2 \\
&= x_i^2-2x_i+1+y_j^2-y_0^2-x_0^2 \\
&= F_{i,j}-2x_i+1
\end{aligned} \tag{4-8}$$

对第一象限逆圆 $F_{i,j}<0$，动点 $P_i\ (x_i,\ y_i)$ 应向 $+Y$ 向进给，故 Y 轴须向正向进给一步 $(+\Delta y)$，新的动点坐标为 $(x_{i+1},\ y_{i+1})$，且 $x_{i+1}=x_i$，$y_{i+1}=y_i$，则新点的偏差值为

$$\begin{aligned}
F_{i,j+1} &= x_i^2-x_0^2+(y_i+1)^2-y_0^2 \\
&= x_i^2-x_0^2+y_j^2+2y_j+1-y_0^2 \\
&= F_{i,j}+2y_i+1
\end{aligned} \tag{4-9}$$

圆弧插补终点判别：将 X、Y 轴走的步数总和存入一个计数器，X，Y 坐标的总和 $n=$

$|x_e-x_0|+|y_e-y_0|$，每走一步，$n=n-1$，直到 $n=0$。

进给后新点的偏差计算公式除与前一点偏差值有关外，还与动点坐标有关，动点坐标值随着插补的进行是变化的，所以在圆弧插补的同时，还必须修正新的动点坐标。图 4-21 给出了八种圆弧的进给情况，表 4-2 给出了八种圆弧的插补计算公式和进给方向。

例 1 设加工第 I 象限逆圆 AB，已知起点 A（5，0），终点 B（0，5）。试进行插补计算，并画出插补轨迹。

解：加工完该圆弧后刀具沿 X、Y 轴应进给的总步数为 $N=|X_e|+|Y_e|=5+5=10$。

终点判别采用了第二种方法，即在终点计数器中，存入插补循环数 i 的初始值和两坐标

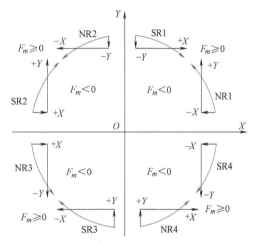

图 4-21　八种圆弧的进给情况

进给的总步数 $N=10$，每进行一次插补循环就在循环数 i 上加 1，直到 $i=N$ 时停止插补。计算过程见表 4-3，根据表 4-3 作的插补轨迹如图 4-22 所示。

表 4-2　八种圆弧的插补计算公式和进给方向

$F_m \geq 0$				$F_m < 0$			
圆弧线型	进给方向	偏差计算	坐标计算	圆弧线型	进给方向	偏差计算	坐标计算
SR1、NR2	$-Y$	$F_{m+1}=F_m$	$X_{m+1}=X_m$	SR1、NR4	$+X$	$F_{m+1}=F_m+$	$X_{m+1}=X_m+1$
SR3、NR4	$+Y$	$-2Y_m+1$	$Y_{m+1}=Y_m-1$	SR3、NR2	$-X$	$2X_m+1$	$Y_{m+1}=Y_m$
NR1、SR4	$-X$	$F_{m+1}=F_m$	$X_{m+1}=X_m-1$	NR1、SR2	$+Y$	$F_{m+1}=F_m+$	$X_{m+1}=X_m$
NR3、SR2	$+X$	$-2X_m+1$	$Y_{m+1}=Y_m$	NR3、SR4	$-Y$	$2Y_m+1$	$Y_{m+1}=Y_m+1$

表 4-3　圆弧插补计算过程

步数	偏差判别	坐标进给	偏差计算	坐标计算	终点判别
起点			$F_0=0$	$X_0=5,Y_0=0$	$i=0,N=10$
1	$F_0<0$	$-X$	$F_1=F_0-2X_0+1$ $=0-2\times5+1=-9$	$X_1=4,Y_1=0$	$i=0+1=0$
2	$F_1<0$	$+Y$	$F_2=F_1+2Y_1+1$ $=-9+2\times0+1=-8$	$X_2=4,Y_2=1$	$i=1+1=2$
3	$F_2<0$	$+Y$	$F_3=F_2+2Y_2+1$ $=-8+2\times1+1=-5$	$X_3=4,Y_3=2$	$i=2+1=3$
4	$F_3<0$	$+Y$	$F_4=F_3+2Y_3+1$ $=-5+2\times2+1=0$	$X_4=4,Y_4=3$	$i=3+1=4$
5	$F_4=0$	$-X$	$F_5=F_4-2X_4+1$ $=0-2\times4+1=-7$	$X_5=3,Y_5=3$	$i=4+1=5$
6	$F_5<0$	$+Y$	$F_6=F_5+2Y_5+1$ $=-7+2\times3+1=0$	$X_6=3,Y_6=4$	$i=5+1=6$
7	$F_6=0$	$-X$	$F_7=F_6-2X_6+1$ $=0-2\times3+1=-5$	$X_7=2,Y_7=4$	$i=6+1=7$

（续）

步数	偏差判别	坐标进给	偏差计算	坐标计算	终点判别
8	$F_7<0$	$+Y$	$F_8=F_7+2Y_7+1$ $=-5+2\times4+1=4$	$X_8=2,Y_8=5$	$i=7+1=8$
9	$F_8>0$	$-X$	$F_9=F_8-2X_8+1$ $=4-2\times2+1=1$	$X_9=1,Y_9=5$	$i=8+1=9$
10	$F_9>0$	$-X$	$F_{10}=F_9-2X_9+1$ $=1-2\times1+1=0$	$X_{10}=0,Y_{10}=5$	$i=9+1=10=N$

4.5.2 数据采样插补

在数控机床插补技术的研究中，随着计算机的引入，插补运算时间和计算复杂性之间的矛盾得到了大大缓解。特别是高性能直流伺服系统和交流伺服系统的研制成功，为提高现代数控系统的综合性能创造了充分条件。相应地，这些现代数控系统中采用的插补方法，就不再是最初硬件数控系统中所使用的脉冲增量法，而是结合了计算机采样技术的数据采样插补。数据采样插补实质上就是使用一系列首尾相连的微小直线段来逼近给

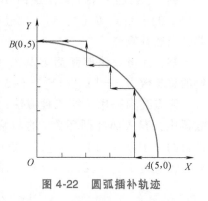

图 4-22　圆弧插补轨迹

定曲线。由于这些线段是按加工时间来进行分割的，因此数据采样插补又称为时间分割法插补。

一般来讲，分割后得到的这些小线段相对于系统精度来说仍然是比较大的，不能满足系统精度的要求。为此，必须进一步进行数据点的密化工作。通常也称微小直线段的分割过程是粗插补过程，而后续进一步的密化过程是精插补过程，通过二者的紧密配合即可实现高性能轮廓插补。

数据采样插补具有如下两个主要特点：

1）每次插补运算的结果不再是某坐标轴方向上的一个脉冲，而是与各坐标轴位置增量相对应的几个数字量。此类算法适用于以直流伺服电动机或交流伺服电动机作为驱动元件的闭环或半闭环数控系统。

2）数据采样插补程序的运行时间已不再是限制加工速度的主要因素。加工速度的上限取决于插补精度要求以及伺服系统的动态响应特性。

因其具有以上主要显著特点，数据采样插补在 CNC 装置中得到了广泛的应用，下面将对其原理及方法进行具体的介绍。

1. 数据采样插补简介

数据采样插补是 CNC 装置中较广泛采用的一种插补计算方法。它尤其适合于闭环和半闭环以直流或交流电动机为执行机构的位置采样控制系统。这种方法是把加工一段直线或圆弧的整段时间细分为许多相等的时间间隔，称为单位时间间隔（或插补周期）。每经过一个单位时间间隔就进行一次插补计算，算出在这一时间间隔内各坐标轴的进给量，边计算，边加工，直至加工终点。其插补结果输出的不是脉冲，而是数据。计算机定时地对反馈回路采样，将得到采样数据与插补程序所产生的指令数据相比较后，以误差信号输出，驱动伺服电

动机。

2. 数据采样插补的基本原理

采用数据采样插补时，在加工某一直线段或圆弧段的加工指令中必须给出加工进给速度 v，先通过速度计算，将进给速度分割成单位时间间隔的插补进给量 f（或称为轮廓步长），又称为一次插补进给量。例如，在 FANUC 7M 系统中，取插补周期为 8ms，若 v 的单位取 mm/min，f 的单位取 μm/8ms，则一次插补进给量可用下式计算

$$f = \frac{v \times 1000 \times 8}{60 \times 1000} = \frac{2}{15} v \tag{4-10}$$

按上式计算出一次插补进给量 f 后，根据刀具运动轨迹与各坐标轴的几何关系，就可求出各轴在一个插补周期内的插补进给量，按时间间隔（如 8ms）以增量形式给各轴送出一个个插补增量，通过驱动部分使机床完成预定轨迹的加工。

由上述分析可知，这类算法的核心问题是如何计算各坐标轴的增长数 ΔX 或 ΔY（而不是单个脉冲），有了前一插补周期末的动点位置值和本次插补周期内的坐标增长段，就很容易计算出本插补周期末的动点命令位置坐标值。对于直线插补来讲，插补所形成的轮廓步长子线段（即增长段）与给定的直线重合，不会造成轨迹误差。而在圆弧插补中，因要用切线或弦线来逼近圆弧，因而不可避免地会带来轮廓误差。其中切线近似具有较大的轮廓误差而不大采用，常用的是弦线逼近法。

有时，数据采样插补是分两步完成的，即粗插补和精插补。第一步为粗插补，它是在给定起点和终点的曲线之间插入若干个点，即用若干条微小直线段来逼近给定曲线，粗插补在每个插补计算周期中计算一次。第二步为精插补，它是在粗插补计算出的每一条微小直线段上再做"数据点的密化"工作，这一步相当于对直线的脉冲增量插补。

3. 数据采样插补的方法

时间分割插补法是典型的数据采样插补方法。它首先根据加工指令中的进给速度 v，计算出每一插补周期的轮廓步长 f（式（4-10））。即用插补周期为时间单位，将整个加工过程分割成许多个单位时间内的进给过程。目前常用的数据采样方法有两种，分别出自于FANUC 7M 和 A-B 公司的 7360 系统。下面主要以 7M 系统下的时间分隔法对直线和圆弧插补的具体方法进行介绍。

（1）数据采样直线插补 设要求刀具在 xOy 平面中作如图 4-23 所示的直线运动。在这一程序段中，x 和 y 轴的位移增量分别为 x_e 和 y_e。插补时，取增量大的作长轴，小的为短轴，要求 x 和 y 轴的速度保持一定的比例，且同时到达终点。

设刀具移动方向与长轴夹角为 α，OA 为一次插补的进给步长 f。根据程序段所提供的终点坐标 P (x_e, y_e)，可以确定出 Δx。

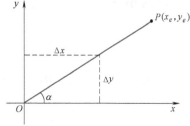

图 4-23 数据采样直线插补

$$\tan\alpha = \frac{y_e}{x_e} \tag{4-11}$$

$$\cos\alpha = \frac{1}{\sqrt{1 + \tan^2\alpha}} \tag{4-12}$$

从而求得本次插补周期内长轴的插补进给量为

$$\Delta x = f\cos\alpha \tag{4-13}$$

导出其短轴的进给量为

$$\Delta y = \frac{y_e}{x_e}\Delta x \tag{4-14}$$

（2）数据采样圆弧插补　如图 4-24 所示，顺圆弧 AB 为待加工曲线，下面推导其插补公式。在顺圆弧上的 B 点是继 A 点之后的插补瞬时点，两点的坐标分别为 A（x_i，y_i），B（x_{i+1}，y_{i+1}）。所谓插补，在这里是指由点 A（x_i，y_i）求出下一点 B（x_{i+1}，y_{i+1}），实质上是求在一次插补周期的时间内，x 轴和 y 轴的进给量 Δx 和 Δy。

图中的弦 AB 正是圆弧插补时每个周期的进给步长 f，AP 是 A 点的圆弧切线，M 是弦的中点。显然，$ME \perp AF$，E 是 AF 的中点，而 $OM \perp AB$。由此，圆心角具有下列关系

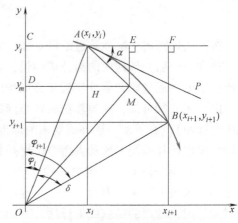

图 4-24　数据采样圆弧插补

$$\varphi_{i+1} = \varphi_i + \delta \tag{4-15}$$

式中，δ 是进给步长 f 所对应的角增量，称为角步距。由于 $\triangle AOC \backsim \triangle PAF$，所以

$$\angle PAF = \angle AOC = \varphi_i \tag{4-16}$$

由于

$$\angle BAP = \frac{1}{2}\angle AOB = \frac{1}{2}\delta \tag{4-17}$$

因此

$$\alpha = \angle BAP + \angle PAF = \frac{1}{2}\delta + \varphi_i \tag{4-18}$$

在 $\triangle MOD$ 中

$$\tan\left(\varphi_i\frac{\delta}{2}\right) = \frac{DH + HM}{OC - CD} \tag{4-19}$$

将 $DH = X_i$，$OC = y_i$，$HM = \frac{1}{2}f\cos\alpha$，$CD = \frac{1}{2}f\sin\alpha$ 代入上式，则有

$$\tan\alpha = \tan\left(\varphi_i\frac{\delta}{2}\right) = \frac{x_i + \dfrac{f}{2}\cos\alpha}{y_i - \dfrac{f}{2}\sin\alpha} \tag{4-20}$$

因为

$$\tan\alpha = \frac{FB}{FA} = \frac{\Delta y}{\Delta x} \tag{4-21}$$

而

$$HM = \frac{1}{2}\Delta x; \quad CD = \frac{1}{2}\Delta y \tag{4-22}$$

又可以推出 x_i 和 y_i，Δx 和 Δy 的关系式：

$$\frac{\Delta y}{\Delta x} = \frac{x_i + \frac{1}{2}\Delta x}{y_i + \frac{1}{2}\Delta y} = \frac{x_i + \frac{f}{2}\cos\alpha}{y_i + \frac{1}{2}\sin\alpha} \tag{4-23}$$

上式充分反映了圆弧上任意相邻两点的坐标间的关系。只要找到计算 Δx 和 Δy 的恰当方法，就可以按下式求出新的插补点坐标

$$\begin{cases} x_{i+1} = x_i + \Delta x \\ y_{i+1} = y_i + \Delta y \end{cases} \tag{4-24}$$

所以，关键是求解出 Δx 和 Δy。事实上，只要求出 $\tan\alpha$ 值，根据函数关系便可求得 Δx 和 Δy 的值，进而求得 x_{i+1} 和 y_{i+1} 的值。

由于式（4-23）中的 $\sin\alpha$ 和 $\cos\alpha$ 均为未知数，要直接算出 $\tan\alpha$ 很困难。FANUC 7M 系统采用的是一种近似算法，即以 $\cos45°$ 和 $\sin45°$ 来代替 $\cos\alpha$ 和 $\sin\alpha$，先求出

$$\tan\alpha = \tan\left(\varphi_i + \frac{\delta}{2}\right) = \frac{x_i + \frac{f}{2}\cos45°}{y_i - \frac{f}{2}\cos45°} \tag{4-25}$$

再由关系式

$$\cos\alpha = \frac{1}{\sqrt{1 + \tan^2\alpha}} \tag{4-26}$$

进而求得

$$\Delta x = f\cos\alpha \tag{4-27}$$

由式（4-25）、式（4-26）、式（4-27）求出本周期的位移增量 Δx 后，将其与已知的坐标值 x_i 和 y_i。代入式（4-21），即可求得 Δy 值。在这种算法中，以弦进给代替弧进给是造成径向误差的主要原因。

（3）插补周期与精度、速度之间的关系　在数据采样法直线插补过程中，由于给定的轮廓本身就是直线，则插补分割后的小直线段与给定直线是重合的，也就不存在插补误差问题。但在圆弧插补过程中，一般采用切线、内接弦线和内外均差弦线来逼近圆弧，显然这些微小直线段不可能完全与圆弧相重合，从而造成了轮廓插补误差。下面就以弦线逼近法为例加以分析，数据采样圆弧插补误差分析如图 4-25 所示。

图中所示为弦线逼近圆弧的情况，其最大径向误差 e_r 为

$$e_r = R[1 - \cos(\theta/2)] \tag{4-28}$$

式中，R 是被插补圆弧的半径，单位为 mm；θ 是步距角，是每个插补周期所走弦线对应的圆心角，且

$$\theta \approx \Delta L/R = (FT_S)/R \tag{4-29}$$

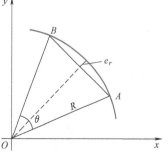

图 4-25　数据采样圆弧插补误差

反过来，在给定允许的最大径向误差 e_r 后，也可求出最大的步距角，即

$$\theta_{\max} = 2\arccos\left(1 - \frac{e_r}{R}\right) \qquad (4\text{-}30)$$

由于 θ 很小，现将（$\cos\theta/2$）按幂级数展开，有

$$\cos\frac{\theta}{2} = 1 - \frac{(\theta/2)^2}{2!} + \frac{(\theta/2)^4}{4!} - \cdots \qquad (4\text{-}31)$$

现取其中的前两项，代入式（4-28）中，得

$$e_r \approx R - R\left[1 - \frac{(\theta/2)^2}{2!}\right] = \frac{\theta^2}{8}R = \frac{(FT_S)^2}{8} \cdot \frac{1}{R} \qquad (4\text{-}32)$$

可见在圆弧插补过程中，插补误差 e_r 与被插补圆弧半径 R、插补周期 T_S 以及编程进给速度 F 有关。若 T_S 越长，F 越大，R 越小，则插补误差就越大。但对于给定的某段圆弧轮廓来讲，如果将 T_S 选得尽量小，则可获得尽可能高的进给速度 F，从而提高了加工效率。同样在其他条件相同的情况下，大曲率半径的轮廓曲线可获得较高的允许切削速度。

🔖 知识点自测

4-1 CNC 系统由哪几部分组成？

4-2 CNC 系统软件一般包括哪几部分？各完成什么工作？

4-3 何谓插补？有哪两类插补算法？

4-4 简述逐点比较法的四个节拍。

4-5 CNC 系统中，常见的软件结构有哪几种？并简述其特点。

4-6 欲用逐点比较法插补直线 OE，起点为 O (0，0)，终点为 E (-6，5)，试写出插补运算过程并绘出插补轨迹。

4-7 欲用逐点比较法插补第 Ⅰ 象限顺圆 AB，已知起点 A (0，4)，终点为 B (4，0)，试写出插补运算过程并绘出插补轨迹。

第 5 章

数控机床的伺服系统

5.1 数控机床的伺服系统概述

近几十年来，伺服技术得到突飞猛进的发展和越来越广泛的应用。数控伺服系统是连接数控系统（CNC）和数控机床（机床本体）的关键部分，它接收来自数控系统的指令，经过放大和转换，驱动数控机床上的执行部件（如工作台、主轴和刀具等）实现预期的运动，并将运动结果反馈回去与输入指令相比较，直至与输入指令之差为零，机床精确地运动到所要求的位置。伺服系统的性能直接关系到数控机床执行件的静态和动态特性、工作精度、负载能力、响应快慢和稳定程度等。若把 CNC 比作数控机床的"大脑"，是发布"命令"的"指挥机构"，则伺服系统便是数控机床的"四肢"，是一种"执行机构"，它忠实而准确地执行 CNC 装置发出的运动命令。数控伺服系统作为数控装置和机床的联系环节，是数控机床的重要组成部分，数控机床的精度和速度等技术指标很大程度上取决于伺服系统的性能优劣。因此，高性能伺服系统一直是现代数控机床的关键技术之一。

5.1.1 伺服系统的组成及工作原理

1. 伺服系统的组成

从基本结构来看，伺服系统主要由三部分组成：控制器、功率驱动装置、反馈装置和电动机，如图 5-1 所示。控制器按照数控系统的给定值和通过反馈装置检测的实际运行值的差，调节控制量；功率驱动装置作为系统的主回路，一方面按控制量的大小将电网中的电能作用到电动机之上，调节电动机转矩的大小，另一方面按电动机的要求把恒压恒频的电网供

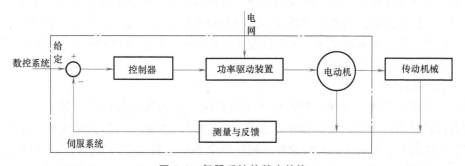

图 5-1 伺服系统的基本结构

电转换为电动机所需的交流电或直流电；电动机则按供电大小拖动机械运转。

2. 伺服系统的工作原理

伺服系统是以机械运动为驱动设备、电动机为控制对象、以控制器为核心、以电力电子功率变换装置为执行机构，在自动控制理论的指导下组成的电气传动自动控制系统。这类系统控制电动机的转矩、转速和转角，将电能转换为机械能，实现驱动机械的运动要求。具体在数控机床中，伺服系统接收数控系统发出的位移、速度指令，经变换、放大与调整后，由电动机和机械传动机构驱动机床坐标轴、主轴等，带动工作台及刀架，通过轴的联动使刀具相对工件产生各种复杂的机械运动，从而加工出用户所要求的复杂形状的工件。

5.1.2 数控机床对数控伺服系统的要求

（1）精度高　由于伺服系统控制数控机床的速度和位移输出，为保证加工质量，要求它有足够高的定位精度和重复定位精度。一般要求定位精度为 0.01~0.001mm，高档设备达到 0.1μm 以上，以保证加工质量的一致性及复杂曲线、曲面零件的加工精度。

（2）快速响应特性好　快速响应是伺服系统动态品质的标志之一，反映系统的跟踪精度。它要求伺服系统跟随指令信号时不仅跟随误差小，而且响应要快，稳定性要好。现代数控机床的插补时间都在 20ms 以内，在短时间内指令变化一次，要求伺服系统动态、静态误差小，反向死区小，能频繁起、停和正、反向运动。

（3）稳定性好　稳定是指系统在给定输入或外界干扰作用下，能在短暂的调节过程后，达到新的或者恢复到原来的平衡状态。对伺服系统要求有较强的抗干扰能力，保证进给速度均匀、平稳。稳定性直接影响数控加工的精度和表面粗糙度。

（4）调速范围宽　由于工件材料、刀具以及加工要求各不相同，要保证数控机床在任何情况下都能得到最佳切削条件，伺服系统就必须有足够的调速范围，一般要求速比（min∶max）为 1∶24000，低速时应平稳无爬行。既满足高速加工要求，又满足低速进给要求。在低速切削时，还要求伺服系统能输出较大的转矩。

（5）低速大转矩　数控机床的进给系统常在相对较低的速度下进行切削，故要求伺服系统能够输出大的转矩。普通加工直径 400mm 的车床，纵向和横向的驱动力矩都在 10N·m 以上。为此，数控机床的进给传动链应尽量短，传动的摩擦系数尽量小，并减少间隙，提高刚度，减少惯量，提高效率。

5.1.3 数控伺服系统的分类

由于伺服系统在数控设备上的应用广泛，所以伺服系统有各种不同的分类方法。

数控机床伺服系统按用途和功能分为进给驱动系统和主轴驱动系统；按控制原理和有无检测反馈环节分为开环伺服系统、闭环伺服系统和半闭环伺服系统；按使用的执行元件分为电液伺服系统和电气伺服系统。

1. 按用途和功能分

（1）进给驱动系统　是用于数控机床工作台坐标或刀架坐标的控制系统，控制机床各坐标轴的切削进给运动，并提供切削过程所需的力矩。主要关心其力矩大小、调速范围大小、调节精度高低、动态响应的快速性。进给驱动系统一般包括速度控制环和位置控制环。

（2）主轴驱动系统　用于控制机床主轴的旋转运动，为机床主轴提供驱动功率和所需的切削力。主要关心其是否有足够的功率、宽的恒功率调节范围及速度调节范围；它只是一个速度控制系统。

2. 按使用的执行元件分

（1）电液伺服系统 其伺服驱动装置是电液脉冲马达和电液伺服马达。其优点是在低速下可以得到很高的输出力矩，刚性好，时间常数小、反应快和速度平稳；缺点是液压系统需要供油系统、体积大、有噪声、漏油等。

（2）电气伺服系统 其伺服驱动装置是伺服电动机（如步进电动机、直流电动机和交流电动机等），优点是操作维护方便，可靠性高。其中，直流伺服系统的进给运动系统采用大惯量宽调速永磁直流伺服电动机和中小惯量直流伺服电动机，主运动系统采用他励直流伺服电动机。其优点是调速性能好，缺点是有电刷，速度不高。交流伺服系统的进给运动系统采用交流感应异步伺服电动机（一般用于主轴伺服系统）和永磁同步伺服电动机（一般用于进给伺服系统）。优点是结构简单、不需维护、适合于在恶劣环境下工作，动态响应好、转速高和容量大。

3. 按控制原理分

（1）开环伺服系统 系统中没有位置测量装置，信号流是单向的（数控装置→进给系统），如图 5-2 所示，故系统稳定性好。

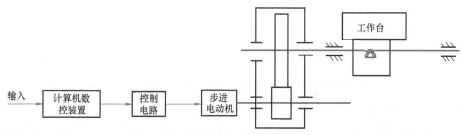

图 5-2 开环伺服系统

开环伺服系统的特点：

1）一般以功率步进电动机作为伺服驱动元件。

2）无位置反馈，精度相对闭环系统来讲不高，机床运动精度主要取决于伺服驱动电动机和机械传动机构的性能和精度。步进电动机的步距误差，齿轮副、丝杠螺母副的传动误差都会反映在零件上，影响零件的精度。

3）结构简单、工作稳定、调试方便、维修简单、价格低廉，因此在精度和速度要求不高、驱动力矩不大的场合得到广泛应用。一般用于经济型数控机床。

（2）闭环伺服系统 系统中有反馈控制系统，位置采样点从工作台引出，可直接对最终运动部件的实际位置进行检测，如图 5-3 所示，能得到更高的速度、精度和驱动功率。闭环伺服系统的特点：

1）从理论上讲，可以消除整个驱动和传动环节的误差、间隙和失动量，具有很高的位置控制精度。机床运动精度只取决于检测装置的精度，与传动链误差无关。但实际对传动链和机床结构仍有严格要求。

2）由于位置环内的许多机械传动环节的摩擦特性、刚性和间隙都是非线性的，故很容易造成系统的不稳定，使闭环系统的设计、安装和调试都相当困难。该系统主要用于精度要

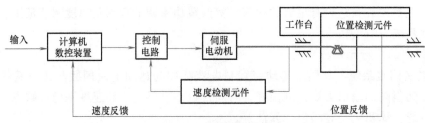

图 5-3　闭环伺服系统

求很高的镗铣床、超精车床、超精磨床以及较大型的数控机床等。

（3）半闭环伺服系统　系统的位置采样点是从伺服电动机或丝杠的端部引出，采样旋转角度进行检测，不是直接检测最终运动部件的实际位置，如图 5-4 所示。半闭环伺服系统的特点：

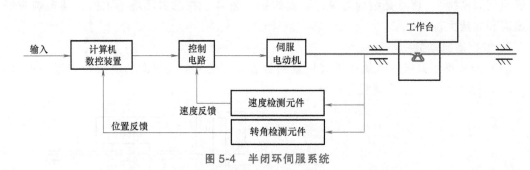

图 5-4　半闭环伺服系统

1）半闭环环路内不包括或只包括少量机械传动环节，因此可获得稳定的控制性能，其系统的稳定性虽不如开环系统，但比闭环要好。

2）由于丝杠的螺距误差和齿轮间隙引起的运动误差难以消除，因此，其精度较闭环差，较开环好。但可对这类误差进行补偿，因而仍可获得满意的精度。

3）由于半闭环伺服系统结构简单、调试方便、精度也较高，因而在现代 CNC 机床中得到了广泛应用。

5.2　伺服系统的驱动元件

驱动元件（即伺服电动机）是伺服系统的关键部件，它接收控制系统发来的进给指令信号，并将其转变为角位移或直线位移，以驱动数控机床的进给部件实现所要求的运动。而这种运动要能进、能退，能快、能慢，既精确又灵敏。伺服驱动电动机的性能在很大程度上影响进给伺服系统的性能。对伺服电动机的要求是高精度、快反应、宽调速和大转矩。

1）电动机从最低进给速度到最高进给速度范围内都能平滑运转，转矩波动要小。

2）电动机应具有大的、较长时间的过载能力，以满足低速大转矩的要求。

3）为了满足快速响应的要求，电动机应能在较短时间内达到规定的速度。电动机必须具有较小的转动惯量和大的堵转转矩，尽可能小的机电时间常数和起动电压。电动机应能承受频繁的起动、制动和反转。

4）电动机的结构要简单、制造容易、成本低，使用维修简便。由于数控机床进给伺服系统对驱动电动机的特殊要求，早期只好改进直流电动机，使之转动惯量较小、过载能力较强、换向性能较好、静态特性和动态特性有所改善；随后又进一步最大限度地减少电枢的转动惯量，获得最好的快速特性，出现了小惯量直流电动机，至今在法国的数控机床上仍有应用。在数控机床的闭环进给伺服系统中，主要采用交、直流伺服电动机，20 世纪 70 年代至 80 年代中期，以直流伺服电动机为主，到 80 年代后期，交流伺服驱动逐渐形成了主流。

5.2.1　步进电动机

步进电动机是一种将电脉冲信号转换成相应角位移的电动机。每输入一个脉冲，步进电动机转轴就转过一定角度。这种控制电动机的运动方式与普通匀速旋转的电动机不同，它是步进式运动的，所以称为步进电动机。步进电动机的角位移量与电脉冲数成正比，电动机的转速与脉冲频率成正比。改变脉冲频率的高低就可以在很大范围内调速，并能迅速起动、制动、反转。若用同一频率的脉冲源控制几台步进电动机，它们可以同步运行。这种电动机曾广泛应用于 20 世纪 70 年代，其结构简单、易于控制、维修方便。随着计算机技术的发展，步进电动机的许多功能都可由软件实现，其结构进一步简化，降低了成本，提高了系统的可靠性。步进电动机的缺点是精度不高，与交流、直流电动机相比，速度较低，一般多用于小容量、低速、精度要求不高的场合，仅在一些经济型的开环数控机床和旧设备改造上有所应用（主要是功率步进电动机）。

步进电动机用作执行元件具有以下优点：角位移输出与输入的脉冲数相对应，每转一周都有固定步数，在不丢步的情况下运行，步距误差不会长期积累，同时在负载能力范围内，步距角和转速仅与脉冲频率高低有关，不受电源电压波动或负载变化的影响，也不受环境条件如温度、气压、冲击和振动等影响，因而可组成结构简单而精度高的开环控制系统。有的步进电动机（如永磁式）在绕组不通电的情况下还有一定的定位转矩，有些在停机后某相绕组保持通电状态，即具有自锁能力，停止迅速，不需外加机械制动装置。此外，步距角能在很大的范围内变化，例如从几分到几十度，适合不同传动装置的要求，且在小步距角的情况下，可以不经减速器而获得低速运行，当采用了速度和位置检测装置后也可用于闭环伺服系统中。

1. 步进电动机的分类

步进电动机的种类繁多，步进电动机按运动方式可分为旋转运动、直线运动、平面运动和滚切运动式步进电动机；按工作原理可分为反应式（磁阻式）、电磁式、永磁式、永磁感应子式步进电动机；按使用场合可分为功率步进电动机和控制步进电动机；按结构可分为单段式（径向式）、多段式（轴向式）、印刷绕组式步进电动机；按相数可分为三相、四相、五相步进电动机等；按使用频率可分为高频步进电动机和低频步进电动机。不同类型的步进电动机，其工作原理、驱动装置也不完全一样。

2. 步进电动机的工作原理

反应式步进电动机又叫可变磁阻式（Variable Reluctance）步进电动机，简称 VR 电动机。其结构简单，工作可靠，运行频率高，因此使用较为广泛。以下就以它为例进行介绍。

（1）反应式步进电动机的结构　图 5-5 所示是径向式三相反应式电动机的结构原理图。定子铁心上有 6 个均匀分布的磁极，每极都绕有控制绕组，每两个相对极的线圈串联，构成一相励磁绕组。转子铁心是 4 个均匀分布的齿，上面没有绕组。三相（A、B、C）定子磁极是沿定子的径向排列的，三相定子磁极上的齿依次错开 1/3 齿距，即 3°。

步进电动机的另一种结构是多段式（轴向分相式），图 5-6 所示就是三相轴向分相式反应式步进电动机的结构原理图。有 3 个定子铁心，每个定子铁心有一相励磁绕组，3 个定子沿转子的轴向排列，转子铁心也相应地分成三段，与定子相对应，每段一相，相互独立，依次为 A、B、C 相。转子上三段齿的分布是一样的，没有错齿，从轴向看过去，各段的齿与槽是对齐的。三相定子磁极上的齿彼此错开 1/3 齿距，即 3°。

图 5-5　径向式三相反应式
电动机的结构原理
1—绕组　2—定子铁心
3—转子铁心　4—A 相

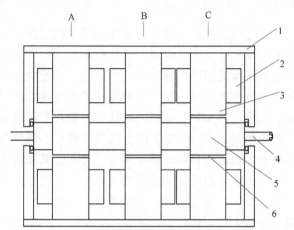

图 5-6　三相轴向分相式反应式步进电动机的结构原理
1—外壳　2—C 段绕组　3—C 段定子
4—转轴　5—C 段检转子　6—空气隙

（2）反应式步进电动机的工作原理　分析 VR 步进电动机的工作原理，要抓住两点：磁力线力图走磁阻最小的路径，从而产生反应力矩；各相定子齿之间彼此错齿 $1/m$ 齿距，m 为相数，举例中 $m=3$。

1）单三拍供电方式。第一拍：A 相励磁绕组通电，B、C 相励磁绕组断电。这样 A 相定子磁极的电磁力要使相邻转子齿与其对齐（使磁阻最小），如图 5-7 所示的圆周平面展开图，B 相和 C 相定子、转子错齿分别为 1/3 齿距（3°）和 2/3 齿距（6°）。第二拍：B 相绕组通电，A、C 相绕组断电。B 相定子磁极的磁力线的走向如图 5-7 中 B 相的虚线方向所示（A 相、C 相均无磁力线），电磁反应力矩使转子顺时针方向转 3° 与 B 相的定子齿对齐，此时 A 相、C 相的定子齿、转子齿又互相错齿。第三拍：C 相绕组通电，A、B 相绕组断电。C 相定子磁极的磁力线的走向如图 5-7 中 C 相的虚线方向所示（A 相、B 相均无磁力线），电磁反应力矩又使转子顺时针方向转动了 3°，与 C 相定子齿对齐。同时 A 相、B 相定子齿与转子齿错齿。

由此看来，重复单三拍的通电顺序，即 A→B→C→A→……，步进电动机就顺时针方向旋转起来，且对应每个指令脉冲，转子转动一个固定的角度 3°，称为步进电动机的步距角。若定子绕组通电顺序为 A→C→B→A→……，则电动机转子就逆时针方向旋转，其步距角仍为 3°。

单三拍通电控制方式，由于每拍只有一相绕组通电，在切换瞬间可能失去自锁力矩，容易失步。此外，只有一相绕组通电吸引转子，易在平衡位置附近产生振荡，使步进电动机工

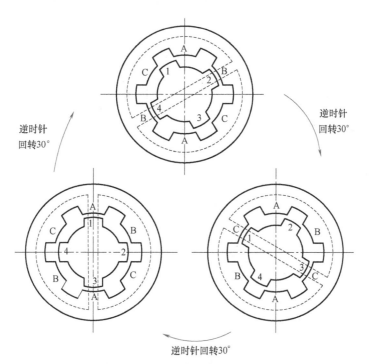

图 5-7　三相单三拍供电方式

作稳定性差，一般较少采用。

2）双三拍工作方式。为克服单三拍工作的缺点，三相反应式步进电动机也可以按三相双三拍方式运行，即通电方式为 AB→BC→CA→AB 的顺序，每次有两相绕组同时通电，电动机转子逆时针方向转动，其步距角也是 3°。这种通电方式转子受到的感应力矩大，静态误差小，定位精度高。另外，通电状态转换时始终有一相控制绕组通电，电动机工作稳定，不易失步。

3）三相六拍工作方式。若定子绕组的通电顺序是 A→AB→B→BC→C→CA→A→……，这种通电方式是单、双相轮流通电，具有双三拍的特点，且通电状态增加一倍，使步距角减小了一半，三相六拍的步距角为 1.5°。三相六拍工作方式原理图如图 5-8 所示。

三相六拍控制方式比三相三拍控制方式步距角小一半，在切换时保持一相绕组通电，工作稳定，比双三拍增大了稳定区。所以三相步进电动机常采用三相六拍的控制方式。

同理，四相、五相反应式步进电动机的各相定子齿彼此错齿分别为 1/4、1/5 齿距；常用的控制方式有双四拍或四相八拍、双五拍或五相十拍。

3. 步进电动机的主要特性

（1）步距角　步距角 α 是反映步进电动机定子绕组每改变一次通电状态，转子转过的角度。它是决定步进式伺服系统脉冲当量的重要参数。步距角 α 一般由定子相数、转子齿数和通电方式决定，即

$$\alpha = 360°/mzk \tag{5-1}$$

式中，z 是转子齿数；m 是步进电动机相数；k 是控制方式系数，为供电拍数与相数之比，三相三拍时 $k=1$，三相六拍时 $k=2$。

机床中常用的反应式步进电动机的步距角一般为 0.5°~3°。通常，步距角越小，加工精

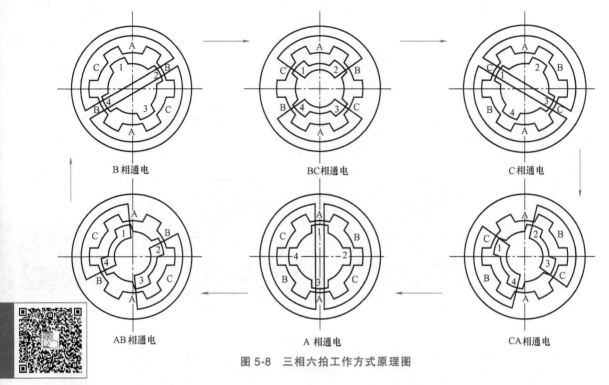

B相通电   BC相通电   C相通电

AB相通电   A相通电   CA相通电

图 5-8　三相六拍工作方式原理图

度越高。

（2）最大静转矩 M_{max} 和矩角特性　当步进电动机不改变通电状态时，转子处在不动状态，即静态。如果在电动机轴上外加一个负载转矩，使转子按一定方向转过一个角度 θ_t，转子因此所受的电磁转矩 T 称为静态转矩，角度 θ 称为失调角。描述静态时电磁转矩 T 与 θ_t 之间关系的曲线称为矩角特性，如图 5-9 所示。矩角特性上的电磁转矩最大值称为最大静转矩 M_{max}。

在静态稳定区内，当外加转矩去除时，转子在电磁转矩作用下，仍能回到稳定的平衡位置（$\theta_t = 0$）。

（3）空载起动（突跳）频率 f_q　步进电动机在空载时由静止突然起动，进入不丢步的正常运行的最高频率，称为空载起动频率或空载突跳频率。它是衡量步进电动机快速性能的重要技术数据，高于起动频率，将不能正常起动。步进电动机在带负载（尤其是惯性负载）下的起动频率比空载要低。

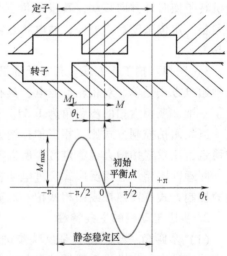

图 5-9　步进电动机的失调角及矩角特性

（4）连续运行的最高工作频率 f_{max}　步进电动机连续运行时保证不丢步的极限频率 f_{max} 称为最高工作频率。

（5）加减速特性（图 5-10）　步进电动机的加减速特性是描述步进电动机由静止到工作频率和由工作频率到静止的加减速过程中，定子绕组通电状态的变化频率与时间的关系。当要求步进电动机起动到大于突跳频率的工作频率时，变化速度必须逐渐上升；同样，从最高

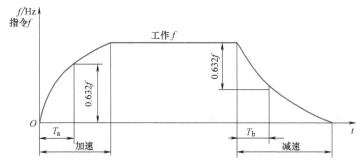

图 5-10　加减速特征曲线

工作频率或高于突跳频率的工作频率到停止时，变化速度必须逐渐下降。逐渐上升和逐渐下降的加速时间、减速时间不能过小，否则会产生失步或超步。

（6）运行矩频特性（图 5-11）　运行矩频特性 $T=f$ 是描述步进电动机连续稳定运行时，输出转矩 T 与连续运行频率 f 之间的关系。它是衡量步进电动机运转时承载能力的动态性能指标。

从图 5-11 可知，随着连续运行频率的上升，输出转矩下降，承载能力下降。原因是频率越高，电动机绕组的感抗（$XL=2\pi fL$）越大，使绕组中的电流波形变坏，幅值变小，从而使输出力矩下降。选择步进电动机时，应根据总体设计方案的要求，在满足主要技术性能的前提下，综合考虑步进电动机的参数。

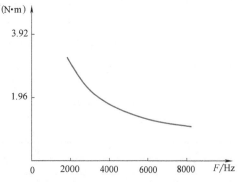

图 5-11　步进电动机的运行矩频特性

对应每个步距角，工作台移动一定的位移量，该位移量称为脉冲当量。要实现步进电动机角位移量的控制，只需控制输入给步进电动机指令脉冲的数量。通过改变控制脉冲的频率即可实现步进电动机转速的控制，其转速公式为

$$n = \frac{60\alpha f}{360°} = \frac{\alpha f}{6} \tag{5-2}$$

式中，n 是转速，单位为 r/min；f 是控制脉冲频率，即每秒输入步进电动机的脉冲数；α 是步距角，单位为°。

控制脉冲数频率越高，步进电动机的转速就越高，反之则低。

4. 步进电动机的驱动电路

由步进电动机的工作原理可知，必须使其定子励磁绕组顺序通电，并具有一定功率的电脉冲信号，才能使其正常运行。图 5-12 所示的步进电动机的驱动电路（又称驱动电源）就承担此项任务。步进电动机及其驱动电源是一个有机的整体，步进电动机的运行性能是步进电动机和驱动电源的综合结果。驱动电源通常由环形分配器和功率放大器两部分组成。它接收由数控装置送来的一定频率和数量的指令脉冲，经分配和放大后驱动步进电动机旋转。

对驱动电源的基本要求是：电源的相数、通电方式、电压、电流应与步进电动机的基本参数相适应；能满足步进电动机起动频率和运行频率的要求；工作可靠，抗干扰能力强；成

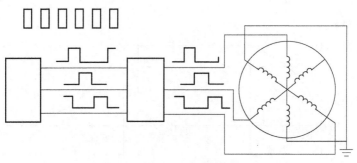

图 5-12　步进电动机的驱动电路

本低，效率高，安装和维护方便。

（1）环形分配器　环形分配器的主要功能是将数控装置的插补脉冲，按步进电动机所要求的规律分配给步进电动机驱动电源的各相输入端，以控制励磁绕组的导通或关断。同时由于电动机有正反转要求，因此环形分配器的输出是周期性的，又是可逆的。环形分配器的功能可由硬件、软件以及软硬件相结合的方法来实现。

图 5-13 所示是一个三相步进电动机按六拍方式通电的环形分配器的原理图，其工作状态见表 5-1。工作状态表中"1"表示通电，"0"表示断电。

表 5-1　工作状态

脉冲	X=1,正转			X=0,反转		
	A	B	C	A	B	C
0	1	0	0	1	0	0
1	1	1	0	1	0	1
2	0	1	0	0	0	1
3	0	1	1	0	1	1
4	0	0	1	0	1	0
5	1	0	1	1	1	0
6	1	0	0	1	0	0

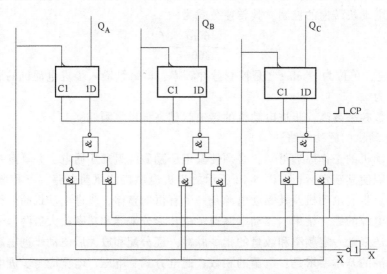

图 5-13　三相步进电动机按六拍方式通电的环形分配器原理图

硬件环形分配器的种类很多，其中比较常用的是专用集成芯片或通用可编程逻辑器件组成的环形分配器。例如 CH250，采用 CMOS 工艺，集成度高，可靠性好，是三相反应式步进电动机环形分配器的专用集成电路芯片，可直接选用。对于不同种类、不同相数、不同分配方式的步进电动机就需要不同的硬件环形分配器，其品种很多。而用软件环形分配器只需编制不同的环形分配程序，将其存入数控装置的 EPROM 中即可。采用这种方式可以使线路简化，成本下降，并可灵活地改变步进电动机的控制方案。软件环形分配器的设计方法有多种，如查表法、比较法、移位寄存器法等，最常用的是查表法。查表法的基本设计思想是：结合驱动电源线路，按步进电动机励磁状态转换表求出所需的环形分配器输出状态表（输出状态表与状态转换表相对应），将其存入内存 EPROM 中，根据步进电动机的运转方向按表地址的正向或反向，顺序依次取出地址的内容输出，即依次表示步进电动机各励磁状态，电动机就正转或反转运行。

　　（2）功率放大器　从环形分配器来的进给控制信号的电流只有几毫安，而步进电动机的定子绕组需要几安培电流。因此，需要进行功率放大，使脉冲电流达到 $1 \sim 10A$，才足以驱动步进电动机旋转。功率放大器最早采用单电压驱动电路，后来出现了双电压（高低压）驱动电路、斩波电路、调频调压和细分电路等。

　　1）单电压驱动电路。单电压驱动电路的优点是线路简单，缺点是电流上升不够快，高频时带负载能力低。其工作原理如图 5-14 所示。图中串接一电阻 R，为了减小回路的时间常数，电阻 R 并联一电容 C（可提高负载瞬间电流的上升率），从而提高电动机的快速响应能力和起动性能。续流二极管 VD 和阻容吸收回路 RC，是功率管 VT 的保护线路。

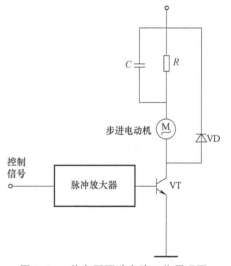

图 5-14　单电压驱动电路工作原理图

　　2）高低压驱动电路。图 5-15 所示为高低压驱动电路的原理图。该电路包括功率放大级（由功率管 VT_1、VT_2 组成）、前置放大器和单稳延时电路。二极管 VD_1 是用作高低压隔离的，VD_2 和 R_2 是高压放电回路。高压导通时间由单稳延时电路整定，通常为 $100 \sim 600\mu s$，对功率步进电动机可达几千微秒。该电路的优点是在较宽的频率范围内有较大的平均电流，能产生较大且稳定的平均转矩；其缺点是电流波顶有凹陷，电路较复杂。

　　从上述驱动电路来看，高低压驱动电路的电流波形的波顶会出现凹形，

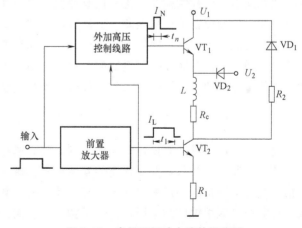

图 5-15　高低压驱动电路的原理图

造成高频输出转矩的下降，为了使励磁绕组中的电流维持在额定值附近，又出现了斩波驱动电路。为了提高驱动系统的快速响应特性，采用了提高供电电压、加快电流上升沿的措施。但在低频工作时，步进电动机的振荡加剧，甚至失步。为此，可使电压随频率变化，采用调频调压电路。另外，为了使步进电动机的运行平稳，可设法使步距角减小，步距角虽已由结构确定，但可用电路控制的方法来进行细分，为此可采用细分驱动电路。限于篇幅，不再详细叙述。

5. 提高步进电动机开环伺服系统传动精度的措施

开环进给系统中，步进电动机的步距角精度，机械传动部件的精度，丝杠、支承的传动间隙及传动和支承件的变形等将直接影响进给位移的精度。要提高系统的工作精度，应该考虑改善步进电动机的性能、减小步距角，采用精密传动副以减少传动链中的传动间隙等。但这些因素往往由于结构和工艺的关系而受到一定的限制。为此，需要从控制方法上采取一些措施，弥补其不足。

（1）传动间隙补偿　在进给传动机构中，提高传动元件的制造精度并采取消除传动间隙的措施，可以减小但不能完全消除传动间隙。由于间隙的存在，接收反向进给指令后，最初的若干个指令脉冲只能起到消除间隙的作用，因此产生了传动误差。传动间隙补偿的基本方法是：当接收反向位移指令后，首先不向步进电动机输送反向位移脉冲，而是由间隙补偿电路或补偿软件发出一定数量的补偿脉冲，使步进电动机转动越过传动间隙，然后再按指令脉冲使执行部件做准确的位移。间隙补偿脉冲的数目由实测决定，并作为参数存储起来，接收反向指令信号后，每向步进电动机输送一个补偿脉冲的同时，将所存的补偿脉冲数减 1，直至存数为零时，发出补偿完成信号，控制脉冲输出门向步进电动机分配进给指令脉冲。

（2）螺距误差补偿　在步进式伺服驱动系统中，丝杠的螺距累积误差直接影响工作台的位移精度，若要提高系统的精度，就必须予以补偿。用螺距误差补偿电路或软件补偿的方法，可以补偿滚珠丝杠的螺距累积误差，以提高进给位移精度。实测执行部件全行程的位移误差曲线，在累积误差值达到一个脉冲当量处安装一个挡块。由于全长上的累积误差有正、有负，所以要有正、负两种误差补偿挡块，补偿挡块一般安装在移动的执行部件上，在与之相配的固定部件上，安装有正、负补偿微动开关，当运动部件移动时，挡块与微动开关每接触一次就发出一个补偿脉冲，正补偿脉冲使步进电动机少走一步，负补偿脉冲使步进电动机多走一步，从而校正了位移误差。上述方法是在老式数控机床上采取的办法。在使用计算机数控装置的机床上，可用软件方法进行补偿，即根据位移的误差曲线，按绝对坐标系确定误差的位置和数量，存储在控制系统的内存中，当运动部件移动经所定的绝对坐标位置时，补偿相应数量的脉冲，这样便可以省去补偿挡块和微动开关等硬器件。

5.2.2　直流伺服电动机

直流伺服电动机具有良好的起动、制动和调速特性，可以方便地在宽范围内实现平滑无级调速。尤其是大惯量宽调速直流伺服电动机，既具有一般直流电动机的各项优点，又具有小惯量直流电动机的快速响应性能，易与较大的负载惯量匹配，能较好地满足伺服驱动的要求，在数控机床中被广泛应用。大惯量宽调速直流伺服电动机分为电励磁和永久磁铁励磁两种，在数控机床中占主导地位的是永久磁铁励磁式（永磁式）电动机。

1. 永磁式直流伺服电动机的结构和特点

永磁式直流伺服电动机由机壳、定子磁极和转子电枢三部分组成，其结构如图 5-16 所示。其中定子采用不易去磁的永磁材料，这种永久磁体具有较好的磁性能，可以产生极大的峰值转矩。其电枢铁心上有较多斜槽和齿槽，齿槽分度均匀，与极弧宽度配合合理。因此，永磁式直流伺服电动机具有以下特点：

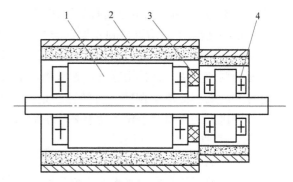

图 5-16 永磁式直流伺服电动机结构图
1—转子 2—定子（永磁铁） 3—电刷
4—低纹波测速发电动机

（1）输出转矩高 在相同的转子外径和电枢电流情况下，因宽调速直流电动机设计的力矩系数较大，所以可产生较大力矩，使电动机的转矩和惯量比值增大，因而可满足足够快的加减速要求。且在低速时能输出较大力矩，还能直接驱动丝杠。

（2）过载能力强 由于采用了高级的绝缘材料，转子的惯性又不大，允许过载转矩大，具有大的热容量，过载能力强，可以过载运行几十分钟。

（3）动态响应性能好 电动机定子采用高性能永磁材料，提高了电动机效率，在电动机电流过载较大的情况下也不会出现退磁现象，这就大大提高了电动机瞬时加速转矩，改善了动态响应性能。

（4）低速运转平稳 由于电动机转子直径大，电动机槽数和换向片数可以增多，使电动机的输出力矩波动减小，有利于电动机低速运转平稳。

此外，宽调速直流伺服电动机还同时配装有高精度低纹波的测速发电动机、旋转变压器（或编码盘）及制动器，为速度环提供了较高的增益，能获得优良的低速刚度和动态性能，因而宽调速直流伺服电动机是目前机电一体化闭环伺服系统中应用较多的控制电动机。

2. 直流伺服电动机的速度控制原理

直流伺服电动机有定子励磁绕组和磁极建立磁场，转子上的载流导体（即电枢绕组）在定子磁场中受到电磁转矩 T_M 的作用，使电动机转子旋转，如图 5-17 所示。电枢回路的电压平衡方程式为

$$U = E_a + I_a R_a \qquad (5-3)$$

式中，R_a 是电枢电阻；I_a 是电动机电枢电流；E_a 是反电动势。

导体因电枢转动切割磁力线而产生反电动势，其值为

$$E_a = K_e \Phi n \qquad (5-4)$$

式中，K_e 是电动机的电动势常数；n 是电枢的转速，单位为 r/min；Φ 是电动机磁场磁通。

其电磁转矩为

$$T_M = K_T \Phi I_a \qquad (5-5)$$

式中，K_T 是电动机的转矩常数。

将式（5-3）和式（5-4）代入式（5-5）可得

$$n = \frac{U}{K_e\Phi} - \frac{T_M R_a}{K_e K_T \Phi^2} \qquad (5\text{-}6)$$

由式（5-6）可知，调节电动机的转速有三种方法，即改变电枢电压 U、改变磁通量 Φ、改变电枢回路电阻 R_a，均可得到不同的转速。对于永磁式直流伺服电动机，励磁磁通不可变，因而只有两种调速方法，而改变转子回路电阻一般不能满足要求，可采用改变转子回路外加电压的调速方法。这种调速方法是从额定电压往下降低转子电压，即从额定转速向下调速。这种方法属于恒转矩调速，机械特性是一组斜率不变的平行直线，调速范围较宽。另外，这种调速方法是用减小输入功率来减小输出功率的，所以具有比较好的经济性。

3. 直流伺服电动机的调速

直流伺服电动机由直流电源供电。为调节电动机转速，需要灵活控制直流电压的大小和方向。对于目前广泛采用的永磁式直流伺服电动机，一般通过改变电枢电压的方式来调速。比较常用的调速方式有以下两种。

（1）晶闸管直流调速（SCR）　晶闸管直流调速是通过调节触发装置的控制电压大小（控制晶闸管的开放角）来移动触发脉冲的相位，从而改变整流电压的大小，使直流电动机电枢电压变化而平滑调速。

（2）脉宽调制直流调速（Pulse Width Modulation，PWM）　利用开关频率较高的大功率晶体管作为开关元件，将整流后的恒压直流电源转换成幅值不变但脉冲宽度（持续时间）可调的高频矩形波，给伺服电动机的电枢回路供电。通过改变脉冲宽度的方法来改变电枢回路的平均电压，达到电动机调速的目的。原理如图 5-17 所示，整个电路由控制部分、晶体管开关放大器和功率整流电路三部分构成。整个电路的核心是控制部分的脉宽调制器和功率放大器。

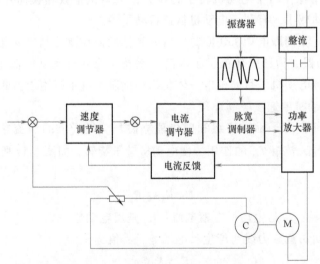

图 5-17　脉宽调制直流调速原理图

脉宽调速由于采用了截止频率高的晶体管，所以其工作频带宽，可获得较好的动态特性；同时，由于工作频率高使得电流脉动幅度减小，波纹系数（波形系数）减小；另外，脉宽调速的功率因素高，能够改善电源的使用率。脉宽调制调速虽然具有一定优势，但它必须使用大功率开关管，成本较高，功率也不能太大，这使得它在大功率直流伺服电动机上的应用受到一定的限制。

5.2.3 交流伺服电动机

前面介绍的直流伺服电动机具有优良的调速性能，但直流电动机的电刷和换向器易磨损，需经常维护，而且换向器换向时会产生火花，使电动机的转速和应用环境受到限制。交流电动机则没有上述缺点，且转子惯量比直流电动机小，动态响应更好。一般在同样的体积下，交流电动机的输出功率可比直流电动机提高 10%~70%。同时，交流电动机的容量可比直流电动机大些，电压和转速也更高。近年来，交流调速有了飞速的发展，交流电动机的调速驱动系统已发展为数字化，使得交流伺服系统在数控机床上得到了广泛的应用。

1. 交流伺服电动机的类型

交流伺服电动机分为同步型伺服电动机和异步型伺服电动机两大类。同步型交流伺服电动机由变频电源供电时，可方便地获得与电源频率成正比的可变转速，可得到非常硬的机械特性及宽的调速范围。目前在数控机床的伺服系统中多采用永磁式同步型交流伺服电动机。永磁式同步型交流伺服电动机的主要优点有：

1）可靠性高，易维护保养。

2）转子转动惯量小，快速响应性好。

3）有宽的调速范围，可高速运转。

4）结构紧凑，在相同功率下有较小的重量和体积。

5）散热性能好。

异步型交流伺服电动机为感应式电动机，具有转子结构简单坚固、价格便宜、过载能力强等特点。但感应式异步交流伺服电动机与相同转矩的永磁式同步交流伺服电动机相比，效率低，体积大，损耗和发热量大。

2. 永磁式交流同步电动机的结构和原理

永磁式交流同步电动机的横剖面和纵剖面如图 5-18 和图 5-19 所示。电动机由定子、转子和检测元件组成。定子由冲片叠成，其外形呈多边形，没有机座，这样有利于散热。在定子齿槽内嵌入某一极对数的三相绕组。转子也由冲片叠成，并在其中装有永久磁铁，组成的极对数与定子的极对数相同。永久磁铁的种类有铝镍钴合金、铁淦氧合金和铌铁硼合金即稀土永磁合金等，以稀土永磁合金的性能最好。检测元件一般都用脉冲编码器，也可用旋转变压器加测速发电动机，用以检测电动机的转角位置、位移和旋转速度，以便提供永磁交流同步电动机转子的绝对位置信息、位置反馈量和速度反馈量。

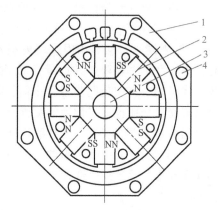

图 5-18 永磁式交流同步电动机横剖面
1—定子 2—永久磁铁
3—转轴 4—轴向通风孔

永磁式交流同步电动机的工作原理如图 5-20 所示，与普通异步电动机相似。当定子三相绕组通上交流电后，就产生了一个旋转磁场，该旋转磁场以同步转速旋转。由于磁极同性相斥，异性相吸，定子旋转磁极和转子的永磁磁极互相吸引，并带着转子一起旋转，转子也以同步转速与旋转磁场一起

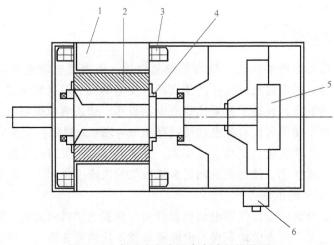

图 5-19　永磁式交流同步电动机纵剖面

1—定子　2—转子　3—定子绕组　4—压板　5—检测元件　6—接线盒

旋转。当转子加上负载转矩后，将造成定子与转子磁场轴线的不重合，转子磁极轴线将落后定子磁场轴线一个角度，该角度随着负载的增加而增大。在一定的限度内，转子始终跟着定子的旋转磁场以恒定的同步转速旋转。

3. 交流伺服系统的控制方法

（1）交流伺服电动机的调速方法　根据电动机学理论，永磁同步伺服电动机的转速 n（r/min）为

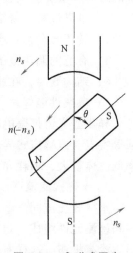

$$n = 60\frac{f}{p} \qquad\qquad (5\text{-}7)$$

式中，f 是电源频率，单位为 Hz；p 是磁极对数。

同步型与异步型伺服电动机的调速方法不同，异步型伺服电动机的转速 $n = 60f/p(1-s)$，同步型交流伺服电动机不能用调节转差率 s 的方法来调速，也不能用改变磁极对数 p 来调速，只能用改变电源频率 f 的方法来调速才能满足数控机床的要求，实现无级调速。从上述可知，为实现同步型交流伺服电动机的调速控制，需改变其供电频率，因此变频器是永磁式交流伺服电动机调速的关键部件。

图 5-20　永磁式同步电动机的工作原理

（2）变频器的类型　变频器可分为"交—交"型和"交—直—交"型两类。前者又称直接式变频器，后者又称带直流环节的间接式变频器。

1）交—交变频器。交—交变频器的原理如图 5-21 所示，它由两组反并联的变流器 P 和变流器 N 组成，如果 P 组和 N 组轮流向负载 R 供电，则负载上可获得交流输出电压 U_0，U_0 的幅值由各组变流器的控制角 α 决定，U_0

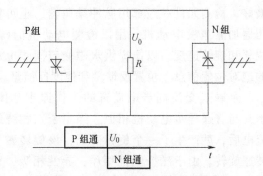

图 5-21　交—交变频器的原理框图

的频率由两组变流器的切换频率决定。交—交变频器根据其输出电压的波形，可分为正弦波及方波两种类型，常用于低频大容量调速。

2）交—直—交变频器。它由顺变器、中间环节和逆变器三部分组成。图 5-22 所示是两种典型的变频调速电路的原理框图。图 5-22a 所示的电路由担任调压任务的晶闸管整流器、中间直流滤波环节和担任调频任务的逆变器组成，这是一种脉冲幅值调制（PAM）的控制方法。这种电路要改变逆变器输入端的直流电压，以控制逆变器的输出电压，即交流电压，而在逆变器内只对输出的交流电压的频率进行控制。图 5-22b 所示的电路由交流—直流变换的二极管整流电路获得恒定的直流电压，再由脉宽调制（PWM）的逆变器完成调频和调压任务，这是脉宽调制的控制方法。逆变器输入为恒定的直流电压，在逆变器内对输出的交流电的电压和频率进行控制。这种方案的电动机运行特性好，是一种常用的方案。脉冲宽度调制（PWM）的方法很多，其中正弦波调制（SPWM）方法应用最广泛。

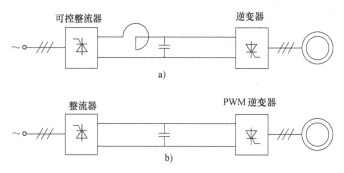

图 5-22　变频调速电路原理框图

（3）SPWM 变频控制器　SPWM 逆变器产生正弦脉宽调制波即 SPWM 波形。它将一个正弦半波分成 N 等分，然后把每一等分的正弦曲线与横坐标轴所包围的面积都用一个与此面积相等的一系列等高矩形脉冲来代替，这样可得到 N 个等高而不等宽的脉冲序列。这就是与正弦波等效的正弦脉宽调制波，如图 5-23 所示。

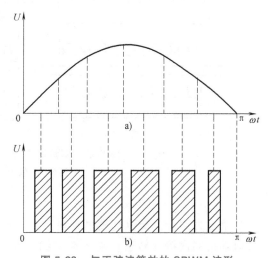

图 5-23　与正弦波等效的 SPWM 波形

5.2.4　直线电动机

随着近年来超高速加工技术的发展，传统的"旋转电动机+滚珠丝杠"难以满足高速度和高加速度的要求，直线电动机开始在高速精密数控机床上得到应用。直线电动机是指可以直接产生直线运动的电动机，具有更大的加速度以及更快的速度输出，可直接驱动负载，可作为进给驱动系统，实现进给系统的"零传动"。直线电动机没有传动机械的磨损，并且噪声低、结构简单、操作维护方便。在数控设备中，直线电动机已成为重要的驱动元件。目前直线电动机主要应用的机型有直流直线电动机、交流直线电动机以及直线步进电动机等，在实际中应用较多的是交流直线电动机。下面以交流直线电动机为例介绍直线电动机的结构特点。将旋转式交流伺服电动机沿径向剖开后，拉直展开便形成了扁平型交流直线伺服电动机，如图 5-24 所示。它省去了联轴器、滚珠丝杠螺母副等传动环节，直接驱动工作台移动。将电动机的圆周拉平展开，则可演变成扁平型交流直线伺服电动机，由原来定子演变而来的一侧叫直线伺服电动机的初级，由笼型转子演变的一侧叫作直线伺服电动机的次级。原来沿电动机圆周空气隙旋转的旋转磁场，现在随着电动机圆周的拉平而形成直线后变成了平移磁场。由此，电动机也由旋转运动变成了直线运动。直线感应电动机的工作原理和对应的旋转电动机相似。

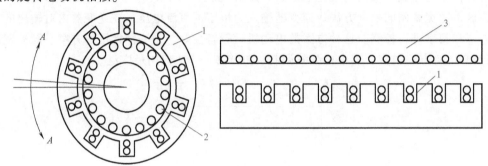

图 5-24　旋转式交流伺服电动机演变成直线电动机
1—初级　2—笼型转子　3—次级

为了实现在一定范围内的直线运动，初级和次级不能一样长。同样，为了消除初、次级之间的单边磁拉力，减轻次级重量，交流直线伺服电动机通常也做成双边型的。图 5-25 所示即为双边型的短初级长次级型和短次级长初级型的交流直线伺服电动机的结构型式。

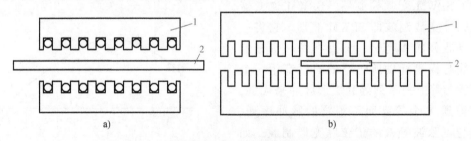

图 5-25　双边型交流直线伺服电动机结构型式
a）短初级长次级型　b）短次级长初级型
1—初级　2—次级

从励磁方式看，交流直线电动机又有永磁（同步）式和感应（异步）式两种。永磁式直线电动机的次级（转子）是永久磁钢，固定在机床床身上，沿导轨的全长方向铺设有永久磁钢，而"初级（定子）"三相通电绕组固定在移动的工作台上。感应式直线电动机的初级和永磁式直线电动机相同，但次级是用自行短路的电栅条（相当于感应式旋转电动机的"笼"沿其圆周展开）。永磁式直线电动机在单位面积推力、效率、功率因数、可控性、进给平稳性等方面均优于感应式直线电动机，但其磁路特性和外形尺寸等在很大程度上取决于所采用的永磁材料。而且长条的永久磁钢对机床的装配、使用和维护带来诸多不便。感应式直线电动机在不通电时是没有磁性的，因此，它在机床的安装、使用和维护等方面都比较方便。目前感应式直线电动机的工作性能已接近永磁式直线电动机，因此，在机床行业将越来越受到重视。应该特别指出的是，在数控机床向高速化发展的今天，采用直线电动机直接驱动工作台几乎成为当前一个重要的方向性选择。因为直线电动机实际可用的最高速度可达 150 ~ 180m/min，加速度可达 60 ~ 100m/s^2；而滚珠丝杠传动的进给速度一般不超过 20~30m/min，最大加速度仅能达到 1 ~ 3m/s^2。直线电动机外形如图 5-26 所示。

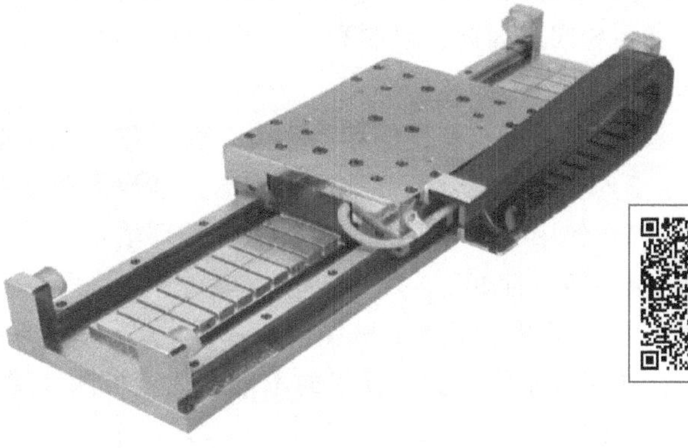

图 5-26　直线电动机外形

直线电动机由于结构上的改变，所以具有以下优点：

1）结构简单。在需要直线运动的场合，采用直线电动机即可实现直接传动，而不需要中间转换机构，总体结构简化，体积小。

2）应用范围广、适应性强。直线电动机本身结构简单，容易做到无刷无接触运动，密封性好，在恶劣环境中照常使用，适应性强。

3）反应速度快，灵敏度高，随动性好。

4）额定值高、冷却条件好。特别是长次级，接近常温状态，线负荷和电流密度都可以取得较高水平。

5）有精密定位和自锁能力。直线电动机和控制线路相配合，可做到微米级的位移精度和自锁能力；可以和微处理机相结合，提供较精确和稳定的位置，并能控制速度和加速度。

6）工作稳定可靠，寿命长。直线电动机是一种直接传动的特种电动机，可实现无接触传递力，故障少，不怕振动和冲击，因而稳定可靠，寿命长。同样，结构上的改变也给其性能带来一定的影响。直线电动机初级铁心沿磁场移动的方向是分段的，长度是有限的、不连续的，因而对移动磁场来说出现了一个"进入端"和一个"出口端"。这就形成了直线电动机所特有的"边端效应"，使得电动机的损耗增加，转换能力减小。此外，直线电动机初、次级之间的气隙，由于机械结构刚度的限制和工艺水平的影响，一般要比旋转电动机的空隙大 2~3 倍，从而使直线电动机的功率因数和效率大大降低。当然，在研制时通过精细调整可尽量使气隙减小。

5.3　伺服系统的位置检测装置

要实现高精度的加工要求，不仅要求机床本身具有较好的制造精度及装配精度，还要求对机床能进行精确的位移、速度控制，位移、速度检测可以通过机床位置检测装置加以实现。

5.3.1　数控机床对位置检测装置的要求和位置检测装置的分类

1. 数控机床对位置检测装置的要求

在闭环和半闭环数控系统中，数控装置是依靠指令值与位置检测装置的反馈值进行比较，来控制工作台运动的。位置检测装置是 CNC 系统的重要组成部分，它的作用是检测位置和速度以及发送反馈信号。检测元件的精度直接决定了闭环控制系统的精度，因而检测系统的精度决定了数控系统的精度和分辨率。为提高数控机床的加工精度，必须提高测量元件和测量系统的精度，不同的数控机床对测量元件和测量系统的精度要求、允许的最高移动速度各不相同，因此，研制和选用性能优越的检测装置是很重要的。数控机床对位置检测装置的要求如下：

1）受温度、湿度的影响小，工作可靠，能长期保持精度，抗干扰能力强。

2）在机床执行部件移动范围内，能满足精度和速度的要求。

3）使用维护方便，适应机床工作环境。

4）经济性好。

2. 位置检测装置的分类

按工作条件和测量要求的不同，位置检测装置亦有不同的分类方法，见表 5-2。

表 5-2　位置检测装置分类

位置检测装置	按检测方式分类	直接测量	光栅,感应同步器,编码盘
		间接测量	编码盘,旋转变压器
	按测量装置编码分类	增量式测量	光栅,增量式光电码盘
		绝对式测量	接触式码盘,绝对式光电码盘
	按检测信号的类型分类	数字式测量	光栅,光电码盘,接触式码盘
		模拟式测量	旋转变压器,感应同步器,磁栅

（1）直接测量和间接测量　测量传感器按形状可以分为直线型和回转型。若测量传感器所测量的指标就是所要求的指标，即直线型传感器测量直线位移，回转型传感器测量角位移，则该测量方式为直接测量。如光栅、感应同步器等用来直接测量工作台的直线位移。其缺点是测量装置要和行程等长，因此不便于在大行程情况下使用。

间接测量是将测量装置安装在滚珠丝杠或驱动电动机轴上，通过检测转动件的角位移来间接测量执行部件的直线位移。其测量精度取决于测量装置和机床传动链两者的精度。间接测量使用方便，无长度限制。缺点是测量信号中增加了由旋转运动转变为直线运动的传动链误差，从而影响了测量精度。

（2）增量式测量和绝对式测量　增量式测量只测位移增量，每移动一个测量单位就发出一个测量信号。其优点是测量装置比较简单，任何一个脉冲信号都可作为测量起点。在轮廓控制的数控机床上大都采用这种测量方式，典型的测量元件有光栅、增量式光电码盘等。缺点是在增量式测量系统中，移距是靠对测量信号计数后读出的，一旦计数有误，此后的测量结果则完全错误。因此，在增量式检测系统中，基点特别重要。此外，如果由于某种故障（如停电、刀具损坏等）停机，当故障排除后不能回到故障位置前执行部件的正确位置。

绝对式测量装置对被测量的任意一点均从固定的零点标起，每一个被测点都有一个相应的测量值。装置的结构较增量式复杂，如接触式码盘中，对应于码盘的每一个角度位置便有一组二进制位数。显然，分辨率要求越高，量程越大，所要求的二进制位数也越多，结构也就越复杂。

（3）数字式测量和模拟式测量　数字式测量是将被测的量以数字的形式来表示。测量信号一般为电脉冲，可以直接把它送到数控装置进行比较、处理，如光栅位置测量装置。数字式测量的特点是测量装置简单，信号抗干扰能力强，且便于显示处理。

模拟式测量是将被测的量用连续变量来表示，如电压变化、相位变化等，数控机床所用模拟式测量主要用于小量程的测量。在大量程内做精确的模拟式测量时，对技术要求较高。如旋转变压器、感应同步器等，模拟式测量所得的模拟量（如相位变化的电压）可以直接发送至数控系统与移相的指令电压信号进行比较，或者将模拟信号（如鉴幅测量所得到的为幅值变化的电压信号）转换成数字脉冲信号后，再送至数控系统进行比较和显示。

5.3.2　感应同步器

感应同步器是一种用电磁感应原理进行测量的高精度测量元件，有圆盘式感应同步器与直线式感应同步器两种，其工作方式与工作原理相同，前者用于测量角位移，后者用于测量直线位移。这里着重介绍直线式感应同步器。

1. 直线式感应同步器的结构和工作原理

直线式感应同步器用于直线位移的测量，其结构相当于一个展开的多极旋转变压器。它的主要部件包括定尺和滑尺，定尺安装在机床床身上，滑尺则安装于移动部件上，随工作台一起移动，两者平行放置，保持 0.2~0.3mm 的间隙，感应同步器的结构如图 5-27 所示。定尺和滑尺都是用绝缘黏结剂把铜箔贴在基板上，并用腐蚀的方法制成节距为 2mm 的曲折形印制电路绕组，定尺长度有 250mm、1000mm 等几种，也可以将几根定尺连接起来，组合成需要长度的测量尺。滑尺长 100mm，上有正弦绕组和余弦绕组，两者相互错开 1/4 节距。

当滑尺上的绕组通以给定频率的励磁电压时，在定尺绕组上产生感应电动势，感应电动势的大小随定尺与滑尺的相对位置的变化而变化。感应同步器工作原理如图 5-28 所示，在 a 点时，滑尺与定尺绕组位置重合，这时感应电动势最大；滑尺相对定尺做平行移动时，在 b 点刚好错开 1/4 个节距，感应电动势为零；当移动 1/2 个节距到 c 点时，感应电动势的大小同 a 点，而极性相反；移动 3/4 个节距到 d 点时，感应电动势又变为零；移动一个节距到 e 点时，与 a 相同。这样，滑尺移动一个节距的过程中，感应电动势变化了一个余弦波形。感应同步器就是利用这个感应电动势的变化来进行位置检测的。

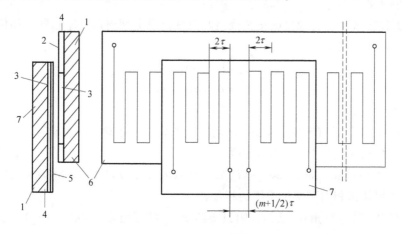

图 5-27　感应同步器的结构

1—钢质基尺　2—涂层　3—铜箔　4—绝缘黏结剂　5—铝箔　6—定尺　7—滑尺

2. 感应同步器的应用

根据励磁绕组中励磁供电方式的不同，感应同步器可分为鉴相工作方式和鉴幅工作方式。鉴相工作方式即将正弦绕组和余弦绕组分别通以频率相同、幅值相同但相位相差 $\pi/2$ 的交流励磁电压；鉴幅工作方式则是将滑尺的正弦绕组和余弦绕组分别通以相位相同、频率相同但幅值不同的交流励磁电压。

（1）鉴相工作方式

在这种工作方式下，将滑尺的正弦绕组和余弦绕组分别通以幅值相同、频率相同、相位相差 90° 的交流电压，则有

$$U_s = U_m \sin\omega t \qquad (5\text{-}8)$$

$$U_c = U_m \cos\omega t \qquad (5\text{-}9)$$

式中，U_s 是正弦绕组励磁电压；U_m 是励磁电压幅值；ω 是励磁角频率；U_c 是余弦绕组励磁电压。

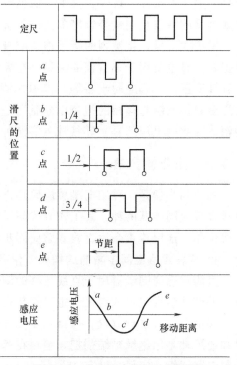

图 5-28　感应同步器工作原理图

励磁信号将在空间产生一个以 ω 为频率移动的行波。磁场切割定尺导片，并在其中感应出电势，该电势随着定尺与滑尺相对位置的不同而产生超前或滞后的相位差 θ。按照叠加原理可以直接求出感应电势

$$U_o = KU_m \sin\omega t\cos\theta - KU_m \cos\omega t\sin\theta = KU_m \sin(\omega t - \theta) \qquad (5\text{-}10)$$

式中，K 是电磁耦合系数；θ 是滑尺绕组相对于定尺绕组的空间相位角。

在一个节距内，θ 与滑尺移动距离是一一对应的，通过测量定尺感应电势相位 θ，便可测出定尺相对滑尺的位移。

（2）鉴幅工作方式

在这种工作方式下，将滑尺的正弦绕组和余弦绕组分别通以频率相同、相位相同，但幅值不同的交流电压，则有

$$U_c = U_m \cos\alpha_1 \sin\omega t \qquad (5\text{-}11)$$

$$U_c = U_m \sin\alpha_1 \sin\omega t \qquad (5\text{-}12)$$

式中，α_1 是电气角。

式中的 α_1 相当于式（5-10）中的 θ。此时，如果滑尺相对定尺移动一个距离 d，其对应的相移为 α_2，那么在定尺上的感应电势为

$$U_o = KU_m \sin\alpha_1 \sin\omega t\cos\alpha_2 - KU_m \cos\alpha_1 \sin\omega t\sin\alpha_2 = KU_m \sin\omega t\sin(\alpha_1 - \alpha_2) \qquad (5\text{-}13)$$

式中，α_2 是滑尺绕组相对于定尺绕组的相位移。

由上式可知，若电气角 α_1 已知，则只要测出 U_o 的幅值 $KU_m \sin(\alpha_1 - \alpha_2)$，便可间接地求出 α_2。

感应同步器直接对机床进行位移检测，无中间环节影响，所以精度高；其绕组在每个周

期内的任何时间都可以给出仅与绝对位置相对应的单值电压信号，不受干扰的影响，所以工作可靠，抗干扰性强；定尺与滑尺之间无接触磨损，安装简单，维修方便，寿命长；通过拼接方法，可以增大测量距离的长度；其成本低，工艺性好。正因为其具有如此之多的优点，感应同步器在实践中应用非常广泛。

5.3.3　光栅

在高精度数控机床进给伺服系统中，常使用光栅作为位置检测装置，可用来检测直线位移、角位移，通过将位移对时间求导也可间接获得直线移动速度和加速度等。它是数控机床闭环系统中用得较多的一种检测装置。

1. 光栅的种类

光栅是在一块长条形（圆形）光学玻璃（或金属）上均匀刻上许多宽度相等的刻线，形成透光与不透光相间排列的光电器件，如图 5-29 所示。

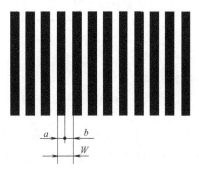

栅线 —— 光栅上的刻线，宽度a

缝隙宽度b

栅距$W=a+b$（也称光栅常数）

图 5-29　光栅

光栅的种类很多，有物理光栅和计量光栅之分。物理光栅刻线细而密，栅距在 0.002~0.005mm 之间，通常用于光谱分析和光波波长的测定。计量光栅相对来说刻线较粗，栅距在 0.004~0.25mm 之间，通常用于数字检测系统，是数控机床上应用较多的一种检测装置，主要用它来检测直线位移、角位移和速度。用长光栅（或称直线光栅）来测量直线位移，如图 5-30 所示；用圆光栅来测量角位移，如图 5-31 所示。将激光测长技术用于刻制光栅，可以制造出精度很高的光栅尺，因而使光栅检测的分辨率与精度有了很大的提高，光栅检测的分辨率可达微米级，通过细分电路细分可达 0.1μm，甚至更高的水平。

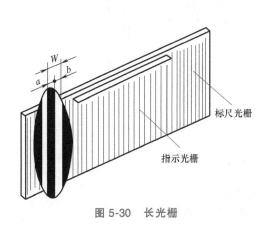

图 5-30　长光栅

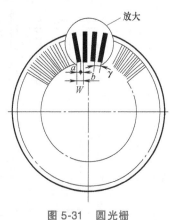

图 5-31　圆光栅

2. 光栅检测装置的结构及工作原理

光栅检测装置如图 5-32 所示，由光源 1、透镜 2、指示光栅 3、光电元件 4、驱动电路 5 以及标尺光栅 6 组成。前 5 个元器件安装在同一个支架上，构成光栅读数头，它固定在执行部件的固定零件上，标尺光栅则安装在执行部件的被测移动零件上。标尺光栅与指示光栅的尺面应相互平行，并保有 0.05~0.1mm 的间隙。执行部件带着标尺光栅相对指示光栅移动，通过读数头的光电转换，发送出与位移量对应的数字脉冲信号，用作位置反馈信号或位置显示信号。

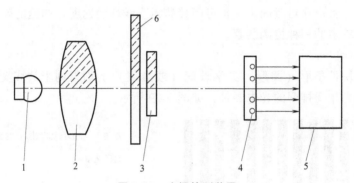

图 5-32　光栅检测装置

1—光源　2—透镜　3—指示光栅　4—光电元件　5—驱动电路　6—标尺光栅

光栅尺指的是标尺光栅和指示光栅，根据制造方法和光学原理的不同，光栅可分为透射光栅和反射光栅，如图 5-33 所示。透射光栅是在经磨制的光学玻璃表面或在玻璃表面感光材料的涂层上刻成光栅线纹。这种光栅的特点是：光源可以垂直入射，光电元件直接接收光照，因此信号幅值比较大，信噪比好，光电转换器（光栅读数头）的结构简单；同时光栅每毫米的线纹数多，如刻线密度为 200 线/mm 时，光栅本身就已经细分到 0.005mm，从而减轻了电子线路的负担。其缺点是：玻璃易破裂，热胀系数与机床金属部件不一致，影响测量精度。反射光栅是用不锈钢带经照相腐蚀或直接刻线制成，金属反射光栅的特点是：光栅和机床金属部件的线膨胀系数一致，增加光栅尺的长度很方便，可用钢带做成长达数米的长

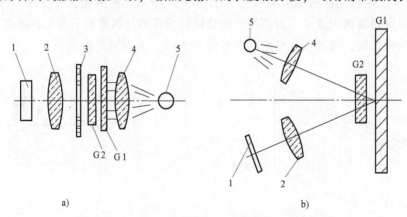

图 5-33　光栅种类

a) 透射光栅　b) 反射光栅

1—光电元件　2、4—透镜　3—狭缝范围　5—光源　G1—标尺光栅　G2—指示光栅

光栅。反射光栅安装在机床上所需的面积小，调整也很方便，适应于大位移测量的场所。其缺点是：为了使反射后的莫尔条纹反差较大，每毫米内线纹不宜过多，常用线纹数为 4、10、25、40、50。

光栅线纹是光栅的光学结构，相邻两线纹间的距离称为栅距 λ，可根据所需的测量分辨率来确定。单位长度上的刻线数目称为线纹密度，常见的线纹密度为 4、10、25、40、50、100、200、250 线/mm。国内机床上一般采用线纹密度为 100、200 线/mm 的玻璃透射光栅。玻璃透射光栅尺的长度一般都在 1～2m，测量长度在 2m 以内。在位移长度大的重、大型机床上只能采用不锈钢带做成的反射光栅。

将标尺光栅与指示光栅重叠放置，两者之间保持很小的间隙，并使两块光栅的刻线之间有一个微小的夹角 θ。光栅的工作原理如图 5-34 所示。当有光源照射时，由于挡光效应（对刻线密度 ≤50 条/mm 的光栅）或光的衍射作用（对刻线密度 ≥100 条/mm 的光栅），与光栅刻线大致垂直的方向上形成明暗相间的条纹。在两光栅的刻线重合处，光从缝隙透过，形成亮带；在两光栅刻线的错开的地方，形成暗带；这些明暗相间的条纹称为莫尔条纹，如图 5-34 所示。莫尔条纹的间距 W 与栅距 P 和两光栅刻线的夹角 θ（单位为 rad）之间的关系为

$$W = \frac{P}{\sin\theta} \approx \frac{P}{\theta} \tag{5-14}$$

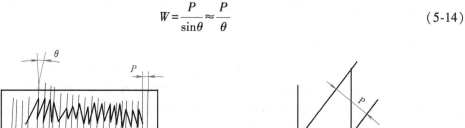

图 5-34　光栅的工作原理

当指示光栅不动，光栅的刻线与指示光栅刻线之间始终保持夹角 θ，而使标尺光栅沿刻线的垂直方向作相对移动时，莫尔条纹将沿光栅刻线方向移动；光栅反向移动，莫尔条纹也反向移动。标尺光栅每移动一个栅距 P，莫尔条纹也相应移动一个间距 W。因此通过测量莫尔条纹的移动，就能测量光栅移动的大小和方向，这要比直接对光栅进行测量容易得多。

当标尺光栅沿与刻线垂直方向移动一个栅距 P 时，莫尔条纹移动一个条纹间距。当两个光栅刻线夹角 θ 较小时，由上述公式可知，P 一定时，θ 越小，则 W 越大，相当于把栅距 P 放大了 $1/\theta$ 倍。因此，莫尔条纹的放大倍数相当大，可以实现高灵敏度的位移测量。

莫尔条纹是由光栅的许多刻线共同形成的，对刻线误差具有平均效应，能在很大程度上消除由于刻线误差所引起的局部和短周期误差影响，可以达到比光栅本身刻线精度更高的测量精度。因此，计量光栅特别适合于小位移、高精度位移测量。

3. 光栅传感器的特点

1）精度高。光栅式传感器在大量程测量长度或直线位移方面仅仅低于激光干涉传感器。在圆分度和角位移连续测量方面，光栅式传感器属于精度最高的。

2）大量程测量兼有高分辨力。感应同步器和磁栅式传感器也具有大量程测量的特点，但分辨力和精度都不如光栅式传感器。

3）可实现动态测量，易于实现测量及数据处理的自动化。

4）具有较强的抗干扰能力，对环境条件的要求不像激光干涉传感器那样严格，但不如感应同步器和磁栅式传感器的适应性强，油污和灰尘会影响它的可靠性，主要适合在实验室和环境较好的车间使用。

5.3.4　脉冲编码器

脉冲编码器是一种光学式位置检测元件，用来测量轴的旋转角度位置和速度，其输出信号为电脉冲。它通常与驱动电动机同轴安装，脉冲编码器随着电动机旋转时，可以连续发出脉冲信号。例如，电动机每转一圈，脉冲编码器可发出数百至数万个方波信号，可满足高精度位置检测的需要。脉冲编码器按形状分为回转型和直线型，按工作原理分为光电式、电刷式和电磁式，按检测得到的数据分为绝值型和增量型，按照编码的方式可分为增量式和绝对式两种。

1. 增量式脉冲编码器

增量式脉冲编码器有光电式、接触式和电磁感应式三种，数控机床上使用的都是增量式光电脉冲编码器。增量式光电脉冲编码器的结构如图 5-35 所示，它由光源、编码器、光栅板及光敏元件等组成。在编码器圆周上刻有相等间距的线纹，分为透明和不透明两部分，其内圈还有一条透光狭缝用以产生每转信号；与编码器相对、平行地放置在一个固定扇形薄片，即光栅板，其上刻有相邻 1/4 节距的两个狭缝，称为辨向狭缝。

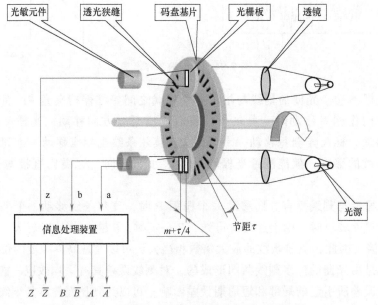

图 5-35　增量式光电脉冲编码器的结构示意图

当圆光栅旋转时，光线透过两个光栅的线纹部分，形成明暗相间的条纹。光电元件接收时断时续的光信号，并转换为交替变化的近似于正弦波的电流信号 A 和 B，A 信号和 B 信号相差 90°，经过放大和整形后变成方波。增量式光电脉冲编码器的输出波形如图 5-36 所示。

根据信号 A 和信号 B 的发生顺序，即可判断光电编码器轴的正反转。若 A 相超前于 B 相，则对应正转；若 B 相超前于 A 相，则对应反转。数控系统正是利用这一相位关系来判断方向的。还有一个"一转脉冲"，称为 Z 脉冲，该脉冲也是通过上述处理得来的。

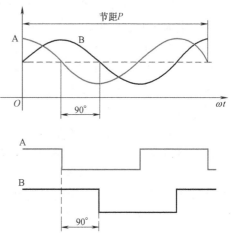

图 5-36　增量式光电脉冲编码器的输出波形

2. 绝对式脉冲编码器

增量式脉冲编码器的缺点是有可能发生由于噪声或其他外界干扰产生的计数错误。例如，因停电、刀具破损而停机，故障排除后不能回到故障前执行部件的正确位置。采用绝对式脉冲编码器可以克服这些缺点。绝对式光电编码器将被测角直接用数字代码表示出来，每一个角度位置均有对应的测量代码，因此这种测量方式即使断电也能读出被测轴的角度位置，即具有断电记忆功能。绝对式光电编码器按码盘形式分为接触式码盘和光电式码盘。下面介绍接触式码盘。

图 5-37 所示为接触式码盘示意图。图 5-37b 所示为 4 位 BCD 码盘。它在一个不导电基体上做成许多金属区使其导电，其中涂黑部分为导电区，用数字"1"表示，其他部分为绝缘区，用数字"0"表示。这样，在每一个径向上，形成了由"1""0"组成的二进制代码。码盘的最内一圈是公用的，它和各码道所有导电部分连在一起，经电刷和电阻接电源正极。除公用圈以外，4 位 BCD 码盘的 4 圈码道上也都装有电刷，电刷经电阻接地，电刷布置如图 5-37a 所示。由于码盘是与被测转轴连在一起的，而电刷位置是固定的，当码盘随被测轴一起转动时，电刷和码盘的位置发生相对变化。若电刷接触的是导电区域，则经电刷、码

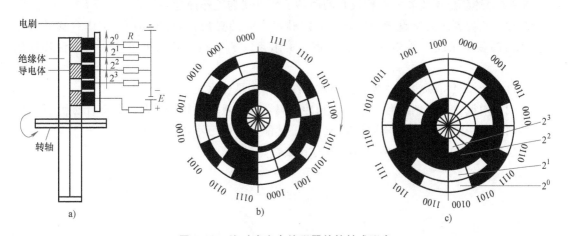

图 5-37　绝对式光电编码器的接触式码盘

a）结构　b）4 位 BCD 码盘　c）4 位格雷码盘

盘、电阻和电源形成回路，该回路中的电阻上有电流流过，为"1"；反之，若电刷接触的是绝缘区域，则不能形成回路，电阻上无电流流过，为"0"。由此可根据电刷的位置得到由"1""0"组成的4位BCD码。码盘中码道的圈数就是二进制的位数，且高位在内，低位在外，若是n位二进制码盘，就有n圈码道。所能分辨的角度为 $\alpha = 360°/2n$。显然，位数n越大，所能分辨的角度越小，测量精度就越高。

码盘的代码化方式有多种，但一定要能防止出现误读，而且要容易进行代码变换。图5-37c所示为4位格雷码盘，其特点是任何两个相邻数码间只有一位是变化的，可消除非单值性误差。

光电式码盘与接触式码盘结构相似，只是其中的黑白区域不表示导电区和绝缘区，而是表示透光区或不透光区。其中黑的区域指不透光区，用"0"表示；白的区域指透光区，用"1"表示。这样，在任意角度都有"1""0"组成的二进制代码。另外，在每一码道上都有一组光电元件，这样，不论码盘转到哪一角度位置，与之对应的各光电元件受光的输出为"1"电平，不受光的输出为"0"电平，由此组成n位二进制编码。

知识点自测

5-1　数控机床对伺服系统提出了哪些基本要求？试按这些基本要求，对闭环和开环伺服系统进行综合比较，说明各个系统的应用特点及结构特点。

5-2　简述步进电动机的分类及其一般工作原理。

5-3　什么是步距角？步进电动机的步距角大小取决于哪些因素？

5-4　实现步进电动机控制脉冲的环形分配器有哪些主要方法？

5-5　简述直流伺服电动机的PWM调速系统的工作原理。它与晶闸管调速系统相比较有何优点？

5-6　分析交流伺服电动机的速度调节方式。

5-7　位置检测装置有哪些种类？它们可分别安装在机床的哪些部位？

5-8　何谓绝对式测量和增量式测量、间接测量和直接测量？

5-9　简述感应同步器的结构及它的两种工作方式的工作原理。

5-10　光栅刻线为每毫米100条，动定栅尺之间的夹角 $\beta = 0.005\text{rad}$，工作台移动时测得移动过的莫尔条纹数为200，求：栅距、莫尔条纹的节距及其放大倍数、工作台移动的距离。

5-11　光栅尺由哪些部件构成？莫尔条纹的作用是什么？

5-12　增量式脉冲编码器与绝对式脉冲编码器是测量什么机械量的？各有什么优缺点？

5-13　设一绝对值型编码盘有8个码道，其能分辨的最小角度是多少？

5-14　普通BCD码盘与格雷码盘各有什么特点？

第6章

数控车床的编程

6.1 数控车床概述

数控车床是一种高精度、高效率的自动化机床，具有广泛的加工工艺性能，可加工直线圆柱、斜线圆柱、圆弧和各种螺纹、槽、蜗杆等复杂工件，具有直线插补、圆弧插补等各种补偿功能，并在复杂零件的批量生产中发挥了良好的经济效果。

6.1.1 数控车床的组成

如图6-1所示，数控车床一般由以下几个部分组成：

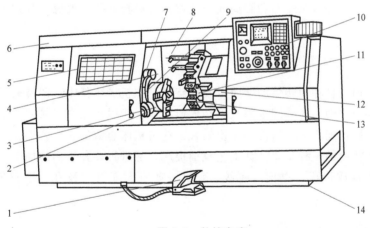

图6-1 数控车床

1—主轴卡盘夹紧与松开的脚踏开关 2—对刀仪 3—主轴卡盘 4—主轴箱 5—机床防护门
6—数控装置 7—对刀仪防护罩 8—刀具 9—对刀仪转臂 10—操作面板
11—回转刀架 12—尾座 13—切削液喷头 14—床身

1）车床本体 是数控车床的机械部件，包括主轴箱、进给机构、床鞍与刀架、尾座和床身等。

2）控制部分 是数控车床的控制核心，包括专用计算机、PLC、显示器、键盘和输入输出装置等。

3）驱动装置 是数控车床执行机构的驱动部件，包括主轴电动机、进给伺服电动机等。

4）辅助装置　是指数控车床的一些配套部件，包括对刀仪、液压、润滑、气动装置、冷却系统和排屑装置等。

6.1.2　数控车床的分类

1. 按主轴的配置形式分类

（1）卧式数控车床　数控车床的主轴轴线处于水平面位置，有水平导轨和倾斜导轨两种。水平床身的工艺性好，便于机床导轨面的加工；倾斜导轨结构可以使车床具有更大的刚度，并易于排屑。

（2）立式数控车床　采用主轴立置方式，适用于加工径向尺寸较大、轴向尺寸相对较小的大型复杂的盘类和壳体类零件，分单柱立式和双柱立式数控车床。

2. 按数控车床的功能分类

（1）经济型数控车床　一般采用步进电动机驱动的开环伺服系统，结构简单，自动化程度较低，加工精度不高。

（2）全功能型数控车床　配备功能较强的数控系统（CNC），一般采用直流或交流主轴控制单元来驱动主轴电动机，实现无级变速。进给系统采用交流伺服电动机，实现半闭环或闭环控制。自动化程度和加工精度比较高，一般具有恒线速度切削、粗加工循环、刀尖圆弧半径补偿等功能。

（3）数控车削中心　在全功能数控车床的基础上，增加了刀库、动力头和 C 轴功能，除了能车削、镗削外，还能对端面和圆周面上任意位置进行钻孔、攻螺纹等加工，也可以进行径向和轴向铣削。

6.1.3　数控车床的加工工艺范围

车床主要用于加工各种回转体的端面以及螺旋面。在机械零件中，回转表面的加工占有很大比例，如内外圆柱面、内外圆锥面及回转成形面等，所以车床在机械制造中应用非常广泛。通常车床在金属切削机床中所占的比重最大，约占机床总数的30%左右。

卧式车床是最常用的一种车床，其工艺范围很广，能进行多种表面的加工，如内外圆柱面、圆锥面、环槽及成形面、端面、螺纹、钻孔、扩孔、车孔、铰孔、滚花等，如图 6-2 所示。

6.1.4　数控车床加工的应用场合

数控车床能够完成上面各要素的加工，但加工零件时一定要秉承经济性原则，数控车床加工应用于下面所述场合。

1. 精度要求高的回转体零件

由于数控车床的刚性好，车削时刀具运动是通过高精度插补运算和伺服驱动来实现，制造精度高，能方便精确地进行人工补偿甚至自动补偿，所以它能够加工尺寸和形状精度要求高的零件，在有些场合可以以车代磨，如图 6-3 所示的高速电动机主轴。

2. 表面粗糙度要求高的回转体零件

因为机床的刚性好和精度高，具有恒线速度切削功能。在材料、精车留量和刀具已定的

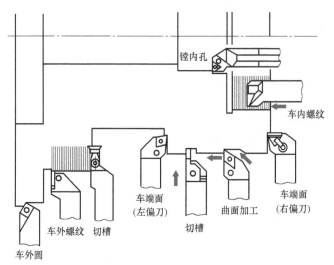

图 6-2　卧式车床工艺范围

情况下，选用最佳线速度来切削端面，这样切出的工件表面质量高且一致。车削同一个零件的各部位可实现不同的表面粗糙度要求。

3. 轮廓形状特别复杂或难于控制尺寸的回转体零件

数控车床具有圆弧插补功能，可直接加工圆弧轮廓，也可加工由任意平面曲线所组成的轮廓回转零件。如图 6-4 所示的曲轴，在普通车床上无法加工，而在数控车床上则能很容易地加工出来。

4. 带特殊螺纹的回转体零件

传统车床所能切削的螺纹相当有限，只能加工等节距的螺纹。数控车床不但能加工等节距螺纹，而且能加工增节距、减节距螺纹。效率很高。车削出来的螺纹精度高、表面粗糙度小。如图 6-5 所示的非标丝杠。

图 6-3　高速电动机主轴

图 6-4　曲轴

图 6-5　非标丝杠

6.2　数控车削加工的工艺分析

6.2.1　零件的图样分析

数控车削的零件图样分析，除了前面提到的分析原则，还应注意以下几点：

1）零件的结构应尽量减少刀具的配备数量。如零件上多处有小圆弧槽（代替传统的退刀槽）时，尽量使其有相同的半径值，以便选择等半径的圆弧车刀。

2）分析零件的尺寸精度要求。如果尺寸精度要求很高，难以通过精车达到图样尺寸要求时，应增加磨削等工序，则本工序要留出磨削余量。

3）找出图样上位置精度要求较高的表面，这些表面应在一次装夹下完成加工。

4）找出表面粗糙度要求较高的圆锥表面或端平面，这些表面在加工时宜采用恒线速度切削功能，以获得较一致的表面粗糙度。

6.2.2 加工阶段的划分

当零件的加工质量较高时，为保证质量，合理地使用设备，需由多道工序（工步）逐步达到其加工要求。通常可将其加工过程分为粗加工、半精加工、精加工和光整加工四个阶段。

（1）粗加工阶段　主要任务是切除毛坯大部分余量，使毛坯在形状和尺寸上接近零件成品。

（2）半精加工阶段　主要任务是使主要表面达到一定的精度，并留有一定的精加工余量，为主要表面的精加工作准备，并可完成一些次要表面的最终加工。

（3）精加工阶段　主要任务是保证主要表面达到规定的尺寸精度和表面质量。

（4）光整加工阶段　主要任务是进一步提高尺寸精度和表面质量，用于精度和表面质量要求很高（标准公差等级 IT6 以上，表面粗糙度 Ra 值为 $0.2\mu m$ 以下）的表面。

6.2.3 工序的划分

在数控加工中，常按工序集中的原则划分工序。在工件的一次安装中尽可能完成大部分甚至全部表面的加工。在批量加工中，一般工序的划分有以下几种方式。

（1）按零件装夹定位方式划分工序　由于每个零件形状不同，各表面的技术要求也有所不同，加工时的定位方式也有差异。一般车削内表面时，常以外表面定位；车削外表面时，可以外表面或内表面定位，因而可根据工件定位方式的不同划分工序。

（2）按粗、精加工划分工序　按粗、精加工分开的原则划分工序，即先粗加工再精加工。此时可用不同的机床或不同的刀具进行加工。先完成整个零件的粗加工，再完成精加工，以保证加工质量要求。

（3）按所用刀具划分工序　为减少数控加工时的换刀次数、压缩空行程时间、减少加工误差，在工件的一次装夹中，尽可能用同一把刀具加工出可能加工出的所有表面，然后再换另一把刀加工其他表面。在专用数控车床和车削加工中心常采用这种方法。

6.2.4 加工顺序的安排

制定零件数控车削加工顺序一般应遵循先粗后精、先近后远、内外交叉、保证工件加工刚度、同一把刀加工内容连续、走刀路线最短等原则，以保证零件的加工质量和生产效率。

6.2.5 夹具的选择

要充分发挥数控车床的加工效能，工件的装夹须定位准确、夹紧可靠快速。在数控加工中，广泛采用自定心卡盘、单动卡盘、顶尖等通用夹具和各种专用夹具。

6.2.6　车削刀具的选择

由于工件材料、生产批量、加工精度以及机床类型、工艺方案的不同，车刀的种类也异常繁多。根据刀片与刀体的连接固定方式的不同，车刀主要可分为焊接式与机械夹固式两大类。

1. 焊接式车刀

将硬质合金刀片用焊接的方法固定在刀体上的车刀称为焊接式车刀。这种车刀的优点是结构简单，制造方便，刚性较好。缺点是存在焊接应力，使刀片材料的使用性能受到影响，甚至出现裂纹。另外，刀杆不能重复使用，硬质合金刀片不能充分回收利用，造成刀具材料的浪费。

2. 机械夹固式可转位车刀

机械夹固式可转位车刀由刀杆、刀片、刀垫及夹紧元件等组成。刀片每边都有切削刃，当某切削刃磨损钝化后，只需松开夹紧元件，将刀片转一个位置即可继续使用。

根据工件加工表面以及用途的不同，车刀又可分为外圆车刀、端面车刀、内孔车刀、切断刀、螺纹车刀以及成形车刀等，如图6-6所示。

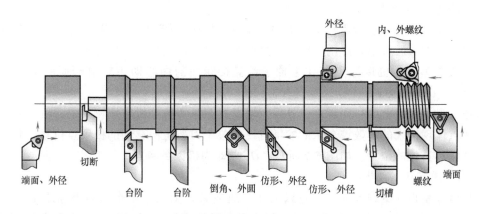

图 6-6　机械夹固式可转位车刀

6.2.7　切削用量的选择

切削用量的选择在2.1.2节数控加工工艺分析的主要内容中的加工过程中切削三要素的分析中已做介绍，此处不再介绍。

🔧 6.3　数控车床编程基础

6.3.1　数控车床编程的特点

1. 绝对值编程与增量值编程

数控车床的编程允许在一个程序段中，根据图样标注尺寸，可以采用绝对值编程或增量值编程，也可以采用混合编程。绝对值编程采用 X、Z 表示，增量值编程采用 U、W 表示，如 G01 X60 W-20 F0.1。

2. 直径编程与半径编程

被加工零件的径向尺寸在图样上标注和测量时，一般用直径值表示，所以采用直径尺寸编程更为方便。

3. 固定循环功能

由于车削的毛坯多为棒料或锻件，加工余量较大，为简化编程，数控装置常具备不同形式的固定循环，可进行多次重复循环切削。但不同的数控系统对各种形式的固定循环功能有不同的指令格式，如后面介绍的 G90、G94、G92、G70～G76 均为 FANUC-0i 系统的车削固定循环指令。

4. 刀具半径补偿

为了提高刀具寿命和工件表面质量，车刀刀尖常磨成一个半径不大的圆弧，为提高工件的加工精度，编制圆头刀程序时，需要对刀具半径进行补偿。大多数数控车床都具有刀具半径自动补偿功能（G41、G42），这类数控车床可直接按工件轮廓尺寸编程。

6.3.2 数控车床坐标系统

1. 机床原点和参考点

机床原点（又称为机床零点）是机床上设置的一个固定的点，其位置是由机床设计和制造单位确定的，通常不允许用户改变。机床原点是工件坐标系、编程坐标系、机床参考的基准点。通常车床的机床原点多在主轴法兰盘接触面的中心即主轴前端面的中心上。如图 6-7 所示，O 点即为机床原点。

参考点也是机床上的一固定点，是采用增量式测量的数控机床所特有的，机床原点是由机床参考点体现出来的。数控车床的参考点一般位于刀架正向移动的极限点位置，并由机械挡块来确定其具体的位置。如图 6-7 所示，O_1 点即为机床参考点。

2. 工件原点和工件坐标系

工件坐标系也称编程坐标系，是以工件（或夹具）上的某一个点为坐标原点（也称工件原点）建立起来的 OXZ 直角坐标系，其选择要尽量满足编程简单、尺寸换算少、引起的加工误差小等条件。工件原点是人为设定的，从理论上讲，工件原点选在任何位置都是可以的，但实际上为编程方便以及使各尺寸较为直观，数控车床工件原点一般都设在主轴中心线与工件左端面或右端面的交点处，如图 6-8 所示的 O 点或 O' 点。

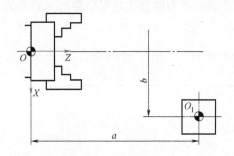

图 6-7 机床原点和参考点

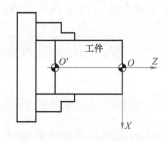

图 6-8 工件坐标系和工件原点

6.4 数控车床的常用指令及编程方法

6.4.1 数控车床的基本功能

不同的数控系统，其指令功能也不相同，因此编程人员在编程之前要仔细阅读编程说明书，对数控系统的功能进行研究，以免发生错误。下面以 FANUC-0i-TC 系统为例介绍数控车床的基本功能。

1. 准备功能字（G 代码或 G 指令）

准备功能指令又称"G"指令或"G"代码，它是建立机床或控制数控系统工作方式的一种命令，由地址 G 及其后的二位数字组成。常用的准备功能 G 代码见表 6-1。

表 6-1 常用的准备功能 G 代码

代码	组别	功能	代码	组别	功能
G00	01	快速点定位	G54	14	选择工件坐标系 1
▲G01	01	直线插补（切削进给）	G55	14	选择工件坐标系 2
G02	01	顺时针方向圆弧插补	G56	14	选择工件坐标系 3
G03	01	逆时针方向圆弧插补	G57	14	选择工件坐标系 4
G04	00	暂停	G58	14	选择工件坐标系 5
G10	00	可编程数据输入（补偿值设定）	G59	14	选择工件坐标系 6
G11	00	可编程数据输入方式取消	G65	00	宏程序调用
▲G18	16	Z、X 平面选择	G66	12	宏程序模态调用
G20	06	英制输入（英寸）	▲G67	12	宏程序模态调用取消
G21	06	米制输入（毫米）	G70	00	精车循环
▲G22	09	存储行程限位有效（检查接通）	G71	00	外径/内径粗车循环
G23	09	存储行程限位无效（检查断开）	G72	00	端面粗车循环
G27	00	返回参考点检查	G73	00	轮廓粗车循环
G28	00	自动返回参考点	G74	00	端面切槽、钻孔循环
G30	00	返回第 2、第 3 和第 4 参考点	G75	00	外径/内径切槽循环
G31	00	跳转功能	G76	00	复合螺纹切削循环
G32	01	等螺距螺纹切削	G90	01	外径/内径车削循环
G34	01	变螺距螺纹切削	G92	01	螺纹切削循环
▲G40	07	刀尖半径补偿取消	G94	01	端面车削循环
G41	07	刀尖半径左补偿	G96	02	恒表面切削速度控制
G42	07	刀尖半径右补偿	▲G97	02	恒表面切削速度控制取消
G50	00	坐标系设定或最大主轴速度设定	G98	05	每分钟进给
G50.3	00	工件坐标系预置	▲G99	05	每转进给
G52	00	局部坐标系设定			
G53	00	机床坐标系设定			

表 6-1 中的指令按组别划分，"00"组指令为非模态指令，仅在指定的程序段中有效，其余为模态指令，一经指定就一直有效，直到后面程序段中出现同组 G 代码。模态指令中有▲标记的 G 指令是在电源接通时或按下复位键时就立即生效的 G 指令。同一个程序段中，可以指定不同组的 G 指令并有效，当一个程序段中指定了两个或两个以上属于同组的 G 指令时，则只有最后一个被指定的 G 指令有效。

2. 辅助功能指令（M 指令或 M 代码）

M 指令是数控机床加工操作时的工艺性指令，主要用于控制数控机床的各种辅助动作及开关状态，如主轴的正、反转，切削液的开、停，工件的夹紧、松开，程序结束等。常用的 M 指令由地址 M 和其后的两位数字组成，包括 M00~M99 共 100 种。FANUC-0i 系统常用的 M 指令见表 6-2 所示。

表 6-2　FANUC-0i 系统常用的 M 指令

代码	功　能	代码	功　能
M00	程序停止	M08	切削液开
M01	计划停止	M09	切削液关
M02	程序结束	M30	纸带结束
M03	主轴正转（顺时针方向）	M98	子程序调用
M04	主轴反转（逆时针方向）	M99	子程序结束
M05	主轴停止		

6.4.2　数控车床的基本指令

1. 快速点定位指令 G00

指令刀具从当前位置以点位控制方式快速移动到目标位置，其移动速度由机床设定，与程序段中的进给速度无关；被指定的各坐标轴的运动是互不相关的，即刀具运动的轨迹不一定是一条直线。

指令格式：G00 X（U）__ Z（W）__；

其中 X、Z 为终点坐标的绝对值，U、W 为终点坐标相对于起点坐标的增量值。绝对坐标和增量坐标可以混用，如：G00 X __ W __ 或 G00 U __ Z __；如果某一轴方向上没有位移，该轴的坐标值可以省略，如：G00 X __ 或 G00 Z __。

在非切削场合，常使用 G00 指令，如由机械原点快速定位至起刀点，切削完成后的退刀、进刀，或定位至换刀点准备换刀等，以节省加工时间。

2. 直线插补指令 G01

指令刀具以直线移动到所给出的目标位置，主要应用于端面、内外圆柱和圆锥面的加工。

指令格式：G01 X（U）__ Z（W）__ F __；

其中 X（U）、Z（W）为目标点坐标，与 G00 中的意义相同。F 为进给速度，默认情况下单位为 mm/r，如果在 G01 程序段中没有 F，机床不运动，有的系统还会出现系统报警。若前面已经指定，则可省略。零件图如图 6-9 所示，精加工程序见表 6-3。

3. 圆弧插补指令 G02/G03

指令刀具在指定平面内按给定的 F 进给速度作圆弧运动，切削出圆弧轮廓。

指令格式：$\begin{Bmatrix} G02 \\ G03 \end{Bmatrix}$ X（U）__ Z（W）__

$\begin{Bmatrix} R \\ I \_\_ J \_\_ \end{Bmatrix}$ F __

其中 G02 为顺时针圆弧插补，G03 为逆时针圆弧插补。

1）圆弧顺逆方向的判别。沿着不在圆弧平面内的坐标轴，由正方向向负方向看，顺时针方向为 G02，逆时针方向为 G03。在数控车削编程中，圆弧的顺逆方向根据操作者与车床刀架的位置来判断，如图 6-10 所示。

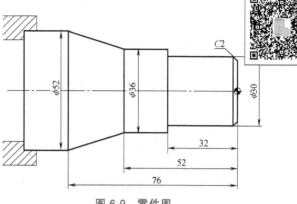

图 6-9　零件图

表 6-3　精加工程序

程　序	注　释
O0001；	程序号
M03 S800；	主轴正转,转速 800r/min
T0101；	建立工件坐标系,调用 1 号刀具 1 号刀补
G00 X22 Z2；	快给到倒角的延长线上
G01 X30 Z-2 F0.1；	加工 C2 倒角
Z-32；	加工 φ30 的圆柱,不移动的坐标轴可以不写
X36；	
Z-52；	
X52 Z-76；	加工圆锥面
G00 X100 Z100；	快速退刀
M30；	程序结束

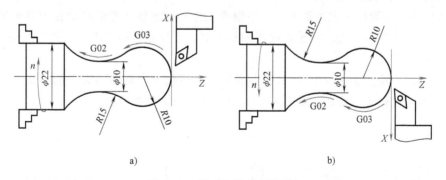

a)　　　　　　　　　　　　　　b)

图 6-10　圆弧顺逆方向的判断

a）后置刀架　b）前置刀架

2）I、K 表示圆心相对圆弧起点的增量坐标，与绝对值、增量值编程无关，为零时可省略。后置刀架和前置刀架加工时，圆弧编程如图 6-11 所示。

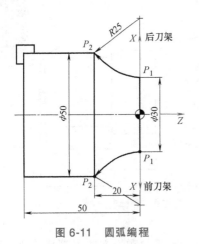

采用后置刀架加工时：　　　　采用前置刀架加工时：

①G02 X50 Z-20 I25 F0.1；　　①G02 X50 Z-20 R25 F0.1；

绝对值编程；　　　　　　　　绝对值编程；

②G02 U20 W-20 R25 F0.1；　②G02 U20 W-20 I25 F0.1；

增量值编程。　　　　　　　　增量值编程。

图 6-11　圆弧编程

4. 暂停指令 G04

指令格式：G04 X ＿＿；可以使用小数点表示数值。

　　　　　G04 P ＿＿；不接受小数点表示数值。

程序中使用暂停指令 G04 的作用是使程序执行到此，暂停几秒钟后，再继续执行下一程序段，大多用于车削环槽、不通孔及自动加工螺纹等，如要暂停 2，则可写成如下指令：G04 X2.0；或 G04 P2000。

6.4.3　数控车床的刀具补偿

1. 刀具位置补偿

编程时，假定刀架上各刀在工作位置时，其刀尖位置是一致的。但由于刀具的几何形状及安装位置的不同，其刀尖位置是不一致的，相对于工件原点的距离也是不同的。因此需要将各刀具的位置值进行比较或设定，称为刀具位置补偿。刀具位置补偿分为刀具几何位置补偿和刀具磨损补偿。

（1）刀具几何位置补偿

1）刀位点。在数控编程过程中，为使编程工作更加方便，通常将数控刀具的刀尖假想成一个点，该点称为刀位点。在编制程序和加工时，刀位点是用于表示刀具特征的点，也是对刀和加工的基准点。

数控车刀的刀位点如图 6-12 所示。尖形车刀的刀位点通常是指刀具的刀尖；圆弧形车刀的刀位点是指圆弧刃的圆心；成形刀具的刀位点也通常是指刀尖。

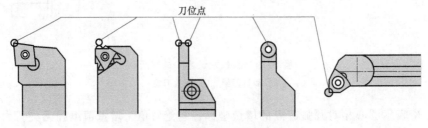

图 6-12　数控车刀的刀位点

2）对刀的意义。虽然数控车床加工时刀具各种各样，刀位点也不在同一点上，但通过对刀和刀补，可以使刀具的刀位点都重合在某一理想位置上，这个位置就是理想基准点。在加工程序执行前，调整每把刀的刀位点，使其尽量重合于某一理想基准点（理想刀尖点），从而确定工件坐标系原点在机床坐标系中的位置，这一过程就称为对刀。

3）对刀过程。刀具几何位置补偿量可以用机外对刀仪测量或试切对刀方式得到，介绍一种最常用的试切法对刀。手动车端面，沿 Z 向退刀，在刀补表 01 号中输入 Z0，测量，系统自动计算出第一把刀 Z 向刀补值 ΔZ_j；然后车外圆，沿 X 向退刀，对刚加工的直径进行测量，在刀补表 01 号中输入 X 直径值，测量，系统自动计算出第一把刀 X 向刀补值 ΔX_j。

（2）刀具磨损补偿　刀具使用一段时间后会磨损，使加工尺寸产生误差。如图 6-13 所示的磨损量一般是通过对刀后采集到的，将这些数据输入到刀具磨耗地址中，然后通过程序中的刀补代码来提取并执行。

（3）刀具位置补偿代码　刀具位置补偿是刀具几何位置补偿与刀具磨损补偿之和，即 $\Delta X = \Delta X_j + \Delta X_m$，$\Delta Z = \Delta Z_j + \Delta Z_m$。刀具位置补偿用 T××××表示，其中前 2 位表示刀具号，后 2 位表示刀补地址号。当程序执行到 T××××时，系统自动从刀补地址中提取刀具几何位置补偿及刀具磨损补偿数据。

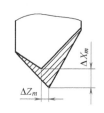

图 6-13　车刀磨损

2. 刀尖圆弧半径补偿

（1）刀尖圆弧半径补偿的意义　编制数控车床加工程序时，车刀刀尖被看作是一个点（假想刀尖 A 点），但实际上为了提高刀具的使用寿命和降低工件表面粗糙度，车刀刀尖被磨成半径不大的圆弧（刀尖 BC 圆弧），这必将产生加工工件的形状误差。另一方面，刀尖圆弧所处位置、车刀的形状对工件加工也将产生影响，而这些可采用刀尖圆弧半径补偿来解决。假想刀尖如图 6-14 所示。

当加工与坐标轴平行的圆柱面时，刀尖圆弧并不影响其尺寸和形状，但当加工锥面、圆弧等轮廓时，由于刀具切削点在刀尖圆弧上变动，刀尖圆弧将引起尺寸和形状误差，造成少切或过切，如图 6-15 所示。

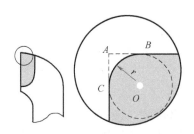

图 6-14　假想刀尖

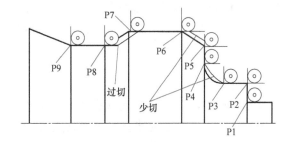

图 6-15　刀尖圆弧引起的过切和少切现象

（2）刀尖圆弧半径补偿指令（G40、G41 和 G42）

格式：$\begin{Bmatrix} G41 \\ G42 \\ G40 \end{Bmatrix} \begin{Bmatrix} G00 \\ G01 \end{Bmatrix} X \underline{\quad} Z \underline{\quad} F \underline{\quad}$

G41 为刀尖圆弧半径左补偿，G42 为刀尖圆弧半径右补偿，G40 为取消刀尖圆弧半径补偿指令。

左刀补、右刀补的判别方法：从垂直于加工平面坐标轴的正方向朝负方向看过去，沿着刀具的运动方向向前看（假设工件不动），刀具位于零件左侧的为左刀补，刀具位于零件右侧的为右刀补，如图 6-16 所示。

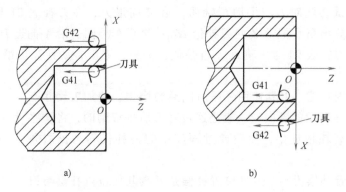

a)　　　　　　　　　　　　　　　　b)

图 6-16　左刀补、右刀补的判别方法

a) 后置刀架，+Y 向外　b) 前置刀架，+Y 向内

（3）圆弧车刀刀尖位置的确定　根据各种刀尖形状及刀尖位置的不同，数控车刀的刀尖位置如图 6-17 所示，共 9 种。

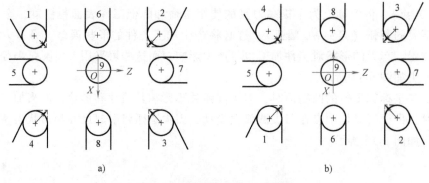

a)　　　　　　　　　　　　　　　b)

图 6-17　数控车刀的刀尖位置

a) 刀架前置　b) 刀架后置

注意：

1）G40、G41、G42 都是模态代码，可相互注销。

2）刀尖半径补偿的建立与取消只能用 G00 或 G01 指令，不得是 G02 或 G03。

3）G41、G42 不带参数，其补偿号（代表所用刀具对应的刀尖半径补偿值）由 T 代码指定。其刀尖圆弧补偿号与刀具偏置补偿号对应。

4）为了防止在刀具半径补偿建立与取消过程中刀具产生过切现象，刀具半径补偿的建立在切削加工之前完成，同样，要在切削加工之后取消。

5）在选择刀尖圆弧半径补偿方向和刀尖位置时，要特别注意前置刀架和后置刀架的区别。

（4）应用实例 编写如图6-18所示零件的精加工程序（$\phi35$ 外圆已加工好），要求应用刀尖圆弧半径补偿指令，程序见表6-4。

6.4.4 固定循环

数控车床上被加工工件的毛坯常用棒料或铸、锻件，加工余量大，一般需要多次重复循环加工，才能去除全部余量。为简化编程，数控系统提供了不同形式的固定循环功能，以缩短程序段的长度，减少程序所占内存。

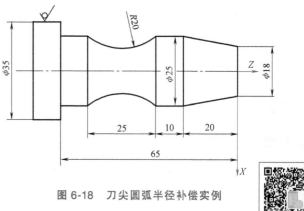

图 6-18 刀尖圆弧半径补偿实例

FANUC-0i 系列数控车床固定循环指令分为单一固定循环指令和复合固定循环指令，分别对应于不同形状和不同类型毛坯的零件加工。

表 6-4 半径补偿程序

程序	注 释
O0002；	程序号
M03 S800；	主轴正转，转速 800r/min
T0101；	建立工件坐标系，调用 1 号刀具 1 号刀补
G00 X25 Z2；	快给到起点
G42 G01 X18 Z0 F0.1；	建立半径补偿
X25 Z-20；	加工圆锥面
W-10；	加工 $\phi25$ 外圆
G02 W-25 R20；	加工 R20 圆弧
G01 Z-65；	加工 $\phi25$ 外圆
X40；	加工 $\phi35$ 端面
G40 G00 Z2；	取消刀补
G00 X50 Z50；	快速退刀
M30；	程序结束

1. 单一固定循环指令

单一固定循环是指：将一系列连续加工动作，如"切入→切削→退刀→返回"，用一个循环指令完成，以简化程序。使用循环指令时，刀具必须先定位至循环起点，再给循环切削指令，且完成一循环切削后，刀具仍回到此循环起点，循环切削指令皆为模态代码。

（1）外径/内径切削循环 G90

1）圆柱面切削循环的编程格式为：

G90 X（U）__ Z（W）__ F __；

其中，X、Z 为终点坐标，U、W 为终点相对于起点的坐标增量值。

外径/内径切削循环的刀具路径如图6-19所示，图中 R 表示快速进给，F 为按指定速度进给。单程序段加工时，按一次循环起动键可进行 1、2、3、4 的轨迹操作。

2）圆锥面切削循环的编程格式为：

G90 X（U）＿ Z（W）＿ R＿ F＿；

刀具路径如图 6-20 所示，R 为切削起点与切削终点的半径差。锥面起点坐标大于终点坐标时 R 为正，反之为负。

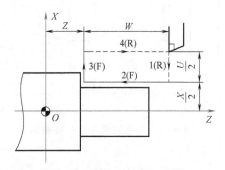

图 6-19　外径/内径切削循环的刀具路径

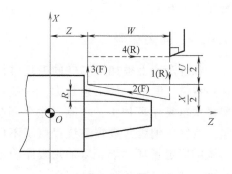

图 6-20　圆锥面切削循环的刀具路径

（2）端面切削固定循环 G94

1）平端面切削循环的编程格式为：

G94 X（U）＿ Z（W）＿ F＿；

其中，X、Z 为端面切削终点坐标值，U、W 为端面切削终点相对循环起点的增量值。平端面切削循环的刀具路径如图 6-21 所示。

2）锥端面切削循环的编程格式为：

G94 X（U）＿ Z（W）＿ R＿ F＿；

锥端面切削循环的刀具路径如图 6-22 所示，R 为端面切削始点与切削终点在 Z 方向的坐标增量。

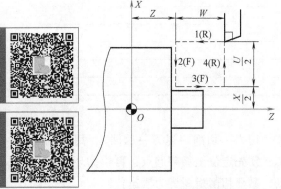

图 6-21　平端面切削循环

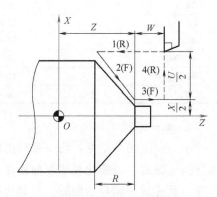

图 6-22　锥端面切削循环

2. 复合固定循环指令

当工件的形状较复杂，如有阶梯、锥度、圆弧等，若使用基本切削指令或单一固定循环切削指令，粗车时为了考虑精车余量，粗车坐标点的确定会很繁杂，也不易计算。使用复合固定循环切削指令，只需依编程格式设定粗车时每次的背吃刀量、精车余量、进给速度等，在接续的程序段中描述精车削时的加工路径，CNC 控制器即可自动计算出粗车的刀具路径，自动进行粗加工，方便程序的编制。

（1）轴向粗车复合循环（G71）　该指令适用于需要多次进给才能够完成外圆柱毛坯粗车或内孔粗车的情形。

编程格式：

G71 U（Δd）R（e）；

G71 P（ns）Q（nf）U（Δu）W（Δw）F（f）S（s）T（t）；

参数说明：

Δd：每次切削深度，半径值，无正负号，该值是模态值；

e：退刀量，半径值，该值为模态值；

ns：指定精加工路线的第一个程序段段号；

nf：指定精加工路线的最后一个程序段段号；

Δu：X方向上的精加工余量，直径值指定；

Δw：Z方向上的精加工余量；

F、S、T：粗加工过程中的切削用量及使用刀具。

G71指令的刀具轨迹如图6-23所示。

指令应用说明：

1）ns~nf程序段中的F、S、T功能，即使被指定也对粗车循环无效。

2）G71指令必须带有P、Q地址ns、nf，且与精加工路径起、止顺序号对应，否则不能进行该循环加工。

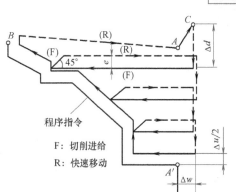

图6-23　G71指令的刀具轨迹

3）ns的程序段必须为G00/G01指令，即从A到A'的动作必须是直线或点定位运动，且该程序段中不应编有Z向移动指令。

4）在顺序号为ns到顺序号为nf的程序段中，不能调用子程序，不能使用固定循环指令。

5）零件轮廓必须符合X轴、Z轴方向同时单调增大或单调减少，即不可有内凹的轮廓形状。

（2）端面粗车循环（G72）　该指令适用于圆柱棒料端面粗车，且Z方向加工余量小、X方向加工余量大，需要多次粗加工的情形。

编程格式：

G72 W（Δd）R（e）；

G72 P（ns）Q（nf）U（Δu）W（Δw）F（f）S（s）T（t）；

指令中各项的意义与G71相同，其刀具轨迹如图6-24所示。

指令应用说明：

1）应用G72指令加工的轮廓外形必须是单调递增或单调递减的形式，且"ns"开始的程序段必须以C00或C01方式沿着Z方向进刀，不能有X方向的运动指令。

2）其他方面与G71指令相同。

（3）轮廓粗车复合循环（G73）　该指令适合于轮廓形状与零件轮廓形状基本接近的铸件、锻件毛坯的粗加工。

编程格式：

G73 U（Δi）W（Δk）R（d）;

G73 P（ns）Q（nf）U（Δu）W（Δw）F（f）S（s）T（t）;

其中，Δi 为 X 轴方向上多余的材料厚度，以半径值表示；Δk 为 Z 轴方向上多余的材料厚度；d 为粗切削次数。

指令中各项的意义与 G71 相同，其刀具轨迹如图 6-25 所示。

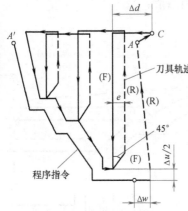

图 6-24　G72 指令的刀具轨迹

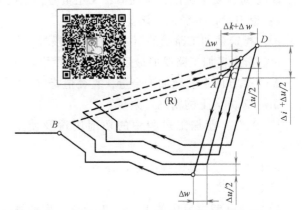

图 6-25　G73 指令的刀具轨迹

指令应用说明：

1）G73 指令只适用于已经初步成形的毛坯工件的粗加工。对于不具备类似成形条件的工件，如果采用 G73 指令编程加工，反而会增加刀具切削时的空行程，而且不便于计算粗加工余量。

2）"ns" 程序段允许有 X、Z 方向的移动。

（4）精车循环（G70）　当用 G71、G72、G73 指令粗车工件后，用 G70 指令来指定精加工循环，切除粗加工后留下的精加工余量。

指令格式：

G70 P（ns）Q（nf）

其中，ns 为精加工路线的第一个程序段段号；nf 为精加工路线的最后一个程序段段号。

指令应用说明：

1）必须先使用 G71 或 G72 或 G73 指令后，才可使用 G70 指令。

2）在精车循环指令 G70 状态下，"ns" 至 "nf" 程序中指定的 F、S、T 有效；如果 "ns" 至 "nf" 程序中不指定 F、S、T，则粗车循环中指定的 F、S、T 有效。

6.4.5　螺纹编程指令

1. 螺纹加工工艺的设计

（1）走刀路线的确定　在数控车床上车螺纹时，沿螺距方向的进给应和车床主轴的旋转保持严格的速比关系。考虑到刀具从停止状态到达指定的进给速度或从指定的进给速度降为零，驱动系统必须有一个过渡过程，因此沿轴向进给的加工路线长度除保证螺纹长度外，还应增加刀具引入距离 δ_1 和超越距离 δ_2，如图 6-26 所示，δ_1 和 δ_2 的数值与车床拖动系统的动态特性、螺纹的螺距和精度有关。一般 δ_1 为 2~5mm，对大螺距和高精度的螺纹取大值；δ_2 一般为退刀槽宽度的一半左右，取 1~3mm，若螺纹收尾处没有退刀槽，收尾处的形状与数控系统有关，一般按 45°退刀收尾。

（2）螺纹的进刀方式

1）直进法。直进法车螺纹容易保证牙型的正确性，但车削时，车刀刀尖和两侧切削刃同时进行切削，切削力较大，容易产生扎刀现象，适用于加工螺距 $P<3$mm 的普通螺纹及精加工 $P\geq3$mm 的螺纹，如图 6-27 所示。

2）斜进法。斜进法车削螺纹，刀具是单侧刃加工，排屑顺利，不易扎刀，这种加工方法适用于粗加工 $P\geq3$mm 的螺纹，在螺纹精度要求不是很高的情况下加工更为方便，可以做到一次成形。在加工较高精度的螺纹时，可以先采用斜进法粗加工，然后用直进法进行精加工。但要注意刀具起始点的定位要准确，否则会产生"乱牙"现象，造成零件报废。斜进法如图 6-28 所示。

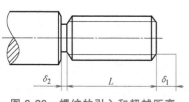

图 6-26 螺纹的引入和超越距离

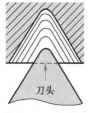

图 6-27 直进法

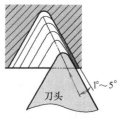

图 6-28 斜进法

数控机床螺纹加工常用直进法（G32、G92）和斜进法（G76）两种方式进刀。

（3）切削用量的选用

1）切削速度。切削速度是由刀具和工件的材料确定的，螺纹的切削速度一般比普通车削低 25%~50%。

2）进给速度。在车床上车削单线螺纹时，工件每旋转一圈，刀具前进一个螺距，这是根据螺纹线原理进行加工的，据此单线螺纹加工的进给速度一定是螺距的数值，多线螺纹的进给速度一定是导程的数值。

3）进给次数与背吃刀量。螺纹切削总余量就是螺纹大径尺寸减去小径尺寸，即牙型高度 h 的 2 倍。

$$h = 0.5412P \text{（螺距）}$$

螺纹实际牙型高度考虑刀尖圆弧半径等因素的影响，常取 $h = 0.6495P$，数控车削一般采用直径编程，需换算成直径量。需切除的总余量为

$$2\times0.6495P = 1.299P \text{（螺距）}$$

外螺纹车削尺寸的确定过程如下：

$$螺纹大径 = 公称直径 - (0.1\sim0.13)\ P \text{（螺距）}$$

$$螺纹小径 = 公称直径 - 1.38P \text{（螺距）}$$

$$内螺纹加工前的内孔直径 = 公称直径 - P$$

$$脆性材料内螺纹加工前的内孔直径 = 公称直径 - 1.05P$$

常用螺纹切削的进给次数与背吃刀量见表 6-5。这是使用普通螺纹车刀车削螺纹的常用切削用量，有一定的生产指导意义，操作者应该熟记并学会应用。

表 6-5　常用螺纹切削的进给次数与背吃刀量　　　　　　（单位：mm）

螺距		1.0	1.5	2.0	2.5	3.0	3.5	4.0
牙型高度		0.649	0.974	1.299	1.624	1.949	2.273	2.598
进给次数及背吃刀量	1次	0.7	0.8	0.9	1.0	1.2	1.5	1.5
	2次	0.4	0.6	0.6	0.7	0.7	0.7	0.8
	3次	0.2	0.4	0.6	0.6	0.6	0.6	0.6
	4次		0.16	0.4	0.4	0.4	0.6	0.6
	5次			0.1	0.4	0.4	0.4	0.4
	6次				0.15	0.4	0.4	0.4
	7次					0.2	0.2	0.4
	8次						0.15	0.3
	9次							0.2

2. 螺纹加工指令（G32、G92 和 G76）

数控车床可以加工圆柱螺纹、圆锥螺纹和端面螺纹。加工方法分为单段行程螺纹切削、螺纹单一切削循环和螺纹切削复合循环。

（1）单段行程螺纹切削指令 G32　该指令可实现圆柱螺纹、圆锥螺纹以及端面螺纹（涡形螺纹）的车削加工，只包含切螺纹动作，螺纹车刀的进刀、退刀、返回等均需另外编写程序。因此，编程需使用较多的程序段，实际中较少使用。

编程格式：

G32 X（U）__ Z（W）__ F __；

其中，X、Z 值是螺纹终点的绝对坐标值；U、W 是螺纹终点相对螺纹起点的增量值；F 是螺纹导程 L，如果是单线螺纹，则为螺纹的螺距 P。

（2）螺纹单一切削循环指令 G92　该指令可完成圆柱螺纹和圆锥螺纹的循环切削，把 G32 螺纹切削的 4 个动作"切入→螺纹切削→退刀→返回"作为 1 个循环执行。

编程格式：

G92 X（U）__ Z（W）__ R __ F __；

其中，X、Z 值是指车削到达的终点坐标；U、W 值是指切削终点相对循环起点的增量坐标；F 是螺纹导程；R 值为锥螺纹切削终点半径与切削起点半径的差值，当锥面起点坐标大于终点坐标时，该值为正，反之为负，切削圆柱螺纹时 R 值为 0，可以省略。

图 6-29 所示为 G92 圆柱螺纹切削循环路径，图 6-30 所示为 G92 圆锥螺纹切削循环路径。

（3）螺纹切削复合循环指令 G76　螺纹切削复合循环指令 G76 较 G32、G92 指令简洁，在程序中只需指定一次有关参数，螺纹加工过程便可自动进行。该指令的刀具路径如图 6-31 所示。

编程格式：

G76 P（m）（r）（α）Q（Δdmin）R（d）

G76 X（U）__ Z（W）__ R（i）P（k）Q（Δd）F（f）

其中，m 是精加工重复次数；r 是螺纹尾端倒角量，该值的大小可设置在 0.01P~9.9P，

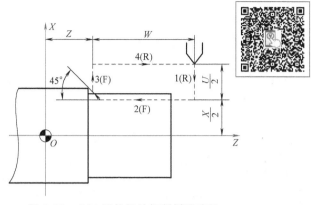

图 6-29　G92 圆柱螺纹切削循环路径

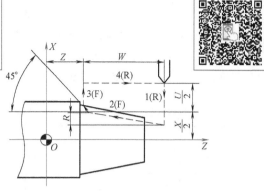

图 6-30　G92 圆锥螺纹切削循环路径

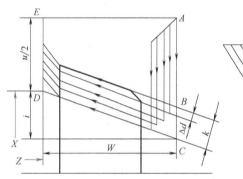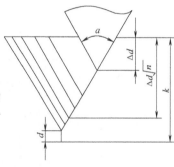

图 6-31　螺纹切削复合循环指令的刀具路径

P 为螺距（表达时用两位数表示：00~99）；α 是刀尖角，可从 80°、60°、55°、30°、29° 和 0° 六个角度中选择，用两位数表示，m、r、α 用同地址 P 指定，例如：m = 2，r = 1.2P，α = 60°，表示为 P021260；Δd_{min} 是最小背吃刀量，半径值；d 是精加工余量，半径值；X（U）、Z（W）是螺纹终点坐标；i 是螺纹部分半径之差，即螺纹切削起始点与切削终点的半径差，加工圆柱螺纹时 i = 0，加工圆锥螺纹时，当 X 向切削起始点坐标小于切削终点坐标时，i 为负，反之为正；k 是螺纹牙型高度（X 轴方向的半径值）；Δd 是第一次切入量（X 轴方向的半径值）；f 是螺纹导程。

（4）编写如图 6-32 所示工件的加工程序，毛坯尺寸为 ϕ30。

该零件形状比较简单，可以用 G90 单一固定循环进行外圆的粗加工，单边切深为 1.5mm、1.2mm。所采用的刀具有外圆车刀（T0101）、切槽刀（T0202，刀宽 4mm）以及 60° 螺纹车刀（T0303）。

以工件右端面中心点为坐标原点，程序见表 6-6。

对于螺纹部分，精加工次数取 1 次，由于有退刀槽，螺纹收尾长度为 0mm，螺纹车刀刀尖角度为 60°，最小背吃刀量取 0.1mm，

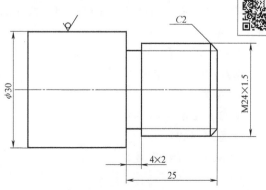

图 6-32　工件零件图

精加工余量取 0.3mm，螺纹牙型高度为 0.974mm，第一次背吃刀量半径值取 0.4mm，通过计算可得螺纹小径为 22.052mm。把螺纹加工部分换成 G76 编程，程序如下：

G76 P010060 Q100 R300;

G76 X22.052 Z-23 P974 Q400 F1.5;

表 6-6 程序

程 序	注 释
O0003;	程序号
M03 S800;	主轴正转,转速 800r/min
T0101;	建立工件坐标系,调用 1 号刀具 1 号刀补
G00 X30 Z2;	快给到循环起点
G90 X27 Z-25 F0.2;	第一次粗加工
X24.6;	第二次粗加工
G00 X18 Z1;	快进到倒角延长线上
G01 X24 Z-2 F0.1;	精加工倒角
Z-25;	精加工外圆
G00 X50 Z50;	快速退刀
T0202;	换第二把切槽刀
M03 S400;	
G00 X32 Z-25;	到达切削起点
G01 X20 F0.05;	切槽
G04 P1000;	暂停 1s
G01 X32;	沿 X 方向退刀
G00 X50 Z50;	快速退刀
T0303;	换第三把螺纹车刀
M03 S600;	
G00 X24 Z2;	循环起点
G92 X23.2 Z-23 F1.5;	螺纹加工循环指令
X22.6;	
X22.2;	
X22.04;	
G00 X50 Z50;	快速退刀
M30;	程序结束

6.4.6 子程序编程

为了简化程序，多次运行相同的轨迹时，可以将这段轨迹编成一个独立的程序存储在机床的存储器当中，被别的程序所调用，这样的程序叫作子程序。

1. 指令

M98：调用子程序

M99：子程序结束

2. 格式

M98 PΔΔΔ××××

子程序格式：

O×××× （子程序号）

……

M99

3. 说明

1）P 后的前 3 位数为子程序被重复调用的次数，当不指定重复次数时，子程序只调用一次，后 4 位数为子程序号。

2）M99 为子程序结束，并返回主程序。

3）M98 程序段中，不得有其他指令出现。

4. 子程序嵌套

子程序的嵌套如图 6-33 所示。当主程序调用子程序时它被认为是一级子程序，子程序再调用别的子程序就是子程序的嵌套，子程序最多可以嵌套 4 级。

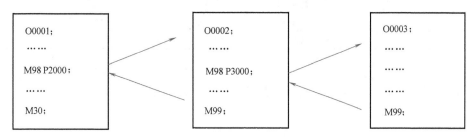

图 6-33　子程序的嵌套

5. 编程实例

子程序调用实例如图 6-34 所示，ϕ30 的圆柱已精加工完成，试编写槽的加工程序。

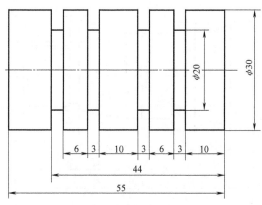

图 6-34　子程序调用实例

分析零件图样，工件坐标系建立在工件右端端面的中心处。选择 3mm 的切槽刀，编程时以左刀尖编程，程序见表 6-7、表 6-8。

表 6-7　主程序

程　　　序	注　　　释
O0004；	主程序程序号
M03 S400；	主轴正转，转速 400r/min
T0101；	建立工件坐标系，调用切槽刀
G00 X35 Z0；	快给到加工起点
M98 P21001；	调用子程序 O1001，调用 2 次
G00 X100 Z100；	快速退刀
M30；	程序结束

表 6-8 子程序

程序	注　释
O1001;	子程序程序号
G00 W-13;	增量坐标编程,沿 Z 的负方向移动 13mm
G01 X20 F0.05;	切槽加工
G04 P1000;	暂停 1s
G00 X35;	沿 X 方向退出
W-9;	沿 Z 的负方向移动 9mm
G01 X20 F0.05;	切槽加工
G04 P1000;	暂停 1s
G00 X35;	沿 X 方向退出
M99;	返回主程序

6.5　典型零件的数控车床编程

6.5.1　轴类零件的加工编程

编制如图 6-35 所示零件的加工程序，毛坯为 ϕ50mm×130mm 的棒料，材料 45 钢。

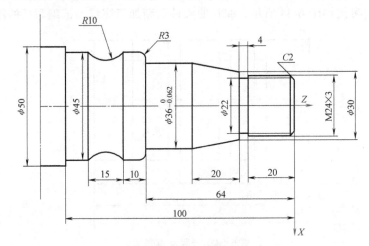

图 6-35　加工零件图

1. 工艺分析

根据零件图样要求、毛坯情况，确定工艺方案及加工路线。

对短轴类零件，轴心线为工艺基准，用自定心卡盘夹持 ϕ50mm 外圆，一次装夹完成粗精加工。

2. 工艺路线

1) 自右向左进行外轮廓面加工：倒角—切削螺纹外圆—车 ϕ30mm 端面—切削锥面—车 ϕ36mm 外圆—车 ϕ45mm 端面—车 R3mm 圆角—车 ϕ45mm 外圆—车 R10mm 圆弧—车 ϕ45mm 外圆。

2) 切槽。

3）车螺纹。

3. 选择刀具

根据加工要求需选用四把刀：1号刀粗车外圆；2号刀精车外圆；3号刀切槽，切削刃宽4mm；4号刀车螺纹。同时把四把刀在自动换刀刀架上安装好，且都对好刀，把它们的刀偏值输入相应的刀具参数中。

4. 确定切削用量

切削用量的具体数值应根据机床性能、相关的手册并结合实际经验确定，详见表6-9。

表6-9　刀具切削用量参数表

零件号		零件名称			轴	零件材料	45钢
程序号	O0005	机床型号			CK6140	制表日期	
工步号	工步内容	夹具	刀具号及类型	主轴转速 /(r/min)	进给速度 /(mm/r)	背吃刀量 /mm	补偿号
1	粗车外轮廓	自定心卡盘	T01 外圆车刀	600	0.2	2	01
2	精车外轮廓		T02 外圆车刀	800	0.1	0.25	02
3	切槽		T03 刀宽4mm 切槽刀	400	0.05		03
4	车螺纹		T04 螺纹车刀	500	3		04

5. 确定工件坐标系、对刀点和换刀点

确定以工件右端面与轴心线的交点为工件原点，建立 *OXZ* 工件坐标系，如图6-35所示。采用手动试切对刀方法，把原点作为对刀点。换刀点设置在工件坐标系下 X55、Z50 处。

6. 编写加工程序，见表6-10。

表6-10　加工程序

程　　序	注　　释
O0005;	程序号
M03 S600;	主轴正转
T0101;	调用1号外圆粗车刀,1号刀补
G00 X50 Z2;	快进到循环起点
G73 U15 W0 R7;	轮廓粗车复合循环,X方向总余量15mm,7次加工完成
G73 P1 Q2 U0.5 W0.2 F0.2;	
N1 G00 X18 Z1;	快进到倒角延长线上
G01 X24 Z-2 F0.1;	加工倒角
Z-24;	切削螺纹外圆
X30;	车 ϕ30mm 端面;
X35.969 W-20;	切削锥面,有公差的用中值编程
Z-64;	车 ϕ36mm 外圆
X39;	车 ϕ45mm 端面
G03 X45 W-3 R3;	R3mm 圆角
G01 W-7;	车 ϕ45mm 外圆
G02 W-15 R10;	车 R10mm 圆弧

（续）

程　　序	注　　释
G01 Z-100;	车 φ45mm 外圆
N2 X50;	
G00 X55 Z50;	快进到换刀点
T0202;	调用 2 号刀, 2 号刀补
G00 X50 Z2;	快进到循环起点
G70 P1 Q2 F0.1 S800;	外轮廓精加工, 变换主轴转速和进给
G00 X55 Z50;	快进到换刀点
T0303;	调用 3 号刀, 3 号刀补
M03 S400;	
G00 X35 Z-24;	快进到切槽起点
G01 X22 F0.05;	切槽加工
G04 P1000;	暂停 1s
G01 X35 F0.1;	沿 X 方向退刀
G00 X55 Z50;	快进到换刀点
T0404;	调用 4 号刀, 4 号刀补
M03 S500;	
G00 X25 Z5;	快进到循环起点
G92 X22.8 Z-43 F3;	螺纹加工循环指令, 第一次切深 1.2mm(直径值)
X22.1;	第二次 0.7mm(直径值)
X21.5;	第三次 0.6mm(直径值)
X21.1;	第四次 0.4mm(直径值)
X20.7;	第五次 0.4mm(直径值)
X20.3;	第六次 0.4mm(直径值)
X20.1;	第七次 0.2mm(直径值)
G00 X55 Z50;	退到安全位置
M30;	程序结束

6.5.2　套筒类零件的加工编程

编制如图 6-36 所示轴套的加工程序, 毛坯尺寸为 φ50mm×85mm, 材料 45 钢。

1. 零件图分析

此轴套由内外圆柱面、端面、内螺纹、孔内槽和退刀槽等表面组成, 其中径向尺寸有较高的尺寸精度和表面粗糙度要求, 所以编程时采用半径补偿指令。有公差的地方采用中值编程。

2. 工件坐标系

该零件加工需要调头, 为了编程方便设置 2 个坐标系。

自定心卡盘装夹 φ50 外圆、平端面, 对刀, 设置第一个工件原点 (右端面中心处)。此端面做精加工面, 以后不再加工。

调头, 采用 φ40 外圆、平端面, 测量总长度, 设置第二个工件原点, 距离精加工的左端面 80mm 处, 多余的长度用单一固定循环 G94 车掉。

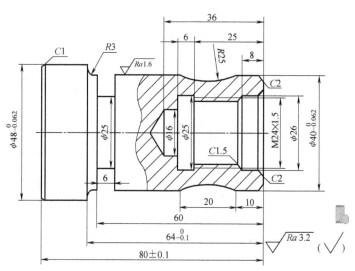

图 6-36　轴套零件图

3. 具体工艺路线

工序一：自定心卡盘夹持轴套左端毛坯外圆。

1）车右端面。

2）粗、精车外圆。

3）车外表面槽。

4）钻中心孔、钻孔（手动）。

5）粗、精车内孔。

6）车孔内槽。

7）粗、精车内螺纹。

工序二：调头用自定心卡盘夹持轴套右端 $\phi40$mm 外圆。

1）车端面。

2）粗、精车 $\phi48$mm 外圆。

4. 选择刀具及切削用量，见表 6-11。

表 6-11　刀具切削用量参数表

零件号			零件名称		轴套	零件材料	45 钢
工步号	工步内容	夹具	刀具号及类型	主轴转速 /(r/min)	进给速度 /(mm/r)	背吃刀量 /mm	补偿号
1	粗车外轮廓	三爪卡盘	T01 外圆车刀	600	0.2	2.4	01
2	精车外轮廓		T02 外圆车刀	800	0.1	0.25	02
3	切槽		T03 刀宽 3mm 切槽刀	400	0.05		03
4	粗车内轮廓		T04 镗刀	600	0.2		04
5	精车内轮廓		T05 镗刀	800	0.1		05
6	切内槽		T06 内槽刀	400	0.05		06

5. 数控编程

1）轴套右端外轮廓加工程序见表 6-12。在自动加工前，先手动车端面对刀。

表 6-12　轴套右端外轮廓加工程序

程　序	注　释
O0006；	程序号
M03 S600；	主轴正转
T0101；	调用 1 号外圆粗车刀，1 号刀补
G00 X50 Z2；	快进到循环起点
G73 U12 W1 R5；	轮廓粗车复合循环，X 方向总余量 12mm，5 次加工完
G73 P1 Q2 U0.5 W0.2 F0.2；	
N1 G00 X33.969 Z1；	快进到倒角延长线上
G01 G42 X39.969 Z-2 F0.1；	加工倒角，建立半径补偿，采用中值编程
Z-10；	车 ϕ40mm 外圆
G02 W-20 R25；	车 R25mm 圆弧
G01 Z-60；	车 ϕ40mm 外圆
G02 X46 W-3 R3；	R3mm 圆角
N2 G01 G40 X56；	取消半径补偿
T0202；	调用 2 号刀，2 号刀补
G00 X50 Z2；	快进到循环起点
G70 P1 Q2 S800；	外轮廓精加工，改变主轴转速和进给
G00 X100 Z100；	快进到换刀点
T0303；	调用 3 号刀，3 号刀补
G00 X50 Z-57 S400；	快进到循环起点
G75 R0.5；	切槽循环指令
G75 X25 Z-60 P1000 Q2000 F0.05；	
G00 X100 Z100；	快进到换刀点
M30；	程序结束

2）轴套右端内轮廓加工程序见表 6-13。在自动加工前，先手动用中心钻点孔、钻头钻 ϕ16 孔。

表 6-13　轴套右端内轮廓加工程序

程　序	注　释
O0007；	程序号
M03 S600；	主轴正转
T0404；	调用 4 号粗镗刀，4 号刀补
G00 X15 Z2；	快进到循环起点
G71 U1.5 R0.5；	轴向粗车复合循环，切深 1.5mm，退刀量 0.5mm
G71 P10 Q20 U-0.4 W0 F0.2；	镗孔加工 U 为负值
N10 G00 G41 X32 Z1；	快进到倒角延长线上，建立半径补偿
G01 X26 Z-2 F0.1；	加工倒角
Z-8；	镗 ϕ26mm 内孔
X25.052；	C1.5 倒角的起点

（续）

程 序	注 释
X22. 052 W-1. 5；	计算得螺纹小径22.052
Z-31；	镗螺纹底孔
N20 G00 G40 X20；	取消半径补偿
Z2；	退刀
G00 X100 Z100；	退到换刀点
T0505；	调用5号精镗刀,5号刀补
G00 X15 Z2；	快进到循环起点
G70 P10 Q20 S800；	精加工内孔
G00 X100 Z100；	快进到换刀点
T0606；	调用6号内槽刀,6号刀补
G00 X20 Z2 S400；	快进到循环起点
G01 Z-31 F0. 05；	切槽起点,左刀尖对刀
G75 R0. 5；	切槽循环指令
G75 X25 Z-31 P1000 Q2000 F0. 05；	
G00 Z2；	
G00 X100 Z100；	
T0707；	调用7号内螺纹刀,7号刀补
G00 X20 Z2 S400；	快进到循环起点
G76 P010060 Q100 R200；	螺纹车刀刀尖角度为60°,最小背吃刀量0.1mm,精加工余量0.2mm,螺纹牙型高度0.974mm,第一次背吃刀量0.4mm
G76 X24 Z-28 P974 Q400 F1. 5；	
G00 Z2；	
G00 X100 Z100；	
M30；	

3）轴套左端轮廓加工程序见表6-14。在自动加工前，需重新对刀。

表6-14 轴套左端轮廓加工程序

程 序	注 释
O0008；	程序号
T0101；	主轴正转
M03 S600；	调用1号外圆粗车刀,1号刀补
G00 X50 Z2；	快进到循环起点
G94 X-0. 5 Z0 F0. 1；	端面单一循环加工指令
G71 U1. 5 R0. 5；	
G71 P3 Q4 U0. 4 W0 F0. 2；	
N3 G00 X41. 969 Z2 F0. 1；	快进到倒角延长线上
G01 X47. 969 Z-1；	加工倒角,采用中值编程
N4 Z-27；	车φ48mm 圆柱面
G00 X50 Z50；	快进到换刀点
T0202；	换精加工刀具
G00 X50 Z2；	循环起点
G70 P3 Q4 S800；	精加工指令
G00 X100 Z100；	
M30；	程序结束

知识点自测

一、选择题

1. 数控车床中，转速功能字 S 可指定单位（ ）。

A. mm/r   B. r/min   C. mm/min

2. 下列 G 指令中，（ ）是非模态指令。

A. G00   B. G01   C. G04

3. 圆弧插补方向（顺时针和逆时针）的规定与（ ）有关。

A. X 轴   B. Z 轴   C. 不在圆弧平面内的坐标轴

4. 用于指令动作方式的准备功能的指令代码是（ ）。

A. F 代码   B. G 代码   C. T 代码

5. 切削的三要素有进给量、切削深度和（ ）。

A. 切削厚度   B. 切削速度   C. 进给速度

6. 数控车床在加工中为了实现对车刀刀尖磨损量的补偿，可沿假设的刀尖方向，在刀尖半径值上附加一个刀具偏移量，这称为（ ）。

A. 刀具位置补偿   B. 刀具半径补偿   C. 刀具长度补偿

7. FANUC-0i 数控车床的 Z 轴相对坐标表示为（ ）。

A. Z   B. U   C. W

8. 用棒料毛坯，加工余量较大且不均匀的盘类零件，应选用的复合循环指令是（ ）。

A. G71   B. G72   C. G73   D. G76

9. 程序停止，程序复位到起始位置的指令（ ）。

A. M00   B. M01   C. M02   D. M30

二、判断题

1. 程序段的顺序号，根据数控系统的不同，在某些系统中是可以省略的。　　（ ）

2. 绝对编程和增量编程不能在同一程序中混合使用。　　（ ）

3. 非模态指令只在本程序段内有效。　　（ ）

4. 顺时针圆弧插补和逆时针圆弧插补的判别方法是：沿着不在同弧平面内的坐标轴正方向向负方向看去，顺时针方向为 G02，逆时针方向为 G03。　　（ ）

5. 数控车床的刀具功能字 T 既指定了刀具数，又指定了刀具号。　　（ ）

6. 固定循环是预先给定一系列操作，用来控制机床的位移或主轴运转。　　（ ）

7. 数控车床的刀具补偿功能有刀尖半径补偿与刀具位置补偿。　　（ ）

8. 外圆粗车循环方式适合于加工棒料且毛坯去除量较大的切削。　　（ ）

9. 编制数控加工程序时一般以机床坐标系作为编程的坐标系。　　（ ）

三、问答题

1. 数控车床的加工对象有哪些？

2. 什么是刀补偿？数控车床上一般应考虑哪些刀具补偿？

3. 数控车床的机床坐标系和工件坐标系是如何设定的？

四、试编制下列各零件的数控加工程序

1.

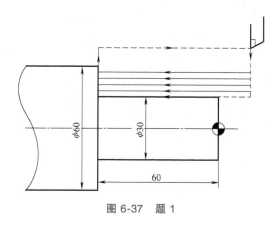

图 6-37　题 1

2.

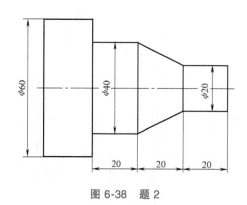

图 6-38　题 2

3.

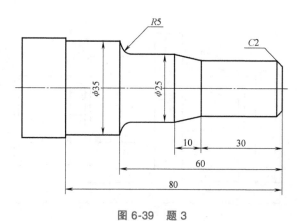

图 6-39　题 3

4.

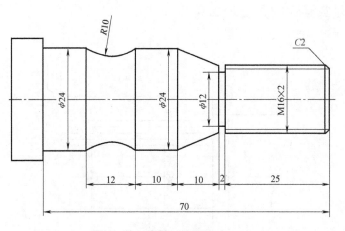

图 6-40　题 4

5.

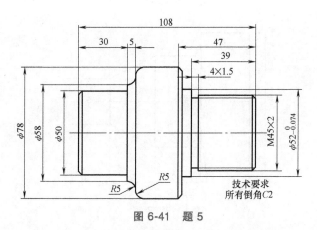

图 6-41　题 5

6.

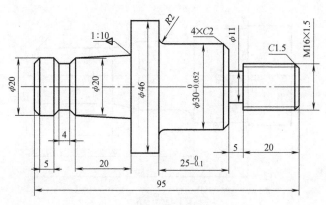

图 6-42　题 6

7.

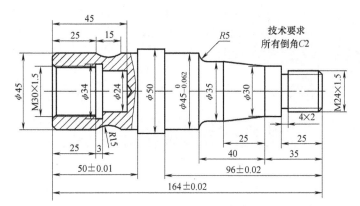

图 6-43　题 7

第 7 章

数控铣床的编程

7.1 数控铣床概述

7.1.1 数控铣床的加工范围

铣削加工是机械加工中最常用的加工方法之一，主要用来铣削平面（按加工时工件所处的位置分为水平面、垂直面、斜面），铣削轮廓、台阶面、沟槽（键槽、燕尾槽、T 形槽）等，也可进行钻孔、扩孔、铰孔、镗孔、锪孔及螺纹加工。

适于采用数控铣削的零件有平面类零件、变斜角类零件、曲面类零件和孔类零件。

1. 平面类零件

平面类零件的特点是各个加工表面是平面，或可以展开为平面。目前在数控铣床上加工的绝大多数零件属于平面类零件。平面类零件是数控铣削加工对象中最简单的一类，一般只需要用三坐标数控铣床的 2.5 轴联动或三轴联动即可加工，如图 7-1 所示。

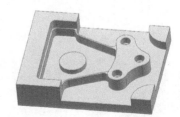

图 7-1 平面类零件

2. 变斜角类零件

加工面与水平面的夹角连续变化的零件称为变斜角类零件。加工变斜角类零件最好采用四坐标或五坐标数控铣床摆角加工，若没有上述机床，也可在三坐标数控铣床上进行近似加工，如图 7-2 所示。

3. 曲面类零件

加工面为空间曲面的零件称为曲面类零件，这类零件的加工面不能展开为平面，加工时，加工面与铣刀始终为点接触。加工曲面类零件一般采用三坐标数控铣床，表面精加工多采用球头铣刀进行，如图 7-3 所示。

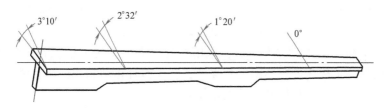

图 7-2 变斜角类零件

4．孔类零件

在数控铣床上加工的孔类零件，一般是孔的位置要求较高的零件，其加工方法一般为钻孔、扩孔、铰孔、镗孔、锪孔、攻螺纹等，如图 7-4 所示。

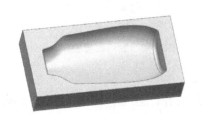

图 7-3 曲面类零件

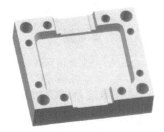

图 7-4 孔类零件

7.1.2 数控铣床的分类

1．按机床主轴的布置形式及机床的布局特点分类

（1）立式数控铣床 立式数控铣床的主轴轴线垂直于水平面，是数控铣床中最常见的一种布局方式，应用范围也最广，如图 7-5 所示。立式数控铣床一般用于加工盘、套、板类零件，一次装夹后，可对上表面进行平面铣削，钻、扩、镗、锪、攻螺纹等孔加工以及侧面的轮廓加工。

（2）卧式数控铣床 卧式数控铣床的主轴轴线平行于水平面，主要用于箱体类零件的加工，如图 7-6 所示。为了扩大加工范围、扩充功能，通常采用增加数控转台或万能数控转台的方式来实现四轴和五轴联动加工。一次装夹后可加工工件侧面的连续回转轮廓，也可实现通过转台改变零件的加工位置，进行多个位置或工作面的加工。

图 7-5 立式数控铣床

图 7-6 卧式数控铣床

（3）立卧两用数控铣床 立卧两用数控铣床又称万能数控铣床，如图 7-7 所示，主轴可

旋转 90°或工作台带工件旋转 90°，一次装夹后可以完成对工件五个表面的加工。其使用范围更广、功能更全，选择加工对象的余地更大。

（4）龙门数控铣床　如图 7-8 所示，采用对称双立柱结构的数控铣床通常称为龙门铣床。双立柱结构保证了机床的整体刚度和强度，有工作台移动和龙门移动两种形式，适用于加工整体结构件零件、大型箱体零件及大型模具等。

图 7-7　立卧两用数控铣床

图 7-8　龙门数控铣床

2. 按数控系统的功能分类

（1）经济型数控铣床　一般采用经济型数控系统，采用开环控制，可以实现三坐标联动。

（2）全功能数控机床　采用半闭环控制或闭环控制，功能丰富，加工适应性强，应用最广泛。

（3）高速数控铣床　高速铣削是数控加工的一个发展方向，技术已经比较成熟，已逐渐得到广泛的应用。这种数控铣床采用全新的机床结构、功能部件和功能强大的数控系统，并配以加工性能优越的刀具系统，加工时主轴转速一般在 8000~40000r/min，切削进给速度可达 10~30m/min，可以对大面积的曲面进行高效率、高质量的加工。但目前这种机床价格昂贵，使用成本比较高。

7.2　数控铣削加工的工艺分析

7.2.1　加工顺序的安排

一般数控铣削采用工序集中的方式，可以按一般切削加工顺序安排的原则进行。通常按照从简单到复杂的原则，先加工平面、沟槽、孔，再加工内腔、外形，最后加工曲面，先加工精度要求低的表面，再加工精度要求高的部位等。在安排数控铣削加工工序的顺序时还应注意以下问题：

1）上道工序的加工不能影响下道工序的定位与夹紧，中间穿插有通用机床加工工序的也要综合考虑。

2）一般先进行内形内腔加工工序，后进行外形加工工序。

3）以相同定位、夹紧方式或同一把刀具加工的工序，最好连续进行，以减少重复定位次数与换刀次数。

4）在同一次安装中进行的多道工序，应先安排对工件刚性破坏较小的工序。

总之，顺序的安排应根据零件的结构和毛坯状况，以及定位安装与夹紧的需要综合考虑。

7.2.2 加工路线的确定

进行铣削加工路线的选择时，首先要确定工件是采用顺铣还是逆铣的方式，选择的标准是机床的进给机构是否有间隙及工件表面有无硬皮。工件表面无硬皮，机床进给机械无间隙时采用顺铣的方式；若工件表面有硬皮，机床进给机构有间隙时，采用逆铣的方式。以下是几种不同类型的铣削加工路线的选择。

1. 孔类零件加工路线

对于位置精度要求较高的孔类零件的加工，特别要注意孔的加工顺序的安排，安排不当时，就有可能将坐标轴的反向间隙带入，直接影响位置精度。如图 7-9 所示，若按 1—2—3—4 的路线加工四个孔时，X 向间隙会使第 4 孔的定位误差增加，因此最佳路线为 1—2—3—A—4。

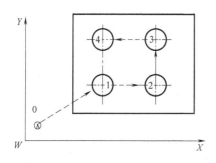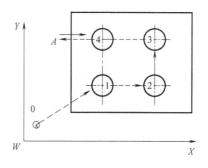

图 7-9 孔加工路线

2. 外轮廓的加工路线

（1）下刀方式 如图 7-10 所示，程序开始时刀具以 G00 的速度下降到安全高度，此平面又称为安全平面（高于工件及夹具的最高点），然后快速移动 X、Y 值（即下刀点），再以 G00 的速度接近距离被加工表面 3~5mm 处，为了防止撞刀，应将速度转为工作进给速度 G01，一直切至切削深度。

（2）直线切向进、退刀 如图 7-11 所示，刀具沿 Z 轴下刀后，从工件外直线切向进刀，退刀时沿切向退出，这样切削工件时不会产生接刀痕。

（3）圆弧切向进、退刀 如图 7-12 所示，刀具沿圆弧切向切入、切出工件，工件表面没有接刀痕迹。

当零件的外轮廓由圆弧组成时，要注意安

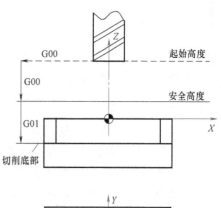

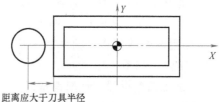

图 7-10 刀具的下刀方式

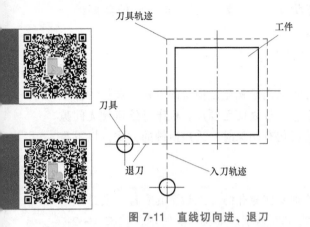

图 7-11　直线切向进、退刀

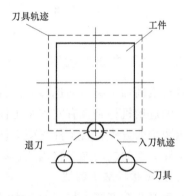

图 7-12　圆弧切向进、退刀

排好刀具的切入、切出，尽量避免交界处重复加工，否则会出现明显的界限痕迹。为了保证零件的表面质量，减少接刀痕迹，对刀具的切入切出程序要精心设计。刀具切入切出时的外延如图 7-13 所示，铣刀应沿零件轮廓曲线的延长线切入和切出零件表面，而不应沿法向直线切入零件，以避免加工表面产生划痕，保证零件轮廓光滑。

　　当在加工整圆时，要安排刀具从切向进入圆周铣削加工，当整圆加工完毕后，不要在切点处直接退刀，应让刀具多运动一段距离，最好沿切线方向退出，以免取消刀具补偿时，刀具与工件表面相碰撞，造成工件报废。整圆加工切入切出路径如图 7-14 所示。

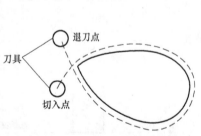

图 7-13　刀具切入切出时的外延

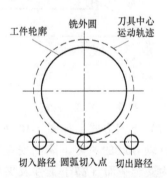

图 7-14　整圆加工切入切出路径

3. 键槽的加工路线

（1）下刀方法　下刀方法通常有以下两种：

1）使用立铣刀斜插式下刀。使用立铣刀时，由于端面刃不过中心，一般不宜垂直下刀，可采用斜插式下刀。所谓斜插式下刀就是在两个切削层之间，刀具从上一层的高度沿斜线以渐近的方式切入工件，直到下一层的高度，然后开始正式切削，如图 7-15 所示。采用斜插式下刀时要注意斜向切入的位置和角度的选择应适当，一般进刀角度为 5°~10°。

2）使用键槽铣刀沿 Z 轴垂直下刀。使用键槽铣刀时，由于端面刃过中心，可以沿 Z 轴直接切入工件，如图 7-16 所示。

（2）加工刀路设计　铣削键槽时，一般采用与键槽宽度尺寸相同的刀具，工件 Z 向采用层切法逐渐切入工件。Z 向层间采用斜插式下刀或垂直下刀，铣削出键槽长度尺寸和深度尺寸。加工精度较高的键槽时一般分为粗加工和精加工，采用小于键槽宽度尺寸的刀具。粗

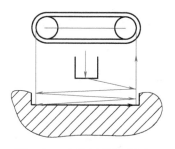

图 7-15　立铣刀斜插式下刀

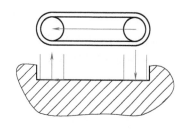

图 7-16　键槽铣刀垂直下刀

加工键槽时，其刀路如图 7-15、图 7-16 所示；精加工键槽时，普遍采用顺铣、切向切入和切向切出的轮廓铣削法来加工键槽侧面，保证键槽侧面的表面粗糙度和键槽的宽度尺寸。精加工走刀路线如图 7-17 所示。

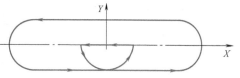

图 7-17　精加工走刀路线

4. 型腔的加工路线

型腔铣削需要在边界线确定的一个封闭区域内去除材料。该区域由侧壁及底面围成，其侧壁和底面可以是斜面、凸台、球面以及其他形状，型腔内部可以全空或有孤岛。型腔加工分为三步：型腔内部去余量，型腔轮廓粗加工，型腔轮廓精加工。

（1）下刀方法　把刀具引入到型腔有三种方法：

1）使用键槽铣刀沿 Z 向直接下刀，切入工件。

2）先用钻头钻孔，立铣刀通过孔垂直进入后再用圆周铣削。

3）立铣刀的端面刃不过中心，一般不宜垂直下刀，因此使用立铣刀时，宜采用螺旋下刀或者斜插式下刀。

螺旋下刀，即在两个切削层之间，刀具从上一层的高度沿螺旋线以渐进的方式切入工件，直到下一层的高度，然后开始正式切削。

（2）加工路线的选择　常见的型腔加工路线有行切、环切和综合切削三种方法，如图 7-18 所示。三种加工方法的特点是：

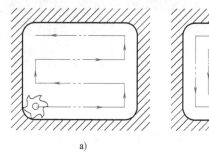

a)

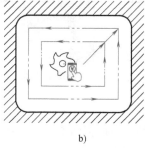

b)

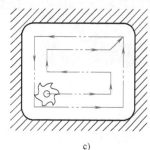

c)

图 7-18　型腔加工路线
a) 行切法　b) 环切法　c) 综合切削法

1）行切法（图 7-18a）的加工路线比环切法短，但行切法将在两次进给的起点与终点间留下残留面积而达不到所要求的表面粗糙度；用环切法（图 7-18b）获得的表面质量要好于行切法，但环切法需要逐次向外扩展轮廓线，刀位点计算要复杂一些。

2）采用图 7-18c 所示的加工路线，即先用行切法切去中间部分余量，最后用环切法光整轮廓表面，既能使总的进给路线较短，又能获得较好的表面质量。

（3）精加工刀具路径　内轮廓精加工时，切入、切出要和外轮廓一样，也可采用圆弧切入切出，保证表面粗糙度。精加工刀具路径如图 7-19 所示。

5. 曲面轮廓的加工路线

曲面轮廓通常是用球形刀，采用行切法进行加工，通过控制刀具切削时行间的距离来满足工件加工精度的要求。由于曲面边界没有其表面的限制，所以球形刀从边界处开始切入。

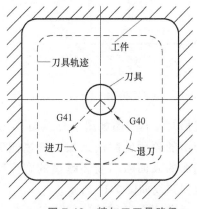

图 7-19　精加工刀具路径

7.2.3　夹具的选择

1. 平口钳

在数控铣床加工中，对于较小的零件，在粗加工、半精加工和精度要求不高时，利用平口钳进行装夹。平口钳装夹的最大优点是快捷，但夹持范围不大，如图 7-20 所示。

2. 卡盘

在数控铣床上应用较多的是自定心卡盘和单动卡盘，特别是自定心卡盘，由于具有自动定心作用和装夹简单的特点，因此中小型圆柱形工件在数控铣床上加工时，常采用自定心卡盘进行装夹，如图 7-21 所示。卡盘的夹紧有机械螺旋式、气动式和液压式等多种形式。

3. 压板与平板

对于较大或者四周不规则的零件，无法采用平口钳或者其他夹具装夹时，可以直接采用压板（包括压板、垫铁、梯形螺母和螺栓等）以及平板进行装夹，如图 7-22 所示。

图 7-20　平口钳　　　　　图 7-21　自定心卡盘　　　　　图 7-22　压板与平板

4. 分度头

许多机械零件，如花键、齿轮等，在加工时常采用分度头进行分度，从而加工出合格的零件，如图 7-23 所示。

5. 专用夹具

在大批量生产中，为了提高生产效率，常常采用专用夹具装夹工件，如图 7-24 所示。使用此类夹具装夹工件，定位方便、准确，夹紧迅速、可靠，而且可以根据工件形状和加工要求实现多件装夹。

图 7-23 分度头

图 7-24 专用夹具

6. 组合夹具

组合夹具是由一套预制好的标准元件组装而成的，标准元件有不同的形状尺寸和规格，应用时可以按照需要选用某些元件，组装成各种各样的形式，如图 7-25 所示。组合夹具的主要特点是元件可以长期重复使用，结构灵活多样。

总之，数控铣床上零件加工夹具的选择，要根据零件标准公差等级、结构特点、产品批量及机床精度等因素来确定。选择顺序是：首先考虑通用夹具，其次考虑组合夹具，最后考虑专用夹具。

图 7-25 组合夹具

7.2.4 铣削刀具的选择

1. 面铣刀

面铣刀的主切削刃分布在圆柱或圆锥表面上，端面切削刃为副切削刃，铣刀的轴线垂直于被加工表面，如图 7-26 所示。按刀齿材料可分为高速钢面铣刀和硬质合金面铣刀两大类，多制成套式镶齿结构，刀体材料为 40Cr。

面铣刀主要用来加工台阶面和平面，特别适合较大平面的加工，主偏角为 90° 的面铣刀可铣底部较宽的台阶面。用面铣刀加工平面时，同时参加切削的刀齿较多，又有副切削刃的修光作用，使加工表面粗糙度值减小，因此可以用较大的切削用量，生产率较高，应用广泛。

2. 立铣刀

立铣刀是数控铣削中最常用的一种铣刀，其圆柱面上的切削刃是主切削刃，端面上分布着副切削刃，主切削刃一般为螺旋齿，这样可以增加切削的平稳性，提高加工精度，如图 7-27 所示。由于普通立铣刀的端面中心处无切削刃，所以立铣刀工作时不能作轴向进给，

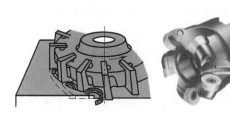

图 7-26 面铣刀

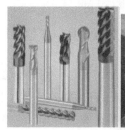

图 7-27 立铣刀

端面刃主要用来加工与侧面相垂直的底平面。

立铣刀主要用于加工四槽、台阶面以及利用靠模加工成形面。另外，有粗齿大螺旋角立铣刀、玉米铣刀、硬质合金波形刃立铣刀等，它们的直径较大，可以采用大的进给量，生产率很高。

3. 三面刃铣刀

三面刃铣刀用于中等硬度强度的金属材料的台阶面和槽形面的铣削加工，也可用于非金属材料的加工，超硬材料三面刃铣刀用于难切削材料的台阶面和槽形面的铣削加工，如图7-28所示。

4. 键槽铣刀

键槽铣刀的外形与立铣刀相似，不同的是它在圆周上只有两个螺旋刀齿，其端面刀齿的切削刃延伸至中心，既像立铣刀，又像钻头，如图7-29所示。因此在铣两端不通的键槽时，可以作适量的轴向进给。它主要用于加工圆头封闭键槽，使用它进行加工时，要作多次垂直进给和纵向进给才能完成键槽加工。

图7-28　三面刃铣刀

图7-29　键槽铣刀

其他还有角度铣刀、成形铣刀、T形槽铣刀、燕尾槽铣刀和鼓形铣刀等。

7.2.5　切削用量的选择

切削用量的选择在2.1.2节数控加工工艺分析的主要内容中的加工过程中切削三要素的分析中已作介绍，此处不再介绍。

🖈 7.3　数控铣床编程基础

7.3.1　数控铣床编程的特点

1）为了方便编程中的数值计算，在数控铣床的编程中广泛采用刀具半径补偿和刀具长度补偿来进行编程。

2）为适应数控铣床的加工需要，对于常见的镗孔、钻孔及攻螺纹等切削加工动作，用数控系统自带的孔加工固定循环功能来实现，以简化编程。

3）大多数的数控铣床都具备镜像加工、坐标系旋转、极坐标及比例缩放等特殊编程指令，以提高编程效率、简化编程。

7.3.2　数控铣床的坐标系统

1. 机床原点

在数控铣床上，机床原点一般取在 X、Y、Z 三个坐标轴正方向的极限位置上，如图 7-30 所示。

2. 工件原点

工件原点又称编程原点。编程人员在编制程序时，根据零件图样选定编程原点，建立编程坐标系。坐标系中各轴

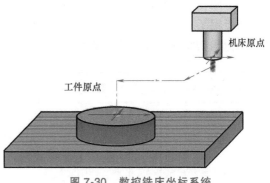

图 7-30　数控铣床坐标系统

的方向应该与机床坐标系相应的坐标轴方向一致。工件原点的选择原则如下：

1）工件原点应选在零件图的尺寸基准上，这样便于坐标的计算，减少错误。

2）对于对称零件，工件原点应设在对称中心上。

3）对于一般零件，工件原点通常设在工件外轮廓某一角上。

4）Z 轴方向的零点，一般设在工件上表面上。

3. 工件坐标系的设定

（1）坐标系设定指令（G92）

指令格式：G92　X __ Y __ Z __；

当执行 G92XαYβZδ 指令后，系统内部即对 (α, β, δ) 进行记忆，并建立一个使刀具当前点坐标值为 (α, β, δ) 的坐标系，系统控制刀具在此坐标系中按程序进行加工。执行该指令只建立一个坐标系，刀具并不产生运动。对于 FANUC 系统，许多编程人员已不再使用 G92 来设定工件坐标系了。因此，此处仅作简要介绍。

（2）工件坐标系的选取指令（G54～G59）　在机床中，可以预置六个工件坐标。通过在 CRT-MDI 面板上的操作，设置每一个工件坐标系原点相对于机床坐标系原点的偏移量，然后使用 G54～G59 指令来选用它们，G54～G59 都是模态指令，并且存储在机床存储器内，在机床重新开机时仍然存在，并与刀具的当前位置无关。

如图 7-31 所示，工件原点相对机床原点的偏移值分别为 − 301.333，− 170.123，

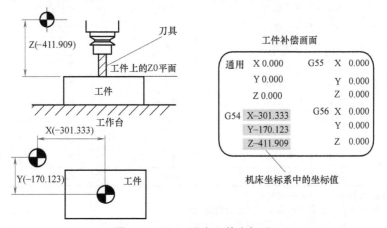

图 7-31　G54 设定工件坐标系

-411.909，若选用 G54 坐标系，则在 G54 存储器中分别输入这三个值。

一旦指定了 G54~G59 之一，则该工件坐标系原点即为当前程序点，后续程序段中的工件绝对坐标均为相对于此程序原点的值。

7.4 数控铣床的常用指令及编程方法

7.4.1 数控铣床的基本功能

1. 准备功能字（G 代码或 G 指令）

FANUC 0i-MC 是目前我国数控机床上采用较多的机床数控系统，主要适用于数控铣床和加工中心，具有一定的代表性。常用的准备功能指令见表 7-1。

表 7-1 准备功能指令

G 代码	组别	功 能	G 代码	组别	功 能
▲G00	01	快速点定位	G52	00	局部坐标系设定
G01		直线插补	G53		选择机床坐标系
G02		圆弧插补/螺旋线插补 CW	G54~C59	14	选择工件坐标系 1~6
G03		圆弧插补/螺旋线插补 CCW	G65	00	宏程序调用
G04	00	暂停	G66	12	宏程序模态调用
▲G15	17	极坐标方式取消	▲G67		宏程序模态调用取消
G16		极坐标方式有效	G68	16	坐标旋转有效
▲G17	02	XY 平面选择	▲G69		坐标旋转取消
G18		ZX 平面选择	G73	09	深孔钻循环
G19		YZ 平面选择	G74		左旋攻螺纹循环
G20	06	英制输入	G76		精镗孔循环
G21		米制输入	▲G80		取消固定循环
G27	00	返回参考点校验	G81		钻孔循环
G28		自动返回参考点	G82		锪孔循环
G29		从参考点返回	G83		深孔钻循环
G30		返回第 2、3、4 参考点	G84		右旋攻螺纹循环
▲G40	07	刀具半径补偿取消	G85		镗孔循环
G41		刀具半径左补偿	G86		镗孔循环
G42		刀具半径右补偿	G87		背镗孔循环
G43	08	正向刀具长度偏置	G88		镗孔循环
G44		负向刀具长度偏置	G89		镗孔循环
▲G49		刀具长度偏置取消	▲G90	03	绝对坐标编程
▲G50	11	比例缩放取消	G91		增量坐标编程
G51		比例缩放有效	G92	00	设定工件坐标系
▲G50.1	22	可编程镜像取消	▲G98	10	固定循环返回初始点
G51.1		编程镜像有效	G99		固定循环返回 R 点

注：1. 标有 ▲ 的 G 指令为电源接通时的状态。
    2. "00" 组的 G 指令为非模态指令，其余为模态指令。
    3. 如果同组的 G 指令出现在同一程序段中，则最后一个 G 指令有效。
    4. 在固定循环中（09 组），如果遇到 01 组的 G 指令时，固定循环被自动取消。

2. 辅助功能与其他功能字

（1）辅助功能 数控铣床和加工中心的 M 功能与数控车床基本相同。

（2）刀具功能 由地址功能字 T 和数字组成，格式为：T××，其中，××表示刀具号。数控铣床因无自动换刀系统，必须人工换刀，所以 T 功能只用于加工中心。

（3）主轴转速功能 由地址字 S 与其后面的若干数字组成，其指定的数值为机床主轴转速（r/min）。

（4）进给功能 进给功能表示刀具中心运动时的进给速度，由地址字 F 和后面若干位数字构成，其数值为进给量（mm/r）或进给速度（mm/min），编程时可以选用，数控铣床开机默认单位为 mm/min。

7.4.2 数控铣床的基本指令

1. 绝对坐标和相对坐标指令（G90，G91）

G90 是绝对坐标编程，G91 是相对坐标编程，又称增量坐标编程，用刀具运动的增量值来表示。绝对坐标和相对坐标如图 7-32 所示，表示刀具从起点到终点的移动，用以上两种方式的编程如下：

指令格式：G90 G01 X80 Y150 F100；

G91 G01 X-40 Y90 F100；

2. 快速定位（G00）

指令格式：G00 X __ Y __ Z __；

在执行 G00 指令时，由于各轴以各自的速度移动，联动直线轴的合成轨迹不一定是直线。

图 7-32 绝对坐标和相对坐标

3. 直线插补指令（G01）

指令格式：G01 X __ Y __ Z __ F __；

其中，X、Z 是直线运动终点，在 G90 编程方式下，终点为相对于工件坐标系原点的坐标；在 G91 编程方式下，终点为相对于起点的增量。F 为进给速度。

4. 平面选取指令（G17、G18、G19）

在三坐标机床上加工时，如进行圆弧插补，要规定加工所在的平面，用 G 代码可以进行平面选择，如图 7-33 所示。对于立式铣床，G17 为默认值，可以省略。

5. 圆弧插补指令（G02，G03）

指令格式：

$$G17 \begin{Bmatrix} G02 \\ G03 \end{Bmatrix} X \underline{\quad} Y \underline{\quad} \begin{Bmatrix} I \underline{\quad} J \underline{\quad} \\ R \underline{\quad} \end{Bmatrix} F \underline{\quad}$$

$$G18 \begin{Bmatrix} G02 \\ G03 \end{Bmatrix} X \underline{\quad} Z \underline{\quad} \begin{Bmatrix} I \underline{\quad} K \underline{\quad} \\ R \underline{\quad} \end{Bmatrix} F \underline{\quad}$$

$$G19 \begin{Bmatrix} G02 \\ G03 \end{Bmatrix} Y \underline{\quad} Z \underline{\quad} \begin{Bmatrix} J \underline{\quad} K \underline{\quad} \\ R \underline{\quad} \end{Bmatrix} F \underline{\quad}$$

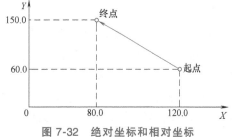

图 7-33 平面选择

其中，X、Y、Z 表示圆弧终点坐标，可以用绝对值，也可以用增量值，由 G90 或 G91

指定。I、J、K 分别为圆弧圆心相对于圆弧起点在 X、Y、Z 方向的增量值，带有正负号；R 表示圆弧半径。F 表示圆弧运动的进给速度。

说明：

1）G02 与 G03 的确定：沿圆弧所在平面（如 XY 平面）另一坐标轴的负方向（−Z）看去，顺时针方向为 G02，逆时针方向为 G03，如图 7-34 所示。

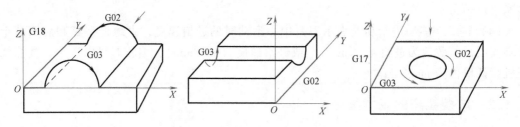

图 7-34　G02 和 G03 的判别

2）不论是绝对坐标编程还是相对坐标编程，圆心坐标 I、J、K 均是圆心相对于圆弧起点的坐标，是增量值。

3）当用半径 R 指定圆心位置时，由于在同一半径 R 的情况下，从圆弧的起点到终点有两个圆弧的可能性，优劣圆弧编程如图 7-35 所示。为区别二者，规定圆心角 $\alpha \leqslant 180°$ 时，用 +R 表示，$\alpha > 180°$ 时，用−R 表示。

4）整圆编程如图 7-36 所示，只能用 I、J、K 方式确定圆心，不能用 R 方式。同时终点坐标可以省略不写，如"G02（G03）I＿＿ J＿＿"。但在数控车床上，由于刀具结构的原因，圆心角一般不超过 180°。

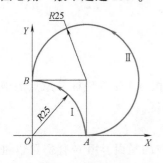

图 7-35　优劣圆弧编程

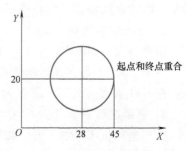

图 7-36　整圆编程

7.4.3　刀具半径补偿

在零件轮廓加工中，由于刀具总有一定的半径，刀具中心的运动轨迹与所加工零件的实际轮廓并不重合，而是偏移轮廓一个刀具半径值。为了避免计算刀具中心轨迹，直接按零件图样上的轮廓尺寸编程，数控系统提供了刀具半径补偿功能。

编程格式：$\begin{Bmatrix} G01 \\ G00 \end{Bmatrix} \begin{Bmatrix} G41 \\ G42 \end{Bmatrix} X\_\_ Y\_\_ D\_\_$

G41 为刀具半径左补偿，沿刀具运动方向向前看，刀具位于零件左侧；G42 为刀具半径右补偿，沿刀具运动方向向前看，刀具位于零件右侧，如图 7-37 所示。

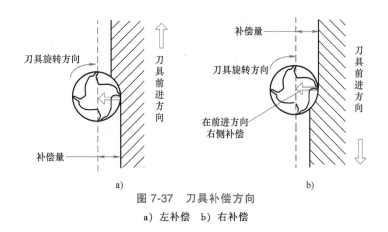

图 7-37 刀具补偿方向

a）左补偿 b）右补偿

D 为控制系统存放刀具半径补偿量寄存器单元的代码（称为刀补号），寄存器编号为 00~99，其中 D00 为取消半径补偿偏置。

轮廓加工完成后，应取消刀具半径补偿，其格式为：$\begin{Bmatrix} G01 \\ G00 \end{Bmatrix}$ G40 X __ Y __

在实际轮廓加工过程中，刀具半径补偿的执行过程一般分为三步，如图 7-38 所示。

1）刀具半径补偿建立。刀具由下刀点（位于零件轮廓及零件毛坯之外，距离加工零件轮廓切入点较近且置于零件轮廓延长线上的一点）以进给速度接近工件，刀具半径补偿偏置方向由 G41（左补偿）或 C42（右补偿）确定。

2）刀具半径补偿进行。一旦建立了刀具半径补偿状态，则一直维持该状态，直到取消刀具半径补偿为止。在刀具补偿进行期间，刀具中心轨迹始终偏离零件轮廓一个刀具半径值的距离。

3）刀具半径补偿取消。刀具撤离工件，回到退刀点，取消刀具半径补偿。退刀点应位于零件轮廓之外，距离加工零件轮廓退出点较近且偏置于零件轮廓延长线上，可与下刀点相同或不相同，G40 为取消刀具补偿指令。

在使用刀具半径补偿功能时需注意以下几点。

1）G40、G41、G42 一般不能和 G02、G03 在一个程序段中，只能和 G00、G01 一起使用，否则，数控系统会出现报警。

2）一般情况下，输入到刀具半径偏置寄存器中的刀具半径值为正值，如果为负值，则 G41 与 G42 相互替换。

3）半径补偿功能为模态代码，因此，若程序中建立了半径补偿，在加工完成后必须用 G40 指令将补偿状态取消。

4）一般的数控加工系统在加工过程中，只能预读其后的两句程序段，因此，如果在偏置方式中，处理两个或更多刀具不移动的程序段（辅助功能、暂停等）或非指定平面轴的移动指令，则有可能产生过切现象。

使用刀具半径补偿编写如图 7-39 所示零件的精加工程序。采用刀具左补偿，加工程序见表 7-2。

刀具半径补偿除方便编程外，还可以利用改变刀具半径补偿值的大小的方法，实现利用同一程序进行粗、精加工，即：

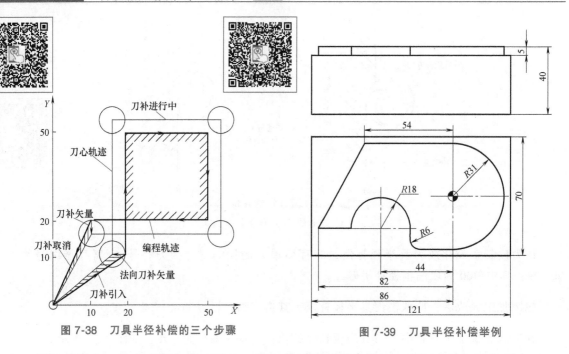

图 7-38　刀具半径补偿的三个步骤

图 7-39　刀具半径补偿举例

表 7-2　刀具半径左补偿加工程序

程　　序	注　　释	程　　序	注　　释
G54 G90 G40；	建立工件坐标系	G01 Y−19；	
M03 S1000；	主轴正转,转速 1000r/min	G03 X−62 R18；	加工 R18mm 的圆弧
G00 Z50；		G01 X−82；	
X50 Y−35；		X−54 Y31；	
Z5；		X0；	
G01 Z−5 F100；	刀具进给至深 5mm 处	G02 Y−31 R31；	加工 R31mm 的圆弧
G41 Y−31 D01；	建立半径补偿	G01 G40 X−50；	取消半径补偿
X−20；		G00 Z100；	刀具 Z 正向快退
G02 X−26 Y−25 R6；	加工 R6mm 的圆弧	M30；	程序结束

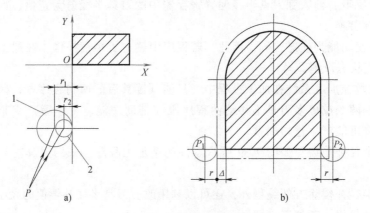

图 7-40　半径补偿的应用

粗加工刀具半径补偿 = 刀具半径 + 精加工余量

精加工刀具半径补偿 = 刀具半径 + 修正量

因磨损、重磨或换新刀而引起刀具半径改变后，不必修改程序，只需在刀具参数设置中输入变化后的刀具半径。如图 7-40a 所示，1 为未磨损刀具，2 为磨损刀具，只需将刀具参数表中的刀具半径 r_1 改为 r_2，即可适用于同一程序。

同一程序中，同一尺寸的刀具，利用半径补偿，可进行粗、精加工。如图 7-40b 所示，刀具半径为 r，精加工余量为 Δ，粗加工时，输入刀具半径 $D = r + \Delta$，则加工出单点画线轮廓；精加工时，用同一程序同一刀具，但输入刀具半径 $D = r$，则加工出实线轮廓。

7.4.4 刀具长度补偿

刀具长度补偿用来补偿刀具长度方向的尺寸变化。使用刀具长度补偿功能，编程人员可以不考虑实际刀具的长度，而按标准刀具的长度进行编程，当实际刀具长度与标准刀具长度不一致时，可用刀具长度补偿功能进行补偿；当刀具长度因磨损、重磨、换刀而发生变化时，不必修改程序，只要修改刀具长度补偿值即可。

格式：$\begin{Bmatrix} G43 \\ G44 \end{Bmatrix} \begin{Bmatrix} G00 \\ G01 \end{Bmatrix} Z \_\_ H \_\_$ $\quad G49 \begin{Bmatrix} G00 \\ G01 \end{Bmatrix} Z \_\_$

其中，G43 为刀具长度正补偿，G44 为刀具长度负补偿，G49 为取消刀长补偿，G43、G44、G49 均为模态指令；Z 为指令终点位置，H 为刀补号地址，用 H00 ~ H99 来指定，它用来调用内存中刀具长度补偿的数值。刀具长度补偿如图 7-41 所示。

执行 G43 时（刀具长时，离开工件补偿），Z 实际值 = Z 指令值 + (Hxx)；

执行 G44 时（刀具短时，趋近工件补偿），Z 实际值 = Z 指令值 − (Hxx)。

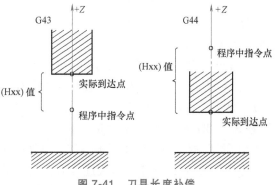

图 7-41 刀具长度补偿

其中（Hxx）是指 xx 寄存器中的补偿量，其值可以是正值或者是负值。当刀具长度补偿量取负值时，G43 和 G44 的功效将互换。

7.4.5 孔加工固定循环

1. 固定循环的五个动作

孔加工固定循环通常由以下五个动作组成，如图 7-42 所示（以 G98 为例）：

动作 1—X 轴和 Y 轴定位，刀具快速定位到要加工孔的中心位置上方。

动作 2—快进到 R 点平面，刀具自初始点快速进给到 R 点（准备切削的位置）。

动作 3—孔加工，以切削进给方式执行孔加工的动作。

动作 4—在孔底的动作，包括暂停、主轴准停、刀具移位等动作。

动作 5—返回到初始平面或 R 点平面。

2. 固定循环中的 Z 向高度位置及选用

在孔加工运动过程中，刀具运动涉及 Z 向坐标的三个高度位置：初始平面高度，R 点平面高度，孔切削深度。孔加工工艺设计时，要对这三个高度位置进行适当选择。

（1）初始平面高度　初始平面是为安全点定位及安全下刀而规定的一个平面。安全平面的高度应能确保平面高于所有的障碍物。当使用同一把刀具加工多个孔时，刀具在初始平面内的任意点定位移动应能保证刀具不会与夹具、工件凸台等发生干涉，特别要注意防止快速运动中切削刀具与工件、夹具和机床的碰撞。当孔之间存在障碍需要跳跃或孔全部加工完时，使刀具返回初始平面，使用 G98 指令。

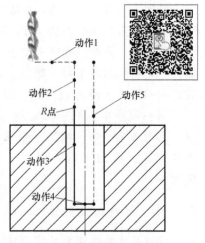

图 7-42　固定循环的五个动作

（2）R 点平面高度　R 点平面为刀具切削进给运动的起点高度，即从 R 点平面高度开始刀具处于切削状态。由 R 指定 Z 轴的孔切削起点的坐标。R 点平面的高度，通常选择在 Z0 平面上方 1~5mm 处。使刀具返回 R 点平面使用 G99 指令。

（3）孔切削深度　其位置由指令中的参数 Z 设定，Z 值决定了孔的加工深度。加工不通孔时，孔底平面就是孔底部所处的平面；加工通孔时，刀具要伸出工件底平面，一般要留有一定的超越量，如 3~5mm。

循环过程中，刀具返回点由 G98、G99 设定，G98 返回到初始平面，为缺省方式，G99 返回到 R 点平面。

3. 常用的固定循环指令及应用

（1）钻孔加工循环（G81、G82、G73、G83）

1）钻孔、点钻循环 G81。

格式：G81 X__ Y__ Z__ R__ F__

G81 循环动作如图 7-43 所示，G81 刀具在 X、Y 平面快速定位至孔的上方，然后快速下刀到安全平面，在此处速度由快进转为工进，切削加工到孔底，然后从孔底快速退回到指定位置（初始平面或 R 点平面）。G81 循环主要用于钻浅孔、通孔和中心孔。

编程时可以采用绝对坐标 G90 和相对坐标 G91 编程，建议尽量采用绝对坐标编程。

2）带停顿的钻孔循环 G82。

格式：G82 X__ Y__ Z__ R__ P__ F__

该指令除了要在孔底暂停外，其他动作与 G81 相同，暂停时间由 P 指定，单位为 ms。G82 循环常用于加工锪孔和沉头台阶孔，以提高孔底精度。G82 循环动作如图 7-44 所示。

3）断屑式深孔加工循环 G73。

格式：G73 X__ Y__ Z__ R__ Q__ F__

每次切削深度为 Q 值，快速后退 d 值，由数控系统内部通过参数设定。G73 指令在钻孔时是间歇进给，有利于断屑，适用于深孔加工，减少退刀量，可以进行高效率的加工。G73 循环动作如图 7-45 所示。

4）排屑式深孔加工循环 G83。

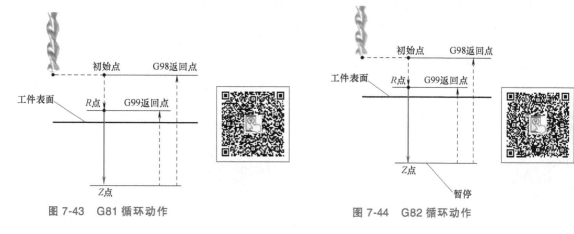

图 7-43　G81 循环动作　　　　　　　图 7-44　G82 循环动作

格式：G83 X ＿ Y ＿ Z ＿ R ＿ Q ＿ F ＿

该固定循环与 G73 的不同之处在于，每次进刀后都返回安全平面高度处，这样更有利于钻深孔时的排屑。G83 循环动作如图 7-46 所示。

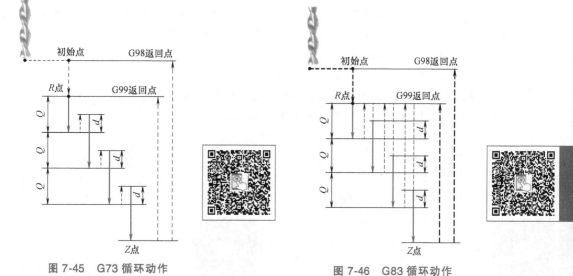

图 7-45　G73 循环动作　　　　　　　图 7-46　G83 循环动作

（2）攻螺纹循环（G84、G74）

1）右旋螺纹加工循环 G84。

格式：G84 X ＿ Y ＿ Z ＿ R ＿ F ＿

攻螺纹过程要求主轴转速 S 与进给速度 F 成严格的比例关系，因此，编程时要求根据主轴转速计算进给速度，进给速度 F ＝主轴转速×螺纹螺距，其余各参数的意义同 G81。

使用 G84 攻螺纹，进给时主轴正转，退出时主轴反转。与钻孔加工不同的是，攻螺纹结束后的返回过程不是快速运动，而是以进给速度反转退出。G84 循环动作如图 7-47 所示。

2）左旋螺纹加工循环 G74。

格式：G74 X ＿ Y ＿ Z ＿ R ＿ F ＿

与 G84 的区别是：进给时主轴反转，退出时主轴正转。各参数的意义同 G84。注意：在指定 G74 之前应使用辅助功能 M 代码 M04 使主轴逆时针旋转。G74 循环动作如图 7-48 所示。

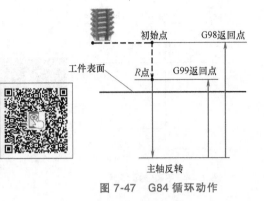

图 7-47　G84 循环动作

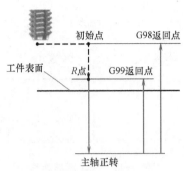

图 7-48　G74 循环动作

（3）镗孔循环（G85、G89、G86、G76、G87）

1）粗镗循环 G85。

格式：G85 X __ Y __ Z __ R __ F __

刀具以切削进给的方式加工到孔底，然后以切削进给的方式返到 R 点平面或初始平面，可以用于镗孔、铰孔、扩孔等。G85 循环动作如图 7-49 所示。

2）镗锪孔、阶梯孔循环 G89。

格式：G89 X __ Y __ Z __ R __ P __ F __

G89 动作与 G85 动作基本相似，不同的是，G89 动作在孔底增加了暂停，因此，该指令常用于阶梯孔的加工。G89 循环动作如图 7-50 所示。

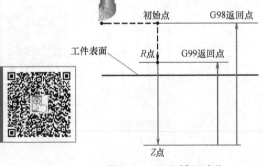

图 7-49　G85 循环动作

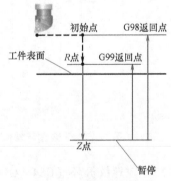

图 7-50　G89 循环动作

3）快速退刀的粗镗循环 G86。

格式：G86 X __ Y __ Z __ R __ F __

与 G85 的区别是：在到达孔底位置后，主轴停止，并快速退出。

4）精镗循环 G76。

格式：G76 X __ Y __ Z __ R __ P __ Q __ F __

与 G85 的区别是：G76 在孔底有三个动作，即进给暂停、主轴准停（定向停止）、刀具沿刀尖的反向偏移 Q 值，然后快速退出。这种带有让刀的退刀不会划伤已加工表面，保证了镗孔精度。G76 循环动作如图 7-51 所示。

5）背镗孔 G87。

格式：G87 X＿Y＿Z＿R＿Q＿F＿

刀具运动到孔中心位置后，主轴定向停止，然后向刀尖相反方向偏移 Q 值，快速运动到孔底位置，接着返回前面的位移量，回到孔中心，主轴正转，刀具向上进给运动到 Z 点，主轴又定向停止，然后向刀尖相反方向偏移 Q 值，快退。刀具返回到初始平面，再返回一个位移量，回到孔中心，主轴正转，继续执行下一段程序。G87 循环动作如图 7-52 所示。

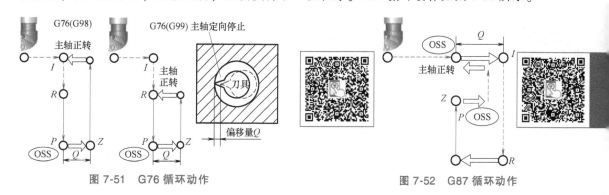

图 7-51　G76 循环动作　　　　　　　　图 7-52　G87 循环动作

（4）孔循环取消 G80

格式：G80

取消所有孔加工固定循环模式。各种孔加工固定循环见表 7-3。

表 7-3　孔加工固定循环

G 代码	钻削（−Z 方向）	在孔底的动作	回退（+Z 方向）	应用
G73	间歇进给		快速移动	高速深孔钻循环
G74	切削进给	停刀→主轴正转	切削进给	左旋攻螺纹循环
G76	切削进给	主轴定向停止	快速移动	精镗循环
G80				取消固定循环
G81	间歇进给		快速移动	钻孔、点钻循环
G82	切削进给	暂停	快速移动	钻孔、锪镗循环
G83	间歇进给		快速移动	深孔钻循环
G84	切削进给	暂停→主轴反转	切削进给	攻螺纹循环
G85	切削进给		切削进给	镗孔循环
G86	切削进给	主轴停止	快速移动	镗孔循环
G87	切削进给	主轴正转	快速移动	背镗循环
G88	切削进给	暂停→主轴停止	手动移动	镗孔循环
G89	切削进给	暂停	切削进给	镗孔循环

7.5　典型零件的数控铣床编程

如图 7-53 所示的零件，毛坯外形尺寸为 $\phi120mm×35mm$，按图样要求制定正确的工艺

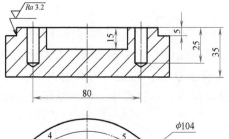

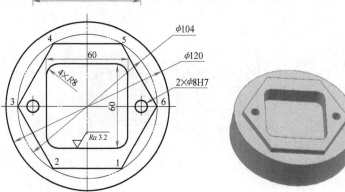

图 7-53　零件图

方案（包括定位夹紧方案和工艺路线），选择合理的刀具和切削工艺参数，并编写数控加工程序。

1. 工艺分析

零件外形规则，被加工部分的各尺寸、表面质量等要求较高。图中包含了内外轮廓的粗、精加工，钻孔及铰孔加工。

由于被加工件是圆柱体，采用自定心卡盘装夹工件，工件原点定在工件的中心处，上表面为 Z 零点表面。

2. 加工路线的确定

1）精加工余量为 0.2mm。

2）六边形为外轮廓的加工，由于深度不大，粗加工不再采用分层加工；为节省时间采用直线进给。

3）内轮廓的粗精加工采用 φ14mm 的键槽铣刀，加工路线如图 7-54 和图 7-55 所示，粗

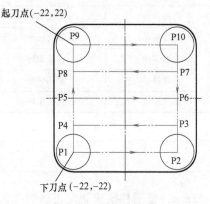

图 7-54　粗加工路线

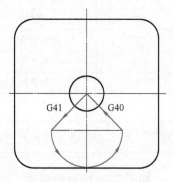

图 7-55　精加工路线

加工采用先行切,后环切,且采用分层加工;精加工采用半径补偿,为了得到较好加工表面常采用圆弧进退刀方式。

3. 刀具的选用及切削参数

该零件加工工序、刀具的选用及切削参数见表7-4。

表7-4 加工工序、刀具选用及切削参数

加工工序		刀具与切削参数						
		刀具规格			主轴转速 /(r/min)	进给量 /(mm/min)	刀具补偿	
工序	加工内容	刀号	刀具名称	材料			长度	半径
1	粗加工外轮廓	T01	ϕ20mm 立铣刀	硬质合金	800	120		D01 = 10.1
2	精加工外轮廓	T02	ϕ16mm 立铣刀		1000	80	H02	D02 = 8
3	粗加工内轮廓	T03	ϕ14mm 键槽铣刀		900	100	H03	
4	精加工内轮廓	T04	ϕ14mm 键槽铣刀		1200	80	H04	D04 = 7
5	点钻	T05	ϕ4mm 中心钻	高速钢	1500	50	H05	
6	钻孔	T06	ϕ7.8mm 麻花钻		800	50	H06	
7	铰孔	T07	ϕ8mm 铰刀		500	50	H07	

4. 数值点的计算

六边形的六个点的坐标依次为（25.981、-45）、（-25.981、-45）、（-51.962、0）、（-25.981、45）、（25.981、45）、（51.962、0）。

5. 数控编程

1）外轮廓的加工程序,见表7-5、表7-6、表7-7。

表7-5 外轮廓的粗加工程序

程 序	注 释
O7001;	程序号
G54 G90 G40 G49;	建立工件坐标系,取消半径和长度补偿
G00 Z100;	
M03 S800 M08;	主轴正转,切削液开
X80 Y-45;	刀具移动到下刀点
Z5;	快速到达工件上表面 5mm 处
G01 Z-4.8 F120;	切深至 -4.8mm 处
M98 P7003 D01;	调用子程序,调用补偿号 D01
G00 Z100;	
M30;	程序结束

表7-6 外轮廓的精加工程序

程 序	注 释
O7002;	程序号
G54 G90 G40 G49;	建立工件坐标系,取消半径和长度补偿
G00 Z100;	
M03 S1000 M08;	主轴正转,切削液开
X80 Y-45;	刀具移动到下刀点

（续）

程　　序	注　　释
Z5;	快速到达工件上表面 5mm 处
G01 Z-5 F80;	切深至-5mm 处
M98 P7003 D02;	调用子程序,调用补偿号 D02
G00 Z100;	
M30;	程序结束

表 7-7　外轮廓加工子程序

程　　序	注　　释
O7003;	程序号
G41 X50;	建立半径补偿
X-25.981;	直线插补至点 2
X-51.962 Y0;	直线插补至点 3
X-25.981 Y45;	直线插补至点 4
X25.981;	直线插补至点 5
X51.962 Y0;	直线插补至点 6
X25.981 Y-45;	直线插补至点 1
G40 Y-80;	取消半径补偿
M99;	返回主程序

2）内轮廓的加工程序，见表 7-8、表 7-9、表 7-10。

表 7-8　内轮廓的粗加工程序

程　　序	注　　释
O7004;	程序号
G54 G90 G40 G49;	建立工件坐标系,取消半径和长度补偿
G00 Z100;	
M03 S900 M08;	主轴正转,切削液开
X-22 Y-22;	刀具移动到下刀点 P1
Z5;	快速到达工件上表面 5mm 处
G01 Z0 F100;	进给至工件上表面
M98 P57005;	调用子程序 O7005,调用 5 次
G00 Z100;	
M30;	程序结束

表 7-9　内轮廓加工子程序

程　　序	注　　释
O7005;	程序号
G91 Z-3;	采用增量编程,每次切深 3mm
X44;	直线插补至 P2
Y11;	直线插补至 P3
X-44;	直线插补至 P4
Y11;	直线插补至 P5
X44;	直线插补至 P6
Y11;	直线插补至 P7

（续）

程　　序	注　　释
X-44;	直线插补至 P8
Y11;	直线插补至 P9
X44;	直线插补至 P10
Y-44;	直线插补至 P2
X-44;	直线插补至 P1
Y44;	直线插补至 P9
G90 X-22 Y-22;	回到下刀点 P1
M99;	返回主程序

表7-10　内轮廓的精加工程序

程　　序	注　　释
O7006;	程序号
G54 G90 G40 G49;	建立工件坐标系,取消半径和长度补偿
G00 Z100;	
M03 S1200 M08;	主轴正转,切削液开
X0 Y0;	刀具移动到下刀点
Z5;	快速到达工件上表面5mm处
G01 Z-15 F80;	进给至-15mm处
G41 X-15 Y-15 D04;	建立半径补偿,补偿号 D04
G03 X0Y-30 R15;	圆弧插补至加工位置
G01 X22;	
G03 X30 Y-22 R8	逆时针加工 R8 圆弧
G01 Y22	
G03 X22 Y30 R8	逆时针加工 R8 圆弧
G01 X-22	
G03 X-30 Y22 R8	逆时针加工 R8 圆弧
G01 Y-22	
G03 X-22 Y-30 R8	逆时针加工 R8 圆弧
G01 X0	
G03 X15 Y-15 R15	圆弧方式切出工件
G40 G01 X0 Y0	取消半径补偿,回到下刀点
G00 Z100;	
M30;	程序结束

3）孔的加工程序，见表7-11。

表7-11　点、钻、铰孔程序

O7007;点孔程序	O7008;钻孔程序	O7009;铰孔程序
G54 G90 G40 G49;	G54 G90 G40 G49;	G54 G90 G40 G49;
G00 Z100;	G00 Z100;	G00 Z100;
M03 S1500 M08;	M03 S800 M08;	M03 S500 M08;
G81 G99 X-40 Y0 Z-3 R5 F50;	G83 G99 X-40 Y0 Z-25 R5 Q3 F50;	G85 G99 X-40 Y0 Z-25 R5 F50;
G98 X40;	G98 X40;	G98 X40;
G80 M09;	G80 M09;	G80 M09;
M30;	M30;	M30;

知识点自测

一、选择题

1. 数控机床的"回零"操作是指回到（　　　）。

A. 对刀点　　　　B. 换刀点　　　　C. 机床的参考点　　　　D. 编程原点

2. 在 G43 G01 Z15. H15 语句中，H15 表示（　　　）。

A. Z 轴的位置是 15　　　　　　　　B. 刀具补偿值参数表的地址是 15

C. 长度补偿值是 15　　　　　　　　D. 半径补偿值是 15

3. 数控铣床的 G41/G42 是对（　　　）进行补偿。

A. 刀尖圆弧半径　　　　　　　　　B. 刀具长度

C. 刀具半径　　　　　　　　　　　D. 刀具角度

4. 铣刀直径为 φ50mm，铣削铸铁时其切削速度为 19m/min，则其主轴转速约为（　　　）r/min。

A. 60　　　　　　B. 120　　　　　　C. 240　　　　　　D. 480

5. 精铣的进给率应比粗铣（　　　）。

A. 大　　　　　　B. 小　　　　　　C. 不变　　　　　　D. 无关

6. 加工孔时，孔径较小的孔一般采用（　　　）方法，孔径较大的孔一般采用（　　　）方法。

A. 钻、铰　　　　　　　　　　　　B. 钻、半精镗、精镗

C. 钻、扩、铰　　　　　　　　　　D. 钻、精镗

7. 铣削宽度为 100mm 的平面时，切除效率较高的铣刀为（　　　）。

A. 面铣刀　　　　B. 键槽铣刀　　　　C. 立铣刀　　　　D. 侧铣刀

8. 铣削一外轮廓，为避免切入/切出点产生刀痕，最好采用（　　　）。

A. 法向切入/切出　　　　　　　　　B. 切向切入/切出

C. 斜向切入/切出　　　　　　　　　D. 垂直切入/切出

9. 下列刀具中不能作轴向进给的是（　　　）。

A. 立铣刀　　　　B. 键槽铣刀　　　　C. 球头铣刀　　　　D. A、B、C 都不能

10. 撤销刀具长度补偿指令是（　　　）。

A. G40　　　　　B. G41　　　　　　C. G43　　　　　　D. G49

11. 主轴正转，刀具以进给速度向下运动钻孔，到达孔底位置后，快速退回，这一钻孔指令是（　　　）。

A. G81　　　　　B. G82　　　　　　C. G83　　　　　　D. G84

12. 用 φ20 三刃高速钢立铣刀铣削，如果主轴转速 400r/min，每齿进给量是 0.1mm，合理的进给速度大约是（　　　）。

A. 50mm/min　　　B. 400mm/min　　　C. 120mm/min　　　D. 1000mm/min

13. 在数控加工中，刀具补偿功能除对刀具半径进行补偿外，在用同一把刀进行粗、精加工时还可进行加工余量的补偿，设刀具半径为 r，精加工时半径方向的余量为 Δ，则最后

一次粗加工走刀的半径补偿量为（　　　）。

A. $r+\Delta$　　　　　　B. Δ　　　　　　C. r　　　　　　D. $2r+\Delta$

二、简答题

1. 数控铣床刀具补偿包括哪些？各有何作用？

2. 如何确定数控铣床工件坐标系？

3. 什么是固定循环？数控铣床上的固定循环有什么用途？

4. 简述 M98 P23456 的含义。

三、编程题

1. 用 ϕ4mm 的键槽铣刀加工如图 7-56 所示的三个字母，刀心轨迹为点画线，字深 2mm，试编写加工程序。

2. 在数控铣床（FANUC 数控系统）上加工外形如图 7-57 所示的盖板零件，以中间 ϕ40mm 的孔定位加工外形轮廓，$2\times\phi$8mm 的孔不加工，材料为铝板。要求：编制精加工程序，顺时针方向走刀，考虑刀具半径补偿。

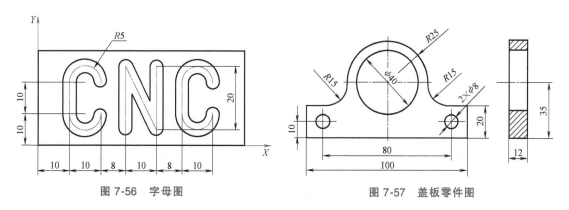

图 7-56 字母图　　　　　　　　　　图 7-57 盖板零件图

3. 加工如图 7-58 所示的零件，材料为 45 钢。要求编写内外轮廓的粗精加工程序，精加工考虑刀具半径补偿功能。

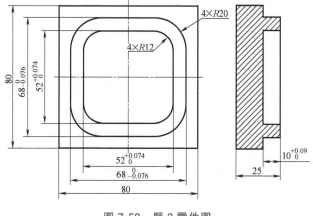

图 7-58 题 3 零件图

4. 零件如图 7-59 所示，上下表面、外轮廓已在前面的工序加工完成，本工序完成零件上所有孔的加工，试编写其加工程序。

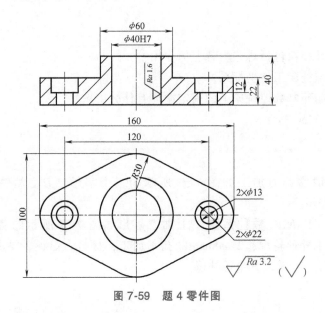

图 7-59　题 4 零件图

第 8 章

加工中心的编程

8.1 加工中心概述

加工中心是带有刀库和自动换刀装置的数控机床。其特点有：数控系统能控制机床自动地更换刀具，连续地对工件各加工表面自动进行钻削、扩孔、铰孔、镗孔、攻螺纹、铣削等多种工序的加工。

8.1.1 加工中心的组成

1. 基础部件

基础部件是加工中心的基础结构，它主要由床身、工作台、立柱三大部分组成。这三部分不仅要承受加工中心的静载荷，还要承受切削加工时产生的动载荷。所以要求加工中心的基础部件必须有足够的刚度，通常这三大部件都是铸造而成。

2. 主轴部件

主轴部件由主轴箱、主轴电动机、主轴和主轴轴承等零部件组成。主轴是加工中心切削加工的功率输出部件，它的起动、停止、变速、变向等动作均由数控系统控制。主轴的旋转精度和定位准确性，是影响加工中心加工精度的重要因素。

3. 数控系统

加工中心的数控系统由 CNC 装置、可编程序控制器、伺服驱动系统以及面板操作系统组成，它是执行顺序控制动作和加工过程的控制中心。CNC 装置是一种位置控制系统，其控制过程是根据输入的信息进行数据处理、插补运算，获得理想的运动轨迹信息，然后输出到执行部件，加工出所需要的工件。

4. 自动换刀系统

自动换刀系统主要由刀库组成。当需要更换刀具时，数控系统发出指令后，先把主轴上的刀具送回刀库，再抓取相应的刀具至主轴孔内，从而完成整个换刀动作。

5. 辅助装置

辅助装置包括润滑、冷却、排屑、防护、液压、气动和检测系统等部分。这些装置虽然不直接参与切削运动，但却是加工中心不可缺少的部分，对加工中心的加工效率、加工精度和可靠性起着保障作用。

8.1.2 加工中心的分类

1. 按机床形态分类

（1）立式加工中心　其主轴中心线为垂直状态设置，有固定立柱式和移动立柱式两种结构型式，多采用固定立柱式结构。如图 8-1 所示。

优点：结构简单，占地面积小，价格相对较低，装夹工件方便，调试程序容易，应用广泛。

缺点：不能加工太高的零件；在加工型腔或下凹的型面时切屑不易排除，严重时会损坏刀具，破坏已加工表面，影响加工的顺利进行。

应用：最适宜加工高度方向尺寸相对较小的工件。

（2）卧式加工中心　其主轴中心线为水平状态设置，多采用移动式立柱结构，通常都带有可进行回转运动的正方形分度工作台，一般具有 3~5 个运动坐标，常见的是三个直线运动坐标加一个回转运动坐标（回转工作台）。如图 8-2 所示。

图 8-1　立式加工中心

图 8-2　卧式加工中心

优点：加工时排屑容易。

缺点：与立式加工中心相比较，卧式加工中心在调试程序及试切时不宜观察，加工时不便监视，零件装夹和测量不方便；卧式加工中心的结构复杂，占地面积大，价格也较高。

应用：最适合加工箱体类零件。

（3）龙门加工中心　其形状与龙门铣床相似，主轴多为垂直设置，除自动换刀装置以外，还带有可更换的主轴头附件，数控装置的软件功能也较齐全，能够一机多用。如图 8-3 所示。

应用：适用于大型或形状复杂工件的加工，如汽车模具、飞机的梁、框、壁板等整体结构件。

（4）万能加工中心　其具有立式加工中心和卧式加工中心的功能，工件一次安装后能完成除安装面外的所有侧面和顶面等五个面的加工，也称为万能加工中心或复合加工中心。

它有两种形式，一种是主轴可以旋转 90°，可以进行立式和卧式加工，如图 8-4 所示的5 轴加工中心；另一种是主轴不改变方向，而由工作台带着工件旋转 90°，完成对工件五个

图8-3 龙门加工中心

表面的加工。

优点：这种加工方式可以最大限度地减少工件的装夹次数，减小工件的形位误差，从而提高生产效率，降低加工成本。

缺点：由于五面加工中心存在着结构复杂、造价高、占地面积大等缺点，所以它的使用率远不如其他类型的加工中心。

图8-4 5轴加工中心

2. 按运动坐标数和同时控制的坐标数分类

加工中心可分为三轴二联动、三轴三联动、四轴三联动、五轴四联动、六轴五联动等。

3. 按工作台数量和功能分类

加工中心可分为单工作台加工中心、双工作台加工中心和多工作台加工中心。

8.1.3 加工中心的主要功能及特点

1）加工中心是在数控铣床或数控镗床的基础上增加了自动换刀装置，一次装夹，可完成多道工序加工。

2）加工中心如果带有自动分度回转工作台或能自动摆角的主轴箱，可使工件在一次装夹后，自动完成多个平面和多个角度位置的多工序加工。

3）加工中心如果带有自动交换工作台，一个工件在工作位置的工作台上进行加工的同时，另外的工件在装卸位置的工作台上进行装卸，大大缩短了辅助时间，提高了生产率。

8.2 加工中心的加工工艺

8.2.1 加工中心的主要加工对象

加工中心适用于复杂、工序多、精度要求高，需用多种类型普通机床和很多刀具、工装，经过多次装夹和调整才能完成加工的零件。其主要加工对象有以下五类。

1. 箱体类零件

箱体类零件是指具有一个以上孔系，内部有一定型腔，在长、宽、高方向有一定比例的零件。这类零件主要应用在机械、汽车、飞机等行业，如汽车的发动机缸体、变速箱体、机床的主轴箱、柴油机缸体、齿轮泵壳体等。图 8-5 所示为汽车发动机缸体。

箱体类零件一般都需要进行多工位孔系及平面加工，几何公差要求较为严格，通常要经过钻、扩、铰、锪、镗、攻螺纹、铣等工序，不仅需要的刀具多，而且需多次装夹和找正，手工测量次数多，因此工艺复杂、加工周期长、成本高，重要的是精度难以保证。这类零件在加工中心加工时，一次装夹可以完成普通机床 60% 的工序内容，零件各项精度一致性好，质量稳定，同时可缩短生产周期，降低成本。

对于加工工位较多、工作台需多次旋转角度才能加工完成的零件，一般选用卧式加工中心；当加工的工位较少，且跨距不大时，可选立式加工中心，从一端进行加工。

2. 复杂曲面

在航空航天、汽车、船舶、国防等领域的产品中，复杂曲面类零件占有较大的比重，如叶轮、螺旋桨、各种曲面成形模具等。复杂曲面采用普通机械加工方法是难以甚至是无法完成的，此类零件适宜加工中心加工，如图 8-6 所示。

就加工的可能性而言，在不出现加工干涉区或加工盲区时，复杂曲面一般可以用球头铣刀进行三轴联动加工。这种方法加工精度较高，但效率较低。如果工件存在加工干涉区或加工盲区，就必须考虑采用四轴或五轴联动的机床。仅加工复杂曲面并不能发挥加工中心自动换刀的优势，因为复杂曲面的加工一般经过粗铣→（半）精铣→清根等步骤，所用的刀具较少，特别是像模具这样的单件加工。

图 8-5 汽车发动机缸体

a)   b)

图 8-6 复杂曲面组成的零件

a）叶片 b）螺旋桨

3. 异形件

异形件是外形不规则的零件，大多需要点、线、面多工位混合加工，如支架、基座、样板、靠模等，如图 8-7 所示。异形件的刚性一般较差，夹压及切削变形难以控制，加工精度也难以保证，这时可充分发挥加工中心工序集中的特点，采用合理的工艺措施，一次或两次装夹，完成多道工序或全部的加工内容。实践证明，加工中心加工异形件时，形状越复杂，精度要求越高，越能显示加工中心的优越性。

4. 盘、套、板类零件

带有键槽、径向孔或端面有分布孔系以及有曲面的盘套或轴类零件，还有具有较多孔加工的板类零件，如图 8-8 所示，适宜采用加工中心加工。端面有分布孔系、曲面的零件宜选用立式加工中心，有径向孔的可选卧式加工中心。

图 8-7 异形支架

图 8-8 板类零件

5. 特殊加工

特殊加工的工艺内容包括在金属表面上刻字、刻线、刻图案等。在加工中心的主轴装上高频电火花电源，可对金属表面进行线扫描表面淬火；在加工中心装上高速磨头，可进行各种曲线、曲面的磨削等。

8.2.2 加工中心的工艺特点

1）可减少工件的装夹次数，消除因多次装夹带来的定位误差，提高加工精度。

2）可减少机床数量，并相应减少操作工人，节省占用的车间面积。

3）可减少周转次数和运输工作量，缩短生产周期。

4）在制品数量少，简化生产调度和管理。

5）使用各种刀具进行多工序集中加工，在进行工艺设计时要处理好刀具在换刀及加工时与工件、夹具甚至机床相关部位的干涉问题。

6）若在加工中心上连续进行粗加工和精加工，夹具既要能适应粗加工时切削力大、夹紧力大的要求，又须适应精加工时定位精度高，零件夹紧变形尽可能小的要求。

7）由于采用自动换刀和自动回转工作台进行多工位加工，决定了卧式加工中心只能进行悬臂加工。

8）多工序的集中加工时，要及时处理切屑。

9）在将毛坯加工为成品的过程中，零件不能进行时效处理，内应力难以消除。

10）技术复杂，对使用、维修、管理的要求较高。

11）加工中心一次性投资大，还需配置其他辅助装置，如刀具预调设备、数控工具系统或三坐标测量机等。

8.2.3 加工中心的工艺路线设计

单台加工中心或多台加工中心构成的 FMC 或 FMS，在工艺设计上有较大的差别。

1. 单台加工中心

1）安排加工顺序时，要根据工件的毛坯种类，现有加工中心机床的种类、构成和应用习惯，确定零件是否要进行加工中心工序前的预加工以及后续加工。

2）要照顾各个方向的尺寸，留给加工中心的余量要充分且均匀。

3）最好在加工中心上一次定位装夹中完成预加工面在内的所有内容。

4）加工质量要求较高的零件时，应尽量将粗、精加工分开进行。

5）可在具有良好冷却系统的加工中心上一次或两次装夹完成全部粗、精加工工序。

一般情况下，箱体零件加工可参考的加工方案为：铣大平面→粗镗孔→半精镗孔→立铣刀加工→打中心孔→钻孔、铰孔→攻螺纹→精镗、精铣等。

2. 多台加工中心构成的 FMC 或 FMS

当加工中心处在 FMC 或 FMS 中时，其工艺设计应着重考虑每台加工设备的加工负荷、生产节拍、加工要求的保证以及工件的流动路线等问题。

8.2.4 加工中心的夹具选择

1）一般夹具的选择原则是：在单件生产中尽可能采用通用夹具；批量生产时优先考虑组合夹具，其次考虑可调夹具，最后考虑成组夹具和专用夹具。

2）尽量采用气动、液压夹紧装置。

3）夹具要尽量敞开，夹紧元件的位置应尽量低，给刀具运动轨迹留有空间。

4）夹具在机床工作台上的安装位置应确保在主轴的行程范围内能使工件的加工内容全部完成。

8.2.5 加工中心的自动换刀装置

1. 自动换刀装置

换刀装置的用途是按照加工需要，自动地更换装在主轴上的刀具。自动换刀装置是一套独立、完整的部件。

自动换刀装置的形式包括回转刀架，如车削中心，还有带刀库的自动换刀装置，应用广泛。

2. 刀库形式

加工中心的刀库形式很多，结构也各不相同。加工中心最常用的刀库有盘式刀库和链式刀库。盘式刀库的结构紧凑、简单，在钻削中心上应用较多，但存放刀具数目较少，如图8-9 所示。链式刀库是在环形链条上装有许多刀座，刀座孔中装夹各种刀具，由链轮驱动。链式刀库适用于要求刀库容量较大的场合，且多为轴向取刀。当链条较长时，可以增加支承轮的数目，使链条折叠回绕，提高了空间利用率，如图 8-10 所示。

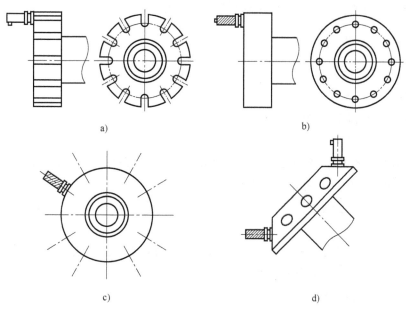

图 8-9 盘式刀库

a) 径向取刀形式　b) 轴向取刀形式　c) 径向布置形式　d) 角度布置形式

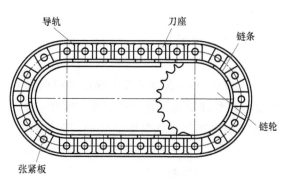

图 8-10 链式刀库

8.3 加工中心的编程

8.3.1 加工中心的编程特点

1）首先应进行合理的工艺分析和工艺设计。合理地安排各工序加工的顺序，能为程序编制提供有利条件。

2）根据加工批量等情况，确定采用自动换刀或手动换刀。

3）为提高机床利用率，尽量采用刀具机外预调，并将测量尺寸填写到刀具卡片中，以便操作者在运行程序前确定刀具补偿参数。

4）尽量把不同工序内容的程序分别安排到不同的子程序中。这种安排便于按每一工步独立地调试程序，也便于加工顺序的调整。

5）除换刀程序外，加工中心的编程方法与数控铣床基本相同。

8.3.2 参考点控制指令（G28、G29）

1. 自动原点复归 G28

格式：G28 X __ Y __

其中，X、Y 为指定的中间点位置。

说明：

1）执行 G28 指令时，各轴先以 G00 的速度快速移动到程序指令的中间点位置，然后自动返回原点，系统对中间点有记忆功能。

2）在 G90 时为指定点在工件坐标系中的坐标；在 G91 时为指令点相对于起点的位移量。

3）执行 G28 指令前要求机床在通电后必须（手动）返回过一次参考点。

4）使用 G28 指令时，必须预先取消刀补量。

5）G28 为非模态指令。

6）自动换刀（M06）之前，必须使用此指令。

2. 由原点（经中间点）自动返回指定点 G29

格式：G29 X __ Y __

其中，X、Y 为指令的定位终点位置。

说明：

1）执行 G29 指令时，各轴先以 G00 的速度快速移动到由前段 G28 指令定义的中间点位置，然后再向程序指令的目标点快速定位。通常该指令紧跟在一个 G28 指令之后。

2）在 G90 时，X、Y 为终点在工件坐标系中的坐标；在 G91 时，为终点相对于中间点的位移量。

3）G29 为非模态指令，只在指令的程序段有效。

8.3.3 换刀程序的编制

不同的加工中心，其换刀程序是不同的，通常选刀和换刀分开进行。换刀完毕起动主轴后，方可执行后面的程序段。一般立式加工中心规定的换刀点位置在机床 *Z* 轴零点处，卧式加工中心规定的换刀点位置在机床 *Y* 轴零点处。

编制换刀程序一般有两种方法。

方法一：…

  N10 G9l G28 Z0

  N11 M06 T02

即一把刀具加工结束，主轴返回机床原点后准停，然后刀库旋转，将需要更换的刀具停在换刀位置，接着进行换刀，再开始加工。

方法二：…

  N10 G01 X __ Y __ Z __ T02

...

N17 G91 G28 Z0 M06

N18 G01 X __ Y __ Z __ T03

这种方法的找刀时间和机床的切削时间重合,当主轴返回换刀点后立刻换刀,因此整个换刀过程所用的时间比第一种要短一些。

8.4 典型零件的加工中心编程

8.4.1 孔类零件的加工编程

支撑座零件如图 8-11 所示,上下表面、外轮廓已在前面的工序加工完成,本工序完成零件上所有孔的加工。试编写其加工程序,零件材料为 HT150。

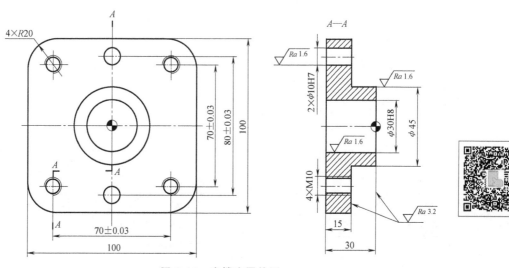

图 8-11 支撑座零件图

1. 工艺分析

本例中的零件较为规则,采用平口钳装夹即可。零件上包括 2 个销钉孔,精度要求比较高,采用点→钻→铰的方式;4 个螺纹孔,采用点→钻→攻螺纹的方式;1 个 φ30 的通孔,根据精度要求,采用点→钻→扩→粗镗→精镗的方式。

2. 加工路线的确定

按照先小孔后大孔加工的原则,确定走刀路线为:

1)先用中心钻点 7 个孔的位置。

2)φ9.8 钻头钻 2 个销钉孔,然后用 φ10 铰刀铰孔。

3)φ8.5 钻头打螺纹底孔,然后 M10 丝锥攻螺纹。

4)φ30 的通孔采用 φ15 钻头钻→φ28 扩孔→φ29.8 粗镗→φ30 精镗。

3. 刀具的选用及切削参数的确定

该零件加工工序刀具的选用及切削参数的确定见表 8-1。

表 8-1　刀具的选用及切削参数的确定

加工工序		刀具与切削参数					
工序	加工内容	刀具规格			主轴转速/（r/min）	进给量/（mm/min）	刀具长度补偿
		刀号	刀具名称	材料			
1	点 7 个孔位置	T01	ϕ4mm 中心钻	高速钢	1200	80	
2	钻 2 个销钉孔	T02	ϕ9.8mm 麻花钻		800	60	H02
3	铰 2 个销钉孔	T03	ϕ10mm 铰刀		500	50	H03
4	钻 4 个螺纹孔	T04	ϕ8.5mm 麻花钻		900	60	H04
5	攻螺纹	T05	M10mm 丝锥		500	750	H05
6	钻 ϕ30 孔	T06	ϕ15mm 麻花钻		600	50	H06
7	扩 ϕ30 孔	T07	ϕ28mm 麻花钻		500	50	H07
8	粗镗 ϕ30 孔	T08	ϕ29.8mm 镗刀		300	50	H08
9	精镗 ϕ30 孔	T09	ϕ30mm 镗刀		300	50	H09

4. 确定编程坐标系

因为零件为对称图形，X、Y 轴原点设在对称中心处，为了编程方便，$Z0$ 设在零件上表面处。为了简化程序，采用固定循环指令。

5. 编写加工程序，见表 8-2。

表 8-2　加工程序

程　序	注　释
O8001；	程序号
G54 G90 G40 G49 G80；	建立坐标系，取消半径、长度补偿，固定循环
M03 S1200 M08；	主轴正转，切削液开
G00 Z100；	快进至初始平面
G99 G81 X35 Y35 Z−18 R−10 F80；	中心钻点孔
X0 Y40；	
X−35 Y35；	
Y−35；	
X0 Y−40；	
X35 Y−35 R5；	抬高 R 点平面
G98 X0 Y0 Z−3；	切深至−3mm
G80；	取消固定循环
M05 M09；	主轴停转，切削液关
G91 G28 Z0；	回换刀点
M06 T02；	换 ϕ9.8mm 麻花钻
M03 S800 M08；	主轴正转，切削液开
G43 G00 Z100 H02；	建立长度补偿，补偿号 H02
G83 X0 Y40 Z−32 R−10 Q3 F60；	深孔钻固定循环

（续）

程 序	注 释
Y-40；	
G80 G49；	取消固定循环、长度补偿
M05 M09；	主轴停转,切削液关
G91 G28 Z0；	回换刀点
M06 T03；	换 φ10mm 铰刀
M03 S500 M08；	
G43 G00 Z100 H03；	建立长度补偿,补偿号 H03
G85 X0 Y40 Z-32 R-10 F50；	绞孔固定循环
Y-40；	
G80 G49；	取消固定循环、长度补偿
M05 M09；	主轴停转,切削液关
G91 G28 Z0；	回换刀点
M06 T04；	换 φ8.5mm 麻花钻
M03 S900 M08；	
G43 G00 Z100 H04；	建立长度补偿,补偿号 H04
G99 G83 X35 Y35 Z-32 R-10 Q3 F60；	深孔钻固定循环
X-35；	
Y-35；	
G98 X35；	回到初始平面
G80 G49；	取消固定循环、长度补偿
M05 M09；	主轴停转,切削液关
G91 G28 Z0；回换刀点	回换刀点
M06 T05；	换 M10mm 丝锥
M03 S500 M08；	
G43 G00 Z100 H05；	建立长度补偿,补偿号 H05
G99 G84 X35 Y35 Z-32 R-10 F750；	攻螺纹固定循环
X-35；	
Y-35；	
G98 X35；	
G80 G49；	取消固定循环、长度补偿
M05 M09；	主轴停转,切削液关
G91 G28 Z0；	回换刀点
M06 T06；	换 φ15mm 麻花钻
M03 S600 M08；	
G43 G00 Z100 H06；	建立长度补偿,补偿号 H06
G83 X0 Y0 Z-32 R5 Q3 F50；	深孔钻固定循环

（续）

程　序	注　释
G80 G49;	取消固定循环、长度补偿
M05 M09;	主轴停转,切削液关
G91 G28 Z0;	回换刀点
M06 T07;	换 φ28mm 麻花钻
M03 S500 M08;	
G43 G00 Z100 H07;	建立长度补偿,补偿号 H07
G81 X0 Y0 Z-32 R5 F50;	钻孔固定循环
G80 G49;	
M05 M09;	
G91 G28 Z0;	
M06 T08;	换 φ29.8mm 镗刀
M03 S300 M08;	
G43 G00 Z100 H08;	建立长度补偿,补偿号 H08
G85 X0 Y0 Z-32 R5 F50;	粗镗孔固定循环
G80 G49;	
M05 M09;	
G91 G28 Z0;	
M06 T09;	换 φ30mm 镗刀
M03 S300 M08;	
G43 G00 Z100 H09;	建立长度补偿,补偿号 H09
G76 X0 Y0 Z-32 R5 Q5 F50;	精镗孔固定循环
G80 G49;	
M30;	程序结束

8.4.2　盘类零件的加工编程

如图 8-12 所示的盘类零件,毛坯外形尺寸为长 160mm、宽 120mm、深 30mm,材料 45 钢,按图样要求制定正确的工艺方案,选择合理的刀具和切削工艺参数,并编写数控加工程序。

1. 编制数控加工工艺

（1）零件图样分析　该零件尺寸标注完整,轮廓描述清楚。加工内容有 R50 凹圆弧槽、宽 26mm 的凹槽和宽 16mm 的两个键槽。被加工部分的各尺寸、几何位置公差、表面粗糙度值等要求较高,所以在径向上要经过粗加工和精加工,在深度方向上要分层加工。

（2）加工方案的确定

1）铣 R50 凹圆弧槽。选用 φ25mm 立铣刀多次走刀来加工,结合工艺安排内容,槽侧壁留 0.5mm 的精加工余量。加工时,尽可能选择进刀点在工件外,加工完毕后刀具退至工件外,如图 8-13 所示为刀具中心点的轨迹。

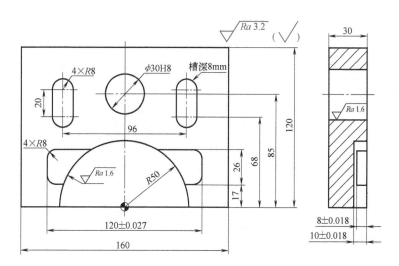

图 8-12　盘类零件图

2）铣宽 26mm 的凹槽。粗加工宽 26mm 的凹槽选用 $\phi14$ 粗齿立铣刀，精加工选用 $\phi10$ 细齿立铣刀，采用左补偿（G41 指令），用同一个加工程序。结合工艺安排内容，槽侧壁、槽底分别留 0.2mm、0.5mm 的精加工余量。同时根据工件特点，决定采用直线方式进、退刀，刀具轨迹如图 8-14 所示。

3）铣宽 16mm 的键槽。宽 16mm 的键槽粗、精加工采用同一个加工程序。根据工件特点，决定采用"圆弧—圆弧"的方式进、退刀，刀具切削轨迹如图 8-15 所示。

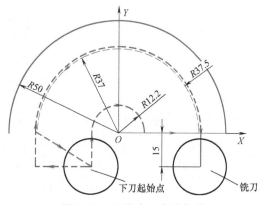

图 8-13　刀具中心点的轨迹

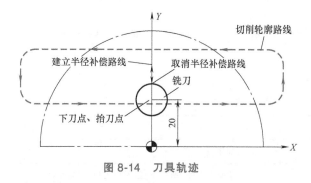

图 8-14　刀具轨迹

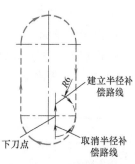

图 8-15　刀具切削轨迹

4）$\phi30$ 的通孔。采用点钻→$\phi15$ 钻头钻→$\phi28$ 扩孔→$\phi29.8$ 粗镗→$\phi30$ 精镗。

（3）刀具的选用及切削参数的确定　刀具卡见表 8-3，数控加工工艺工序卡见表 8-4。

表 8-3　刀具卡

序号	刀具号	刀具清单			刀具补偿		共 1 页　第 1 页
		刀具规格			刀具补偿		备注
		名称	直径/mm	材料	长度	半径/mm	
1	T01	立铣刀	25	高速钢	H01		
2	T02	立铣刀	14		H02	D2(7.2)	
3	T03	键槽铣刀	10		H03	D3(5.2)	
4	T04	立铣刀	10		H04	D4(5)	
5	T04	立铣刀	10		H05		
6	T06	麻花钻	15		H06		
7	T07	麻花钻	28		H07		
8	T08	镗刀	29.8		H08		
9	T09	镗刀	30		H09		

表 8-4　数控加工工艺工序卡

加工工序		刀具与切削参数					
工序	加工内容	刀具规格			主轴转速/(r/min)	进给量/(mm/min)	背吃刀量/mm
		刀号	刀具名称	材料			
1	$R50mm$ 凹槽	T01	立铣刀	高速钢	800	70	
2	粗加工宽 26mm 的凹槽	T02	立铣刀		900	80	11.8
3	粗加工宽 16mm 的键槽	T03	键槽铣刀		1000	100	7.8
4	精加工凹槽和键槽	T04	立铣刀		1200	80	0.2
5	点钻 $\phi30$ 孔	T05	$\phi4mm$ 中心钻		2000	50	
6	钻 $\phi30$ 孔	T06	$\phi15mm$ 麻花钻		600	50	
7	扩 $\phi30$ 孔	T07	$\phi28mm$ 麻花钻		500	50	
8	粗镗 $\phi30$ 孔	T08	$\phi29.8mm$ 镗刀		300	50	
9	精镗 $\phi30$ 孔	T09	$\phi30mm$ 镗刀		300	50	

2. 编写数控加工程序

（1）确定工件坐标系　在 $R50$ 圆弧中心建立工件坐标系，Z 轴原点设在顶面上。

（2）根据加工工艺编写加工程序

1）型腔加工主程序见表 8-5。

表 8-5　型腔加工主程序

程　序	注　释
O8002;	程序号
G54 G90 G40 G49 G80;	建立坐标系，取消半径、长度补偿，固定循环
T01 M03 S800;	主轴正转，调 $\phi25$ 立铣刀
G00 G43 Z100 H01;	Z 轴快速定位，调用 1 号长度补偿

(续)

程　序	注　释
X-12.2 Y-15 M08;	X、Y 轴快速定位,切削液开
Z0;	Z 轴快速定位
M98 P20001;	连续调用子程序 2 次,程序号为 0001
G01 X-37.5 F70;	X 向进给加工
Y0;	Y 向进给加工
G02 X37.5 R37.5;	铣削 R50 圆弧
G01 Y-30;	Y 向退刀
G00 G49 Z100 M09;	取消长度补偿,切削液关
M05;	主轴停转
G91 G28 Z0;	回换刀点
M06 T02;	换 φ14 立铣刀
M03 S900;	主轴正转,切削液开
G43 G90 G00 Z100 H02;	建立长度补偿,补偿号 H02
X0 Y20 M08;	X、Y 轴快速定位,切削液开
Z-7.5;	Z 轴快速进刀
G41 G01 Y43 F80 D2;	建立半径补偿
M98 P0002;	调用子程序 0002
G40 Y20;	取消半径补偿
G00 G49 Z100 M09;	取消长度补偿,切削液关
M05;	主轴停转
G91 G28 Z0;	回换刀点
M06 T03;	换 φ10 键槽铣刀
M03 S1000;	主轴正转,切削液开
G43 G90 G00 Z100 H03;	建立长度补偿,补偿号 H03
M98 P0003 F100;	调用子程序 0003
G51 X0 Y0 I-1000 J1000;	以 X 轴为镜像轴
M98 P0003;	调用子程序 0003
G50;	取消镜像
G00 G49 Z100 M09;	取消长度补偿,切削液关
M05;	主轴停转
G91 G28 Z0;	回换刀点
M06 T04;	换 φ10 立铣刀
M03 S1200;	主轴正转,切削液开
G43 G90 G00 Z100 H04;	建立长度补偿,补偿号 H04
X0 Y20 M08;	X、Y 快速定位
Z-5;	Z 向快速定位

（续）

程　序	注　释
G01 Z-8 F80;	下刀
G41 Y43 D4;	建立半径补偿
M98 P0002;	调用子程序 0002
G40 Y20;	取消半径补偿
G00 Z15;	
M98 P0003;	调用子程序 0003
G51 X0 Y0 I-1000 J1000;	以 X 轴为镜像轴
M98 P0003;	调用子程序 0003
G50;	取消镜像
G00 G49 Z100 M09;	取消长度补偿,切削液关
M05;	主轴停转
G91 G28 Z0;	回换刀点
M06 T05;	换 φ4mm 中心钻
M03 S2000;	主轴正转,切削液开
G43 G90 G00 Z100 H05;	建立长度补偿,补偿号 H05
G98 G81 X0 Y85 Z-3 R5 F50;	中心钻点孔
G80;	取消固定循环
G00 G49 Z100 M09;	取消长度补偿,切削液关
M05;	主轴停转
G91 G28 Z0;	回换刀点
M06 T06;	换 φ15mm 麻花钻
M03 S600 M08;	主轴正转,切削液开
G43 G90 G00 Z100 H06;	建立长度补偿,补偿号 H06
G83 X0 Y85 Z-32 R5 Q3 F50;	深孔钻固定循环
G80 G49;	取消固定循环、长度补偿
M05 M09;	主轴停转,切削液关
G91 G28 Z0;	回换刀点
M06 T07;	换 φ28mm 麻花钻
M03 S500 M08;	
G43 G90 G00 Z100 H07;	建立长度补偿,补偿号 H07
G81 X0 Y85 Z-32 R5 F50;	钻孔固定循环
G80 G49;	
M05 M09;	
G91 G28 Z0;	
M06 T08;	换 φ29.8mm 镗刀
M03 S300 M08;	

（续）

程　序	注　释
G43 G90 G00 Z100 H08；	建立长度补偿,补偿号 H08
G85 X0 Y85 Z-32 R5 F50；	粗镗孔固定循环
G80 G49；	
M05 M09；	
G91 G28 Z0；	
M06 T09；	换 φ30mm 镗刀
M03 S300 M08；	
G43 G90 G00 Z100 H09；	建立长度补偿,补偿号 H09
G76 X0 Y85 Z-32 R5 Q5 F50；	精镗孔固定循环
G80 G49；	
M30；	程序结束

2）加工 R50 凹圆弧子程序见表 8-6。

表 8-6　R50 凹圆弧子程序

程　序	注　释
O0001；	子程序号
G91 G01 Z-5 F70；	增量编程,Z 向进给-5mm
G90 Y0；	绝对编程,Y 向进给
G02 X12.2 R12.2；	圆弧铣削
G01 X37；	X 向进给
G03 X-37 R37；	圆弧铣削
G01 X-12.2 Y-30 F200；	退刀
M99；	子程序结束,返回主程序

3）宽 26mm 凹槽子程序见表 8-7。

表 8-7　宽 26mm 凹槽子程序

程　序	注　释
O0002；	子程序号
G01 X-52；	X 向进给
G03 X-60 Y35 R8；	圆弧加工
G01 Y25；	Y 向进给
G03 X-52 Y17 R8；	圆弧加工
G01 X52；	X 向进给
G03 X60 Y25 R8；	圆弧加工
G01 Y35；	Y 向进给
G03 X52 Y43 R8；	圆弧加工
G01 X0；	X 向进给
M99；	子程序结束,返回主程序

4）宽 16mm 键槽子程序见表 8-8。

表 8-8　宽 16mm 键槽子程序

程　序	注　释
O0003；	子程序号
G00 X50 Y68；	快速定位
Z5；	
G01 Z-8；	Z 向进给 -8mm
G42 Y74 D3；	建立半径补偿
G02 X56 Y68 R6；	$R6$ 圆弧切进
X40 R8；	加工 $R8$ 圆弧
G01 Y88；	Y 向进给
G02 X56 R8；	加工 $R8$ 圆弧
G01 Y68；	Y 向进给
G02 X50 Y62 R6；	$R6$ 圆弧切出
G01 G40 Y68；	取消半径补偿
Z5；	抬刀
M99；	子程序结束，返回主程序

知识点自测

8-1. 利用数控加工仿真软件，完成如图 8-16 所示零件上定位销孔、螺栓孔的加工，并完成工序卡片的填写。零件材料为 45 钢。

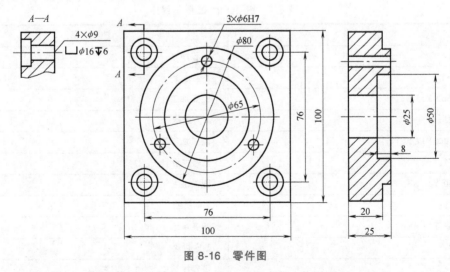

图 8-16　零件图

8-2. 在加工中心上编写如图 8-17 所示零件的程序，毛坯长 100mm、宽 120mm、深

25mm，零件材料 45 钢。

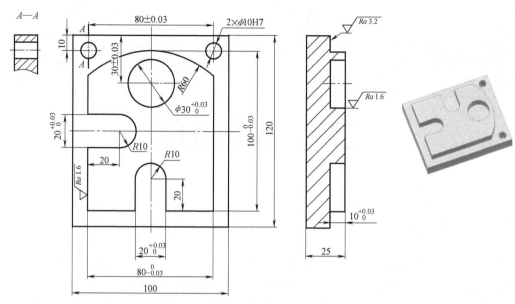

图 8-17 零件图和实体图

8-3. 在加工中心上编写如图 8-18 所示零件的程序，毛坯长 120mm、宽 80mm、深 25mm，零件材料 45 钢。

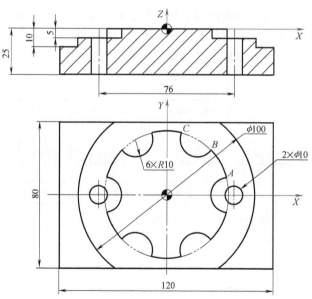

节点坐标

	X	Y
A	33.571	9.897
B	25.357	24.125
C	8.214	34.022

图 8-18 零件图

第 9 章

自动编程简介

9.1 自动编程概述

手工编程实践对于编制外形不太复杂或计算工作量不大的零件程序来说简便易行，但随着例如冲模、凸轮、非圆齿轮或多维空间曲面等零件复杂程度的增加，数学计算量、程序段数目也将大大增加，而且精度差、易出错，单纯依靠手工编程将极其困难，有的甚至是不可能完成的。据统计，一般手工编程所需时间与机床加工时间之比约为 30∶1。因此，快速准确地编制程序就成为数控机床发展和应用中的一个重要环节。而计算机自动编程正是针对这个问题而产生和发展起来的。

自动编程是一个使用计算机辅助编制数控加工程序的过程。编程人员根据零件的设计要求和现有工艺，利用自动编程软件生成刀位数据文件，再进行后置处理，生成加工程序，通过通信接口或程序纸带、键盘、软盘等介质，将加工程序输出至数控机床执行加工。自动编程流程图如图 9-1 所示。

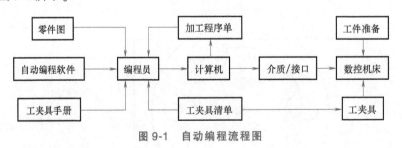

图 9-1 自动编程流程图

9.1.1 自动编程的分类

1. 数控语言编程系统

麻省理工学院伺服机构实验室于 1955 年研究成功并发布了世界上第一个数控语言自动编程系统 APT（Automatical Programmed Tools），由编程人员根据零件图和工艺要求，用数控语言编写出零件加工源程序，再将该程序输入计算机，计算机经过翻译处理和数值计算后，生成刀具位置数据文件（通用），然后再进行后置处理（专用），即可生成符合具体数控机床要求的 NC 加工程序。

（1）APT 系统的优点 可靠性高；通用性好；能描述数学公式；容易掌握；制带快捷。

（2）APT系统的缺点　首先，需要采用特定语言的形式来描述本来十分直观的零件几何形状信息及加工过程，致使这种编程方法直观性差，编程过程复杂抽象，不易掌握；其次，缺少对零件形状、刀具运动轨迹的直观图形显示和刀具轨迹的验证手段，不便于进行阶段性的检查；再次，从零件设计到数控加工程序的生成，各部分工作相互隔离，既影响编程效率，又使得语言自动编程系统难以和CAD数据库以及CAPP系统有效连接，不容易做到高度的自动化，集成化；最后，语言专用词多，语法规则复杂多样，况且大多数APT语言自动编程系统都采用了字符界面，这使得系统用户界面不友好。

2. 图形交互式编程系统

针对APT语言的缺点，1978年，法国达索公司开始开发集三维设计、分析、数控加工一体化的系统，称为CATIA。随后很快出现了像UG、INTERGRAPH、Pro/Engineer、Mastercam等图文交互式自动编程CAD/CAM软件系统，这些系统都有效地解决了几何造型、零件几何形状的显示，交互设计、修改及刀具轨迹生成，进给过程的仿真显示、验证等问题，推动了CAD/CAM向一体化方向发展。

图形交互式自动编程系统是建立在CAD/CAM软件基础上的，其处理过程包含：

1）几何造型。利用CAD功能进行图形构建、编辑修改、曲线曲面造型、特征造型等操作，将零件的几何图形准确地描绘出来，并在计算机内形成零件图形的数据文件。

2）刀具路径的产生。首先确定采用何种加工方式（如平面区域加工、平面轮廓加工、等高线加工）等，然后利用CAM功能采用人机交互方式进行刀具轨迹生成参数设置（加工参数、接近方式、下刀方式、切削用量、刀具参数等），最后根据屏幕提示用光标选取相应的图形目标，完成刀具轨迹的生成，并在计算机内形成刀具位置数据文件。

3）后置处理。目的是形成符合具体数控机床要求的NC程序。

9.1.2　常用的自动编程软件

1. UG

UG（Unigraphics）是美国Unigraphics Solution公司开发的一套集CAD、CAM、CAE功能于一体的三维参数化软件，是当今最先进的计算机辅助设计、分析和制造的高端软件，用于航空、航天、汽车、轮船、通用机械和电子等工业领域。

UG软件在CAM领域处于领先地位，产生于美国麦道飞机公司，是飞机零件数控加工首选编程工具。

2. CATIA

CATIA是法国达索公司推出的产品，法制幻影系列战斗机、波音737、777的开发设计均采用该软件。

CATIA是最早实现曲面造型的软件，具有强大的曲面造型功能，在所有的CAD三维软件中位居前列，广泛应用于国内的航空航天企业及研究所，已经逐步取代UG，成为复杂型面设计的首选。

CATIA具有较强的编程能力，可满足复杂零件的数控加工要求。目前一些领域采取CATIA设计建模和UG编程加工二者结合，搭配使用。

3. PRO/E

PRO/E是美国参数技术有限公司（PTC）开发的软件，是全世界最普及的三维CAD/

CAM 系统，它开创了三维 CAD/CAM 参数化设计的先河，广泛用于电子、机械、模具、工业设计和玩具等民用行业，具有零件设计、产品装配、模具开发、数控加工、造型设计等多种功能。

PRO/E 在我国南方地区的企业中被大量使用，设计建模采用 PRO/E、编程加工采用 MASTERCAM 和 CIMATRON 是目前通行的做法。

4. Cimatron

Cimatron CAD/CAM 系统是以色列 Cimatron 公司的 CAD/CAM/PDM 产品，是较早在微机平台上实现三维 CAD/CAM 全功能的系统。该系统提供了比较灵活的用户界面，优良的三维造型、工程绘图、全面的数控加工，各种通用、专用数据接口以及集成化的产品数据管理。

Cimatron CAD/CAM 系统在国际上的模具制造业备受欢迎，国内模具制造行业也在广泛使用。

5. Mastercam

Mastercam 是美国 CNC 公司开发的基于 PC 平台的 CAD/CAM 软件，提供了设计零件外形所需的理想环境，其强大稳定的造型功能可设计出复杂的曲线、曲面零件。

Mastercam 具有较强的曲面粗加工及曲面精加工的功能，曲面精加工有多种选择方式，可以满足复杂零件的曲面加工要求，同时具备多轴加工功能。由于价格低廉，性能优越，Mastercam 成为国内民用行业数控编程软件的首选。

6. FeatureCAM

FeatureCAM 是美国 DELCAM 公司开发的基于特征的全功能 CM 软件，具有全新的特征概念、超强的特征识别、基于工艺知识库的材料库和刀具库以及图标导航的基于工艺卡片的编程模式。它是一种全模块的软件，从 2~5 轴铣削，到车铣复合加工，从曲面加工到线切割加工，可以为车间编程提供全面解决方案。FeatureCAM 软件的后编程功能相对来说是比较好的。

近年来，国内一些制造企业正在逐步引进 FeatureCAM，以满足行业发展的需求，该软件尚属新兴产品。

7. CAXA 制造工程师

CAXA 制造工程师是北京北航海尔软件有限公司推出一款全国产化的 CAM 产品，为国产 CAM 软件在国内 CAM 市场中占据了一席之地。作为我国制造业信息化领域自主知识产权软件的优秀代表和知名品牌，CAXA 已经成为我国 CAD/CAM 业界的领导者和主要供应商。

CAXA 制造工程师是一款面向 2~5 轴数控铣床与加工中心、具有良好工艺性能的铣削、钻削数控加工编程软件。该软件性能优越，价格适中，在国内市场颇受欢迎。

9.2 UG 自动编程

9.2.1 UG CAM 加工模块及能力

UG CAM 就是 UG 的计算机辅助制造模块，与 UG 的 CAD 模块紧密地集成在一起，是当下最好的数控编程工具之一。UG CAM 功能强大，可以实现对极其复杂零件和特别零件的加工。

UG CAM 加工模块主要有铣削加工、车削加工、点位加工和线切割加工四大类型。

1. 铣削加工

铣削加工是最为常见也是最重要的一种加工方式。根据加工表面形状可分为平面铣和轮廓铣。根据在加工过程中机床主轴轴线方向相对于工件是否能够改变，可分为固定轴铣和可变轴铣。固定轴铣又可分为平面铣和轮廓铣，其中轮廓铣又可分为型腔铣和固定轴曲面轮廓铣；可变轴铣可分为可变轴曲面轮廓铣和顺序铣。具体的分类关系如图 9-2 所示。

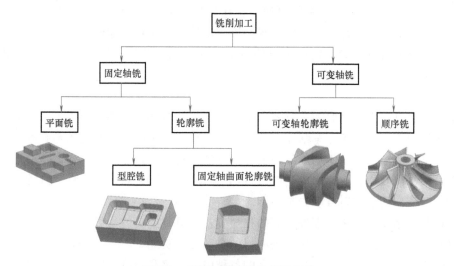

图 9-2 铣削加工分类关系示意图

（1）平面铣（Mill-Planar） 实现对平面零件（由平面和垂直面构成的零件）的粗加工和精加工，提供了加工 2~2.5 轴零件的所有功能。设计更改通过相关性自动处理。该模块包括多次走刀轮廓铣、仿形内腔铣和 Z 字形走刀铣削等。

平面铣的特点是：刀轴固定，底面是平面，各侧壁垂直于底面。

（2）型腔铣（Mill-Cavity） 型腔铣根据型腔的形状，将要切除的部位在深度方向上分成多个切削层进行切削。每个切削层可指定不同的切削深度，切削时刀轴与切削平面垂直。型腔铣可用于加工侧壁与底面不垂直的部位，可用边界、平面、曲线和实体定义要切除的材料。

型腔铣模块对加工汽车和消费品工业中普遍使用的注塑模具和冲压模特别有用。它提供了粗加工单个或多个型腔、沿任意类似型芯的形状进行粗加工以及大余量去除的全部功能。其最突出的功能是对非常复杂的形状产生刀具运动轨迹，确定走刀方式。通过容差型腔铣削可加工设计精度低、曲面之间有间隙和重叠的形状，而构成型腔的曲线可达数百个。当该模块发现型面异常时，它可以自行更正，或者在用户规定的公差范围内加工出型腔。

型腔铣的特点是：刀轴固定，底面可以是曲面，侧壁可以不垂直于底面。

（3）固定轴曲面轮廓铣（Fixed-Contour） 主要用于曲面的半精加工和精加工，也可以进行多层铣削。该模块提供完全和综合的功能，用于产生 3 轴联动加工刀具路径。基本上能造型出来的任何曲面和实体它都能加工，具有强大的加工区域选择功能，还容易识别出前道工序未能切除的加工区域和陡峭区域，以便进一步清理这些地方。

固定轴曲面轮廓铣的特点是：刀轴固定，具有多种切削形式和进刀退刀控制，可投射空间点、曲线、曲面和边界等驱动几何体进行加工，可做螺旋线切削、射线切削及清根切削。

（4）可变轴轮廓铣（Variable-Axis Milling） 可变轴轮廓铣削模块支持定轴和多轴铣削功能，可加工 UG 造型模块中生成的任何几何体，并保持主模型的相关性。该模块提供完整的 3~5 轴铣削功能，提供强大的刀轴控制、走刀方式选择和刀具路径生产功能。

（5）顺序铣（Sequential-Mill） 顺序铣模块适用于需要完全控制刀具路径生成过程的每一步骤的情况，支持 2~5 轴的铣削编程。它允许用户交互式地一段一段地生成刀具路径，并保持对过程中的每一步都进行全面控制。该模块提供的循环功能使用户可以仅定义某个曲面上最内和最外的刀具路径，而由该模块自动生成中间的步骤，适用于高难度的数控程序编制。

2. 车削加工

车削加工也是较为常见的加工方式，主要应用于旋转结构零件的加工，可以完成复杂形状的轴类和盘类零件的加工。车削加工分为粗车、精车、车槽、车螺纹和钻孔等类型。

（1）粗车 粗车加工用于切除零件上大部分的材料，为精加工作准备。这些加工方法包括高速粗加工，以及通过正确的内置进刀/退刀运动达到半精加工或精加工的质量。车削粗加工依赖于系统的剩余材料自动去除功能。

（2）精车 精车加工用于零件表面的精加工，其沿着定义的边界生成一条或几条精加工的刀具路径。精加工操作可以使用剩余材料的自动检测功能。

（3）车槽 车槽加工用于车削零件上的各种内外环槽和凸缘，它是沿着定义的边界切削或横向切入切削。

（4）车螺纹 车螺纹加工用于加工直螺纹、锥螺纹、单线或多线螺纹，以及内外螺纹的切削。

（5）钻孔 车削加工中的钻孔指在加工零件的中心线上钻孔，它将在工件中心线上生成一条刀具路径。

3. 点位加工

点位加工包括钻孔、镗孔、螺纹孔加工等，也可以用于电焊和铆接。其主要特点是，首先使用刀具定位加工位置，再进刀切削零件，完成切削后退刀。

4. 线切割加工

线切割加工是用线状电极（钼丝或铜丝）靠火花放电对工件进行切割，所以应该称为电火花线切割，也可以简称为线切割。在线切割加工中，刀具是电极丝，可使用 2~5 轴加工，不受零件材料的影响。在 UG CAM 中，系统提供了 2 轴和 4 轴线切割加工两种方式。

9.2.2 UG 数控编程的一般流程

UG CAM 用于产品零件的数控加工，其流程如图 9-3 所示。首先是调用加工零件并加载毛坯，调用系统的模板或用户自定义的模板；然后分别创建加工的程序、指定加工几何体、创建刀具、定义加工方法；用户依据加工程序的内容来确定刀具轨迹的生成方式，如加工的切削模式、刀具的步进方式、切削步距、主轴转速、进给量、切削角度、进退刀点、干涉平面及安全平面等详细内容，生成刀具轨迹；对刀具轨迹进行仿真加工后，检测仿真结果是否满足加工要求，通过对操作进行相应的编辑修改、复制等功能以提高编程的效率；待所有的刀具轨迹设计合格后，进行后处理，生成相应数控系统的加工代码进行 NC 传输与数控加工。

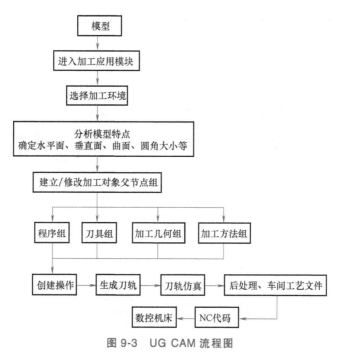

图 9-3　UG CAM 流程图

9.2.3　UG CAM 编程实例

编写如图 9-4 所示零件的加工程序。

1. 工艺分析

在 UG8.5 中打开零件，分析哪些是水平面、垂直面以及圆角的大小，这些为选择刀具提供依据。

1）确定水平面和垂直面。点击主菜单"开始"→"加工"，进入加工环境，"分析"→"NC 助理"，分析类型选择"层"，然后单击"分析几何体"，如图 9-5 所示，变颜色的面都为水平面。分析类型改为"拔模"，然后单击"分析几何体"，如图 9-6 所示，不变颜色的立面为垂直面。

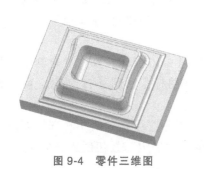

图 9-4　零件三维图

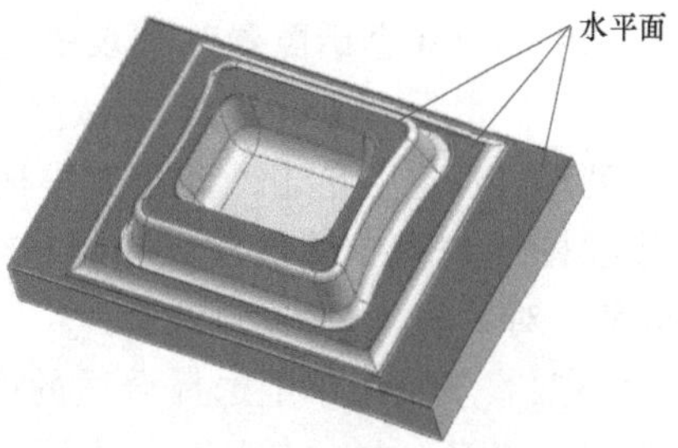

图 9-5　水平面

2）圆角大小。主菜单中单击"分析"→"局部半径"，如图9-7所示，内部的圆角为 R5，外面的两处圆角都为 R3。

3）根据分析结果确定刀具大小及类型：φ16R0.8 刀具粗加工，φ10R0.5 刀具二开，φ10 的平底刀加工下面的立面，φ6R3 球刀加工曲面。

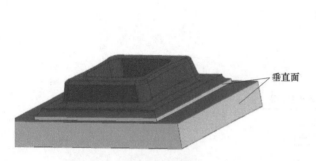

图9-6　垂直面

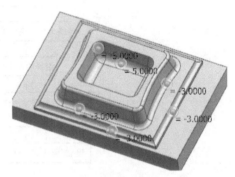

图9-7　圆角大小

4）经过分析，制定工艺方案，见表9-1。

表9-1　工艺方案

序号	程序名	工步内容	刀具规格	主轴转速/ (r/min)	进给速度/ (mm/min)	切削量	加工余量
1	型腔铣	整体粗加工	φ16R0.8	1989	1200	切深 0.3	底面 0.2 侧面 0.15
2	型腔铣	二次粗加工	φ10R0.5	2500	1200	切深 0.3	底面 0.2 侧面 0.15
3	使用边界 面铣削	水平面精加工	φ10 平刀	6000	1000	步距 70%	0
4	深度加工轮廓	内壁的精加工	φ6R3	6000	1500	切深 0.3 圆角处 0.1	0
5	深度加工轮廓	外壁的精加工	φ6R3	6000	1500	切深 0.3 圆角处 0.15	0
6	固定轮廓铣	内部曲面	φ6R3	6000	1500	步距 0.2	0

2. UG CAM 前的准备工作

（1）进入加工环境　UG CAM 加工环境是指进入 UG 的制造模块后进行加工编程的软件环境，它是实现 UG CAM 加工的起点。单击"开始"菜单，在弹出的菜单中选择"加工"命令，如图9-8所示，便进入 UG 的加工应用模块。系统弹出"加工环境"对话框，如图9-9所示，在"CAM 会话配置"列表中选择加工类型，在"要创建的 CAM 设置"中选择加工方法。

（2）创建程序组　单击"程序顺序视图"图标，如图9-10所示，操作导航器自动显示程序顺序视图。在程序顺序视图中，单击"创建程序"图标，如图9-11所示，系统弹出"创建程序"对话框，如图9-12所示。

在"类型"下拉菜单中选择合适的模板类型，在"程序"下拉列表中，选择新建程序所附属的父程序组，在"名称"文本框中输入名称。单击"确定"按钮创建一个程序组。

图 9-8　进入加工环境

图 9-9　"加工环境"对话框

图 9-10　程序顺序视图

图 9-11　创建程序

（3）创建刀具　单击"机床视图"图标，如图 9-13 所示，操作导航器切换到机床视图，单击"创建刀具"图标，如图 9-14 所示，系统自动弹出创建刀具对话框，如图 9-15 所示。修改名称为 D16R0.8，单击"确定"，则弹出"铣刀-5 参数"对话框，如图 9-16 所示，修改直径和下半径，$\phi16R0.8$ 的刀具就创建完成了，同样的办法创建其他刀具。

图 9-12　"创建程序"对话框

刀具是从毛坯上切除材料的工具，用户可以根据需要创建新刀具。基于选定的 CAM 配置，可创建不同类型的刀具。在"创建刀具"对话框中，当选择"类型"为 drill 时，能创建用于钻孔、镗孔和攻螺纹等的刀具；当类型为 mill-planar 时，能创建用于平面加工的刀具；当类型为 mill-contour 时，能创建用于外形加工的刀具。

图 9-13　机床视图

图 9-14　创建刀具

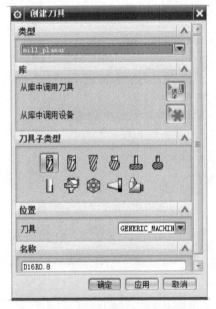

图 9-15　"创建刀具"对话框

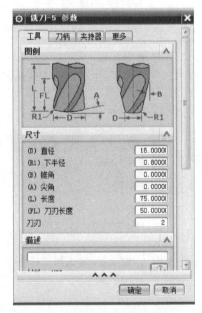

图 9-16　创建 φ16R0.8 的刀具

（4）创建几何体　创建几何体可以指定毛坯、修剪和检查几何形状、加工坐标系 MCS 的方位和安全平面等参数以给后续操作继承。不同的操作类型需要不同的几何类型，平面操作要求指定边界，而曲面轮廓操作需要面或体作为几何对象。

单击"几何视图"图标，如图 9-17 所示，操作导航器自动显示"工序导航器-几何"视图，如图 9-18 所示。双击"MCS-MILL"选项，系统弹出"MCS 铣削"对话框，选取工件上表面，则建立了加工坐标系，如图 9-19 所示。

图 9-17　几何视图

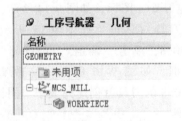

图 9-18　工序导航器-几何

双击"WORKPIECE"，则弹出"工件"对话框，如图 9-20 所示。单击"指定部件"，弹出"部件几何体"对话框，选择待加工的件为部件，如图 9-21 所示；单击"指定毛坯"，弹出"毛坯几何体"对话框，类型选择"包容块"，顶面留 1mm 加工余量，如图 9-22 所示。

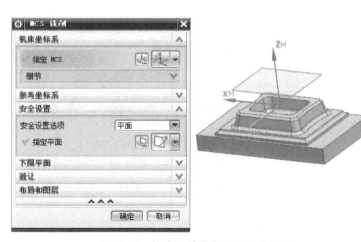

图 9-19 指定工件坐标系和安全平面　　　　图 9-20 "工件"对话框

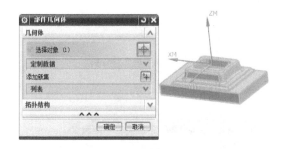　　　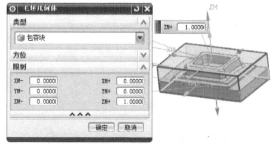

图 9-21 指定部件　　　　　　　图 9-22 指定毛坯

3. UG 编程加工

（1）粗加工

1）创建型腔铣。单击工具条中的"创建工序"按钮 ，出现对话框如图 9-23 所示，在类型中选择" mill ＿ contour "，子类型中选择"型腔铣" 。"程序"选择"PRO-GRAM"，"刀具"选择"D16R0.8"，"几何体"选择"WORKPIECE"，名称改为"D16R0.8-C"。

2）设置切深，走刀方式。确定后弹出"型腔铣"对话框，"切削模式"为"跟随部件"，"每刀的公共切深"为 0.3mm，如图 9-24 所示。

3）设置加工余量。单击"切削参数"按钮 ，弹出"切削参数"对话框，设置"部件侧面余量"为 0.2mm，"部件底面余量"为 0.15mm，如图 9-25 所示。

4）设置主轴转速和进给率。单击"进给率和速度"按钮 ，弹出"进给率和速度"对话框，"表面速度"中输入 100m，回车计算后得到"主轴速度"为 1989r/min，进给率输入 1200mm/min。如图 9-26 所示。

5）刀轨生成。选择主界面中的"生成"按钮 ，UG CAM 则针对上述设置生成型腔铣粗加工的刀路轨迹，如图 9-27 所示。

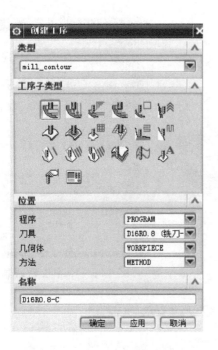

图 9-23 "创建工序" 对话框

图 9-24 "型腔铣" 对话框

图 9-25 "切削参数" 对话框

图 9-26 "进给率和速度" 对话框

6）刀具轨迹动态模拟。生成程序后选择主界面中的"确认刀轨"按钮，在"刀轨可视化"对话框中选择"3D 动态"，选择"播放"，则进行模拟加工，加工结果如图 9-28 所示。单击"通过颜色表示厚度"，如图 9-29 所示，从颜色上可以看出槽内四个角加工余量比较大，需要二次开粗加工。

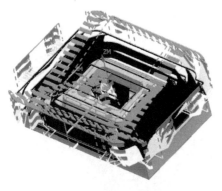

图 9-27　型腔铣粗加工的刀路轨迹

图 9-28　加工结果

（2）二次开粗加工

1）修改刀具。复制上一个程序，右击，然后粘贴，对这个程序重命名为"D10R0.5-C"。双击打开，刀具选择"D10R0.5"，如图 9-30 所示。

2）修改切削参数。在"切削参数"对话框中选择"空间范围"，"参考刀具"中选择"D16R0.8"，如图 9-31 所示。

3）生成刀路轨迹，如图 9-32 所示。

4）3D 仿真结果如图 9-33 所示。

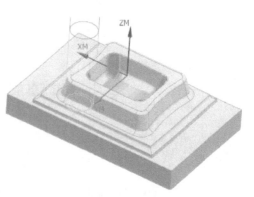

图 9-29　颜色表示厚度

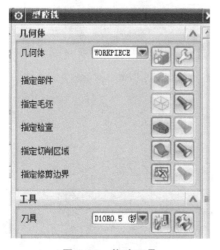

图 9-30　修改刀具

图 9-31　设置参考刀具

（3）水平面的精加工

1）创建面铣。"创建工序"对话框中，"类型"选择"mill_planar"，"工序子类型"选择"使用边界面铣削"，刀具改为"D10"的平刀，名称为"D10-F"，如图 9-34 所示。

2）选择需要加工的水平面。"面铣"对话框中，单击"指定面边界"，弹出"指定面几何体"对话框，选择需要加工的三个水平面，如图 9-35 所示。

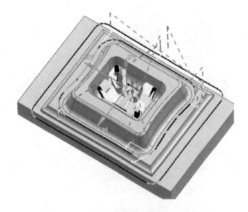

图 9-32　二次开粗加工的刀路轨迹

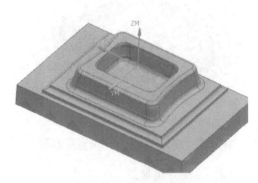

图 9-33　3D 仿真结果

图 9-34　选择边界面铣削

选择需要加工的水平面

图 9-35　"指定面几何体"对话框

3）生成刀路轨迹如图 9-36 所示。

（4）内部陡壁的精加工

1）创建等高铣。"创建工序"对话框中，"类型"选择"mill＿contour"，"工序子类型"选择"深度加工轮廓"，又名"等高铣"，刀具改为"D6R3"的球刀，名称为"D6R3-F1"，如图 9-37 所示。

2）选择需要加工的区域。"深度加工轮廓"对话框中，单击"指定切削区域"，弹出"切削区域"对话框，选择需要加工的内部陡峭面及圆角，如图 9-38 所示。

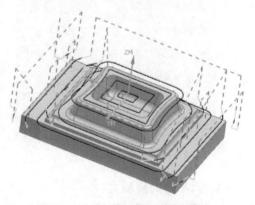

图 9-36　水平面精加工刀路轨迹

3）修改切削参数。切深改为 0.3mm，在"切削参数"对话框中，选择"连接"→"层到层"→"沿部件斜进刀","斜坡角"改为1°。如图9-39所示。

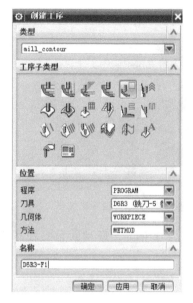

图9-37 创建等高铣

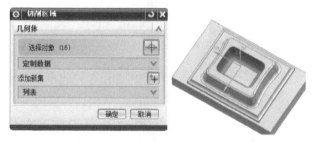

图9-38 "切削区域"对话框

4)生成后可以看到圆角部分的刀轨比较少,在"深度加工轮廓"对话框中,单击"切削层",弹出"切削层"对话框,"范围定义"→"列表"中添加新集,单击屏幕上圆角的底部点,则添加了新的范围,把每刀的切深改为0.1mm,如图9-40所示。

图9-39 修改切削参数

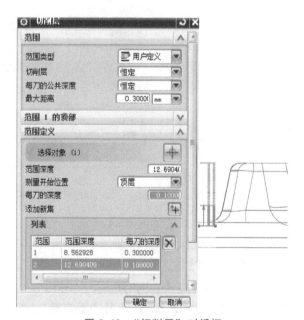

图9-40 "切削层"对话框

5)生成的刀路轨迹如图9-41所示。

(5)外部陡壁的精加工

1）修改切削区域。复制程序"D6R3-F1"，重命名为"D6R3-F2"，双击打开"深度加工轮廓"对话框，修改切削区域，如图 9-42 所示。

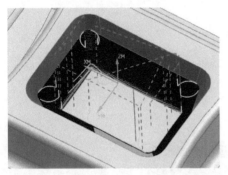

图 9-41　内部陡壁的精加工刀路轨迹

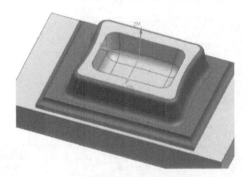

图 9-42　修改切削区域

2）修改切削层。添加两个切削范围，顶部圆角的切深改为 0.1mm，底部圆角的切深改为 0.15mm，如图 9-43 所示。

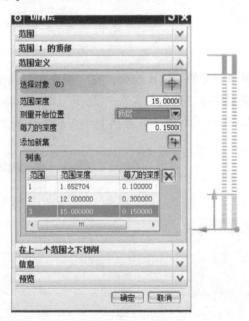

图 9-43　修改切削层

3）生成的刀路轨迹如图 9-44 所示。

4）3D 仿真结果如图 9-45 所示。

（6）曲面的精加工

1）创建固定轮廓铣。"创建工序"对话框中，"类型"选择"mill＿contour"，"工序子类型"选择"固定轮廓铣"，又名"等高铣"，名称为"D6R3-F3"，如图 9-46 所示。

2）选择切削区域。指定切削区域，如图 9-47 所示。

3）区域铣削。"固定轮廓铣"对话框中，"驱动方法"选择"区域铣削"，弹出"区域铣削驱动方法"对话框，"切削方向"修改为"顺铣"，"步距"改为"恒定"，"最大距离"改为 0.2mm，如图 9-48 所示。

4）生成的刀路轨迹如图 9-49 所示。

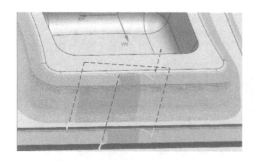

图 9-44 外部陡壁的精加工刀路轨迹

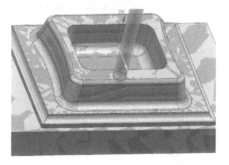

图 9-45 3D 仿真结果

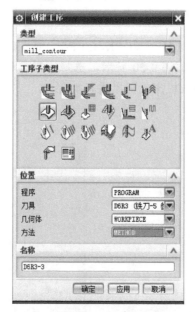

图 9-46 创建固定轮廓铣

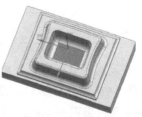

图 9-47 指定切削区域

图 9-48 "区域铣削驱动方法"对话框

图 9-49 曲面精加工的刀路轨迹

（7）后处理 在工序导航器中选择"WORKPIECE"，或者选择其中一个程序，右击后处理，则弹出"后处理"对话框，如图 9-50 所示。选择所需要的后处理器。确定后则生成 NC 代码，如图 9-51 所示，将其输入机床就可以进行加工。

图 9-50 "后处理"对话框

图 9-51 生成的 NC 代码

知识点自测

9-1 常见的自动编程软件有哪些？

9-2 UG 软件 CAM 部分有哪些功能？

9-3 简述 UG 数控编程的一般流程。

9-4 UG CAM 数控铣有哪些常用的命令？适合加工什么零件？

9-5 程序编制后如何进行后处理？

第 10 章

数控机床的选用、调试与维护

数控机床具体涉及微电子、计算机、自动控制、自动检测以及精密机械等方面最新的技术成果，其使用、维修也不尽相同。

10.1 数控机床的选用

数控机床种类繁多，如何选用适合的数控机床，对零件的加工和机床的使用都具有非常重要的意义。

选用数控机床时，要根据被加工零件的形状选择机床的类型，根据零件的大小选择机床的规格，根据零件的精度要求选择机床的精度，根据企业经济状况综合选择数控系统等。

10.1.1 根据典型工件选用数控机床

1）数控车床—具有多种型面的轴类零件和法兰类零件。

2）车削中心—有复合加工要求的轴类零件和法兰类零件（在回转体零件上有钻、铣、镗加工要求时）。

3）数控立式铣床、立式加工中心—板类零件、有空间轮廓型面的零件。

4）数控卧式铣床、卧式加工中心—箱体类零件（加工时排屑方便，表面粗糙度好）。

5）数控电火花线切割机床—模具、特殊难加工材料的零件、异形槽、电火花成形加工。

6）数控电火花成形机床—高硬脆材料、导电材料的复杂表面、微细结构和形状、高精度加工、高表面质量加工等。

10.1.2 数控机床规格的选择

数控机床最主要的规格就是几个数控坐标的行程范围和主轴电动机功率。

1）机床的三个基本直线坐标（X、Y、Z）行程反映该机床允许的加工空间。

一般情况下，加工工件的轮廓尺寸应在机床的加工空间范围之内，例如典型零件是长450mm、宽450mm、高450mm的箱体，应选取工作台面尺寸为长500mm、宽500mm的加工中心。选用的工件台面比加工工件稍大一些是考虑到安装夹具所需的空间。加工中心的工作台面尺寸和三个坐标轴的行程都有一定的比例关系，如上述工作台为长500mm、宽500mm的机床，X轴行程一般为700~800mm、Y轴为550~700mm、Z轴为500~600mm。因此，工作台面的大小基本上确定了加工空间的大小。特殊情况下，也允许工件尺寸大于机床的坐标轴行程，这时必须要求工件上的加工区处于机床的行程范围之内，而且要考虑机床工作台的允许承载能力，工件是否与机床换刀空间干涉，以及在工作台上回转时是否与防护罩干涉等一系列问题。

2）主轴电动机功率反映了数控机床的切削效率，也从一个侧面反映了机床在切削时的刚性。功率较大的直流或交流调速电动机可用于高速切削，但在低速切削中转矩会受到一定限制。在选择规格时应考虑产品发展趋势，尺寸大一点，对产品开发的适应能力也强一些。对于少量特殊工件，仅靠三个直线坐标加工的数控机床还不能满足要求，要另外增加回转坐标（A、B、C）或附加坐标（U、V、W）等。

10.1.3　数控机床精度的选择

机床的精度等级应根据典型零件关键部位加工精度的要求来确定。国产加工中心的精度可分为普通型和精密型两种。表10-1为加工中心精度项目中的关键项目。

表 10-1　加工中心精度项目中的关键项目

精度项目	普通型	精密型
单轴定位精度/mm	±0.01/300 或全长	±0.005/全长
重复定位精度/mm	±0.006	±0.003
铣圆加工精度/mm	0.003～0.05	0.02

1）定位精度和重复定位精度综合反映了该轴各运动元部件的综合精度。

2）重复定位精度反映了该控制轴在行程内任意定位点的定位稳定性。

3）铣圆精度是综合评价数控机床有关数控轴的伺服跟随运动特性和数控系统插补功能的指标。

4）从机床的定位精度可估算出该机床在加工时的相应有关精度。

5）普通型数控机床进给伺服驱动机构大都采用半闭环方式，对滚珠丝杠受温度变化产生的位置伸长无法检测，因此会影响工件的加工精度。

10.1.4　数控系统的选择

为了能使数控系统与所需机床相匹配，在选择数控系统时应遵循以下基本原则。

1. 根据数控机床的类型选择相应的数控系统

有适用于车、铣、镗、磨、冲压等加工的数控系统。

2. 根据数控机床的设计指标选择数控系统

在可供选择的数控系统中，它们的性能高低差别很大。如日本 FAUNC 公司生产的 15 系统，它的最高切削进给速度可达 240m/min，而该公司生产的 0 系统，只能达到 24m/min，它们的价格也相差数倍。如果设计的是一般的数控机床，采用最高切削进给速度为 2m/min 的数控系统就可以了。此时，如果选用 15 系统那样高水平的数控系统，显然很不经济，而且会使数控机床的成本大为增加。因此，不宜片面地追求高水平、新系统，而应该对性能和价格等做一个综合分析，选用合适的系统。

3. 根据数控机床的性能选择数控系统功能

一个数控系统具有很多功能，有的属于基本功能，有的属于选择功能。对于选择功能，一定要根据机床性能需要来选择，如果不加分析的都要，许多功能就用不上，会大幅度增加产品成本。

4. 订购数控系统时要考虑周全

订购时把需要的系统功能一次订全，不能遗漏，避免由于漏订而造成的损失。

10.1.5　自动换刀装置的选择及刀柄的配置

1. 自动换刀装置的选择

自动换刀装置（ATC）是加工中心、车削中心和带交换冲头数控压力机的基本特征。

自动换刀装置的工作质量直接影响到整个数控机床尤其是加工中心的质量。ATC 装置的投资往往占整机的 30%~50%。因此，用户十分重视 ATC 的质量和刀库储存量。现场经验表明，加工中心故障中有 50% 以上与 ATC 有关。因此，用户应在满足使用要求的前提下尽量选用结构简单和可靠性高的 ATC，这样也可以降低整机的价格。

ATC 库中储存刀具的数量，从十几把到 100 把不等，一般刀库的容量不宜选得太大，因为容量大，刀库的结构复杂，成本高，故障率也会相应地增加，刀具的管理也会变得复杂。通常，在立式加工中心上选用 20 把左右刀具容量的刀库，在卧式加工中心上选用 40 把左右刀具容量的刀库。此外，编制 50~60 把刀具的加工程序，对编程员、试切操作者的要求较高，调试中重复修改的工作量大，调试工时也会成倍增长。

但是，如果选用的加工中心机床准备用于柔性制造单元或柔性制造系统中，其刀库容量应选取 100 大容量刀库，甚至配置可交换刀库。

2. 刀柄的配置

加工中心使用专用的工具系统，各国都有相应的标准系列。我国由成都工具研究所制订了 TSG 工具系统刀柄。

标准刀柄与机床主轴连接的结合面是 7：24 锥面。刀柄有多种规格，常用的有 ISO 标准的 40 号、45 号、50 号，个别的还有 35 号和 30 号。另外还必须考虑换刀机械手持尺寸的要求和主轴上拉紧刀柄的拉钉尺寸要求。目前国内机床上使用的刀柄规格很多，而且使用的标准有美国的、德国的、日本的。因此，选定机床后、选择刀柄之前必须了解该机床主轴的规格，机械手夹持尺寸及刀柄的拉钉尺寸。

在 TSG 工具系统中，有相当部分的产品是不带刀具的，这些刀柄相当于过渡的连接杆，它们必须再配置相应的刀具（如立铣刀、钻头、镗刀头和丝锥等）和附件（如钻夹头、弹簧卡头和丝锥夹头等）。

全套 TSG 工具系统刀柄有数百种，用户只能根据典型工件的工艺所需的工序及其工艺卡片来填写数控加工刀具卡（见表 10-2）。

表 10-2　数控加工刀具卡

机床型号		JCS-018	工件号	X-0123	程序编号		O3210	制表
刀具号 （T）	工步号	刀柄型号	刀具型号		刀具		偏置值 （DH）	备注
					直径/mm	长度		
T1	1	JT45-M3-60	φ29 锥柄钻头		φ29	实测	H01	
T2	2	JT45-TZC25-135	8×8 镗刀头		φ29.8	实测	H02	
T3	3	JT45-TOW29-135	镗刀头 TQW2		φ30H8	实测	H03	

选用模块式刀柄和复合刀柄要有综合考虑。对于购置一把刀而言，普通刀柄肯定比模块式刀柄合算。例如，工艺要求镗一个 $\phi 60mm$ 的孔，购买一根普通的镗刀杆若需 400 元，而采用模块式刀柄则必须买一根柄部、一根接杆和一个镗刀头部，价格约为 1000 元。但是，如果机床刀库的容量是 30 把刀，需要配置 100 套普通刀柄。若采用模块式刀柄，只需要配置 30 个柄部，50~60 根接杆，70~80 个头部，就能满足需要，而且还具有更大的灵活性。但对一些长期反复使用、不需要拼装的简单刀柄，如钻头刀柄等，还是配置普通刀柄合算。

对于一些批量较大、年生产量几千到上万件又要反复生产的典型工件，应尽可能考虑选用复合刀具。尽管复合刀柄的价格要高得多，但在加工中心上采用复合刀具加工，可把多道工序合并成一道工序，由一把刀具完成，大大减少了机械加工时间。采用复合刀具可以充分发挥数控机床的切削功能，提高生产率和缩短生产节拍。

刀具预调仪用于测定刀具的径向尺寸和轴向尺寸，测量装置有光学编码器、光栅或感应同步器等。刀具预调仪对刀的精度的要求必须与刀具系统的综合加工精度共同考虑。因为预调仪上测得的刀具尺寸是在光屏投影下或接触测量下、没有承受切削力的静态结果，如果测定的是镗刀精度，它并不等于加工出的孔能达到此精度。数控机床实际加工出的孔径往往会比预调仪上测出的尺寸小 0.01~0.02mm。因此，如果在实际加工中要控制 0.01mm 左右的孔径公差，还需通过试切削后现场修调刀具，对刀具预调仪的精度不一定要追求过高。

10.1.6　机床可选功能及附件的选择

1）对一些价格增加不多，但对使用带来很多方便的功能和附件，应尽可能配置齐全，附件也应配置成套。

2）用户单位选用的机床，数控系统不宜太多太杂，否则会给维护修理带来极大困难。

3）对于可以多台机床合用的附件，只要接口通用，应多台机床合用，减少投资。

4）要选择与生产能力相对应的冷却、防护及排屑装置。

10.2　数控机床的安装调试

数控机床安装调试的目的是使数控机床恢复和达到出厂时的各项性能指标。

10.2.1　数控机床安装的环境要求

1）数控机床安装的环境要求一般是指地基、环境温度和湿度、电网、地线和防止干扰等。

2）精密数控机床和重型数控机床需要稳定的机床基础，否则数控机床的精度调整无法进行，也无法保证。用户要在机床安装之前做好机床地基，并且需要经过一段时间的保养使之稳定。普通的数控机床对地基没有特殊要求。

3）精密数控机床有恒温要求，环境温度要满足数控机床的工作要求。机床的安装位置应保持空气流通和干燥，潮湿的环境会使印制电路板和元器件锈蚀、机床电气故障增加。机床要避免阳光直接照射，要远离振动源和电磁干扰源。

4）数控机床对电源供电的要求是较高的，电网电压波动应该控制在 -15%~+10%。电网电压波动过大，会使机床报警而无法进行正常工作，并对机床电源系统造成损坏，甚至导致有关参数数据的丢失等。建议在 CNC 机床较集中的车间配置具有自动补偿调节功能的交流稳压供电系统，单台 CNC 机床可单独配置交流稳压器。

10.2.2　数控机床的安装

数控机床的安装包括基础施工、机床部件的就位、连接组装和机床通电试车。

1. 数控机床的安装前准备工作

数控机床安装前的准备工作包括两个方面：基础施工和机床部件的就位。使用单位在机床未到之前，要按机床基础图做好机床基础施工，应在安装地脚螺栓的位置做出预留孔。机床到达后在地基附近拆箱，仔细清点技术文件和装箱单，按装箱单清点随机零部件和工具。然后按机床说明书中的规定进行安装，在地基上放置多块垫铁，用来将机床调整水平，把机床的基础件吊装就位在地基上，将地脚螺栓按要求放入预留孔内。

2. 数控机床的连接组装

数控机床的连接组装是指将各分散的机床部件重新组装成整机的过程。机床连接组装前先清除连接面、导轨和各运动面上的防锈涂料，清洗各部件外表面，再把清洗后的部件连接组装成整机。部件连接定位要使用随机所带的定位销、定位块，使各部件恢复到拆卸前的位置和状态。

部件组装后要根据机床附带的电气接线图、液压接线图、气路图及连线标记把电缆、油管和气管正确连接，并检查连接部位有无松动和损坏，特别要注意接触的可靠性和密封性，防止异物进入油管和气管。电缆、油管和气管连接后要做好管线的就位固定工作。要检查系统柜和电气柜内的元件和接插件有无因运输造成的损坏，各接线端、连接器和电路板有无松动，确保一切正常才能试车。

3. 机床通电试车

机床通电试车调整包括机床通电试运转和粗调机床的主要几何精度，其目的是考核机床安装是否稳固，各个传动、控制、润滑、液压和气动系统是否正常可靠。通电试车之前，按机床说明书要求给机床润滑油箱和润滑点灌注规定的油液和油脂，擦除各导轨及滑动面上的防锈涂料，涂上一层干净的润滑油。清洗液压油箱内腔油池和过滤器，灌入规定标号的液压油，接通气动系统的输入气源。

根据数控机床总电源容量选择从配电柜连接到机床电源开关的动力电缆，并选择合适的熔断器。检查供电电压波动范围，一般日本生产的数控系统要求电源波动在 ±10% 以内，欧、美生产的数控系统要求电源波动在 ±5% 以内。要检查电源变压器和伺服变压器的绕组抽头连线是否正确，对于有电源相序要求的数控系统，要用相序表检查接入数控系统的电源相序，如有错误应及时倒换相序。

相序的检查方法有两种：一种是用相序表测量，当相序接法正确时（即与表上的端子标记的相序相同时），相序表按顺时针方向旋转，如图 10-1a 所示；另一种方法是用示波器测量两相之间的波形，两相看一下，确定各相序。两相波形在相位上相差 120°，如图 10-1b 所示。

机床接通电源后要采取各部件逐一供电试验，然后再进行总供电试验。首先给 CNC 装置供电，供电前要检查 CNC 装置与监视器、MDI、机床操作面板、手摇脉冲发生器、电气

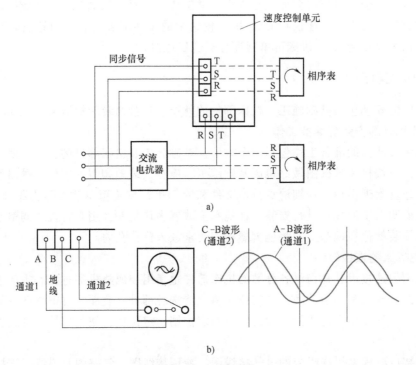

图 10-1　相序的检查方法
a）相序表测量　b）示波器测量

柜的连线以及与伺服电动机的反馈电缆线连线是否可靠。在供电后要及时检查各环节的输入、输出信号是否正常，各电路板上的指示灯是否正常显示。为了安全，在通电的同时要做好按"急停"按钮的准备，以备随时切断电源。伺服电动机首次通电瞬间，可能会有微小的抖动，伺服电动机的零位漂移自动补偿功能会使电动机轴立即返回原位置，此后可以多次通、断电源，观察 CNC 装置和伺服驱动系统是否有零位漂移自动补偿功能。

然后，给机床其他各部分依次供电。利用手动进给或手轮移动各坐标轴来检查各轴的运动情况，观察有无故障报警。如果有故障报警，要按报警内容检查连接线是否有问题、检查位置环增益参数或反馈参数等设定值是否正确并给予排除。随后再使用手动低速进给或手轮功能低速移动各轴，检查超程限位是否有效，超程时系统是否报警。最后进行返回基准点的操作，检查有无返回基准点功能以及每次返回基准点的位置是否一致。

10.2.3　数控机床的调试

数控机床的调试包括机床精度调整、机床功能测试和机床试运行。

1. 机床精度调整

机床精度调整主要包括精调机床床身的水平和机床几何精度。机床地基固化之后，利用地脚螺栓和垫铁精调机床床身的水平。移动床身上的各移动部件，观察各坐标全行程内主机的水平情况，并且相应调整机床几何精度，使之在允许的范围内。机床精度调整使用的检测工具主要有精密水平仪、标准方尺、平尺、平行光管、千分表等。

对于带刀库、机械手的加工中心，必须精确校验换刀位置和换刀动作。让机床自动运动到刀具交换位置，在调整中使用校对芯棒进行检测。调整完毕后紧固各调整螺栓及刀库地脚螺栓，然后装上几把规定重量的刀柄，进行从刀库到主轴的多次往复自动交换，以动作准确无误、不撞击、不掉刀为合格。

对于带 APC 交换工作台的机床，把工作台移动到可交换的位置上，调整托盘站与交换台面的相对位置，要求工作台自动交换动作，正确无误后紧固各有关螺栓。

2. 机床功能测试

机床功能测试是指机床试车调整后，测试机床各项功能的过程。在机床功能测试之前，检查机床的数控系统参数和 PLC 的设定参数是否符合机床附带资料中规定的数据，然后试验各种主要的操作动作、安全装置、常用指令的执行，例如手动、点动、数据输入、自动运行方式、主轴挂档指令、各级转速指令是否正确等。

3. 机床试运行

数控机床安装调试完毕后，要求整机在带有一定负载的条件下自动运行一段时间，较全面地检查机床的功能及可靠性。运行时间参照行业有关标准，一般采用每天运行 8h 连续运行 2~3 天或者每天运行 24h 连续运行 1~2 天。这个过程被称为安装后的试运行。

数控机床进行试运行时主要采用程序进行，此程序称考机程序，可以采用机床生产厂商调试时使用的考机程序，也可以自编考机程序。考机程序中应包括数控系统主要功能的使用、自动换取刀库中 2/3 以上数量的刀具、主轴的最高（最低）及常用转速、快速和常用的进给速度、工作台面的自动交换、主要 M 指令的使用。试运行时，机床刀库的大部分刀架应装上接近规定质量的刀具，交换工作台应装上一定载荷。在试运行过程中，除了操作失误引起的故障外，不允许机床有其他故障出现，否则表示机床的安装调整有问题或机床质量有问题。

数控机床的全部检测验收工作是一项工作量和技术难度都很大的工作。它需要使用高精度检测仪器对数控机床的机、电、液、气等各部分及整机进行单项性能和综合性能的检测，其中包括进行刚度和热变形等一系列试验，最后得出对该机床的综合评价。这项工作在行业内是由国家指定的机床检测中心进行，得出权威性的结论。所以这类验收工作一般适合于机床样机的鉴定检测或行业产品评比检验以及关键进口设备的检验。

10.3　数控机床的检查与验收

10.3.1　开箱检验和外观检查

1. 开箱检验

数控机床到厂后，设备管理部门要及时组织有关人员开箱检验。参加检验人员应包括设备管理人员、设备计划人调配员等。检验项目包括：1) 装箱单；2) 核对应有的随机操作、维修说明书，图样资料，合格证等技术文件；3) 按合同规定，对照装箱单清点附件、备件、工具的数量、规格及完好情况；4) 检查主机控柜、操作台等有无碰撞损伤、变形、受潮、锈蚀等，并逐项如实填写"设备开箱验收登记卡"入档。

开箱检验中，如果发现有短缺件或型号规格不符或设备已遭受碰撞损伤、变形、受潮、锈蚀等严重影响设备质量的情况，应及时向有关部门反映、查询、取证或索赔。

2. 外观检查

外观检查包括机床外观和数控柜外观检查。外观检查是指不用仪器、只用眼睛观察可以进行的各种检查，如机床外表漆有无脱落、各防护罩是否齐全完好、工作台有无磕碰划伤等。

10.3.2 机床性能及数控功能的检验

1. 机床性能的检验

机床性能主要包括主轴系统性能，进给系统性能，自动换刀系统、电气装置、安全装置、润滑装置、气液装置及各附属装置等的性能。

不同类型的机床的检验项目有所不同。数控机床性能的检验与普通机床基本一样，主要是通过"耳闻目睹"和试运转，检查各运动部件及辅助装置在起动、停止和运行中有无异常现象及噪声，润滑系统、冷却系统以及各风扇等工作是否正常。

2. 数控功能的检验

数控系统的功能因所配机床类型而有所不同，数控功能的检验要按照机床配备的数控系统的说明书和订货合同的规定，用手动方式或用程序的方式检测该机床应该具备的主要功能。

数控功能检验的主要内容有：

1）运动指令功能。检验快速移动指令和直线插补、圆弧插补指令的正确性。

2）准备指令功能。检验坐标系选择、平面选择、暂停、刀具长度补偿、刀具半径补偿、螺距误差补偿、反向间隙补偿、镜像功能、自动加减速、固定循环及用户宏程序等指令的准确性。

3）操作功能。检验回原点、单程序段、程序段跳读、主轴和进给倍率调整、进给保持、紧急停止、主轴和冷却液的起动和停止等功能的准确性。

4）CRT 显示功能。检验位置显示、程序显示、各菜单显示以及编辑修改等功能的准确性。

数控功能检验的最好办法是自己编写一个考机程序，让机床在空载下连续自动运行 16h 或 32h。考机程序可包括以下内容：

1）主轴转动要包括标称的最低、中间和最高转速在内的五种以上速度的正转、反转及停止运行。

2）各坐标运动要包括标称的最低、中间和最高进给速度及快速移动，进给移动范围应接近全行程，快速移动距离应在各坐标轴的全行程的 1/2 以内。

3）一般自动加工所用的一些功能和代码要尽量用到。

4）自动换刀应至少交换刀库中三分之一以上的刀号，而且都要装上重量在中等以上的刀柄进行实际交换。

5）必须使用的特殊功能，如测量功能、APC 交换和用户宏程序等。

用考机程序连续运行，检查机床各项运动、动作的平稳性和可靠性，并且要强调在规定时间内不允许出故障，否则应在修理后重新开始规定时间考核，不允许分段进行而累积到规定运行时间。

10.3.3 机床精度的验收

机床精度的验收工作是在机床安装调试好后进行，检测内容主要包括几何精度、定位精度和切削精度。

1. 机床几何精度的检验

数控机床的几何精度综合反映了该机床的各关键零部件及其组装后的几何形状误差。

目前，国内检测机床几何精度的常用检测工具有精密水平仪、精密方箱、直角尺、平尺、平行光管、千分表、测微仪、高精度检验棒等。检测工具的精度必须比所测的几何精度高一个等级。每项几何精度的具体测量方法可按 JB/T 8771.1—1998《加工中心检验条件 第 1 部分：卧式和带附加主轴头机床的几何精度检验（水平 Z 轴）》等有关标准的要求进行，也可按机床出厂时的几何精度检测项目要求进行。

机床几何精度的检测必须在机床精调后一次性完成，不允许调整一次检测一次。因为几何精度中有些项目是相互联系和影响的。同时，还要注意检测工具和测量方法造成的误差。

2. 机床定位精度的检验

定位精度主要检测的内容为：直线运动定位精度、直线运动重复定位精度、直线运动的原点返回精度、直线运动失动量的检测、回转运动的定位精度、回转运动的重复定位精度、回转运动失动量的检测、回转运动的原点返回精度。

测量直线运动的检测工具有：测微仪和成组量块、标准刻度尺、光学读数显微镜和双频激光干涉仪等。标准长度测量以双频激光干涉仪为准。回转运动检测工具有：360 齿精确分度的标准转台或角度多面体、高精度圆光栅及平行光管等。

（1）直线运动定位精度　直线运动定位精度的检验一般都在机床和工作台空载条件下进行。按国家标准和国际标准化组织的规定（ISO 标准），对数控机床的检测应以激光测量为准，如图 10-2a 所示。在没有激光干涉仪的情况下，可以用标准刻度尺，配以光学读数显微镜进行比较测量，如图 10-2b 所示。但是，测量仪器精度必须比被测的精度高 1~2 个精度等级。

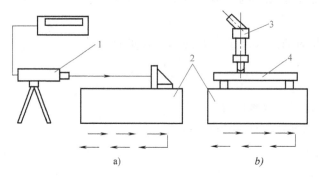

图 10-2　直线运动定位精度的检验

a）激光测量　b）标准刻度尺测量

1—激光测距仪　2—工作台　3—光学读数显微镜　4—标准刻度尺

为了反映出多次定位中的全部误差，ISO 标准规定每一个定位点按五次测量数据算平均值和散差±3σ，这时的定位精度曲线是一个由各定位平均值连贯起来的一条曲线加上±3σ 散差带构成的定位点散差带，如图 10-3 所示。

（2）直线运动重复定位精度　检测用的仪器与检测定位精度所用的相同。一般检测方法是在靠近各坐标行程中某点及两端的任意三个位置进行测量，每个位置用快速移动定位，在相同条件下重复做七次定位，测出停止位置数值并求出读数最大差值，以三个位置中最大一个差值的二分之一并附上正负号作为该坐标的重复定位精度。它是反映轴运动精度稳定性的最基本的指标。

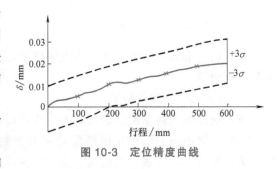

图 10-3　定位精度曲线

（3）直线运动的原点返回精度　原点返回精度，实质上是该坐标轴上一个特殊点的重复定位精度，因此它的测定方法与重复定位精度完全相同。

（4）直线运动失动量的测定　直线运动的失动量，也叫直线运动反向误差，它是该坐标轴进给传动链上驱动部件的反向死区、各机械运动副的反向间隙和弹性变形等误差的综合反映。误差越大，定位精度和重复定位精度也越差。

失动量的测定方法是在所测量坐标轴的行程内，预先向正向或反向移动一个距离并以此停止位置为基准，在同一方向给予一定的移动指令值，使之移动一段距离，然后再往相反方向移动相同的距离，测量停止位置与基准位置之差，如图 10-4 所示。

（5）回转运动各项精度的测定　回转运动各项精度的测定方法同上述各项直线运动精度的测定方法，但用于检测回转运动各项精度的仪器是标准转台、平行光管（准直仪）等。

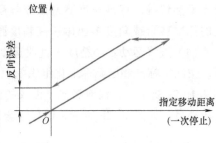

图 10-4　失动量的测定

3. 数控机床切削精度检验

机床切削精度的检查实质上是对机床的几何精度和定位精度在切削加工条件下的一项综合检查。机床切削精度检查可以是单项加工，也可以是加工一个标准的综合性试件。以普通立式加工中心为例，其主要的单项加工有：

1）镗孔精度。

2）端面铣刀铣削平面的精度（$X\text{-}Y$ 平面）。

3）镗孔的孔距精度和孔径分散度。

4）直线铣削精度。

5）斜线铣削精度。

6）圆弧铣削精度。

对于普通卧式加工中心，则还应有：

1）箱体掉头孔的同轴度。

2）水平回转台回转 90°时的加工精度。

被切削加工试件的材料除了有特殊要求外，一般都采用一级铸铁，使用硬质合金刀具按标准的切削用量切削。

10.4　数控机床的维护与维修

10.4.1　数控机床的维护与保养

1. 数控机床维护保养工作的基本条件

（1）人员条件　数控机床维护维修工作的快速性、优质性，关键取决于维护维修人员的素质条件。因为数控机床是机械、电、液压高度结合的产品，因此要求数控机床的维护维修人员要掌握有关数控机床的各学科知识，如计算机技术、模拟与数字电路技术、自动控制与拖动理论、控制技术、加工工艺以及机械传动技术，当然还包括基本数控知识等。要做好老带新的工作，让新员工向有经验的操作、维修人员学习，在实践中不断提高分析能力和动手能力，掌握科学的方法，学习并掌握各种常用的仪器、仪表和工具。

（2）物质条件　首先是准备好必要的维护维修工具，包括基本拆装工具、起重工具、运输工具、测量工具、仪表和专用的维修软件，要有完整的数控机床技术图样和资料，以及数控机床的使用、维修技术资料档案。此外，还要准备好易损的数控机床备件以及维护保养用的油液与工具。

（3）关于预防性维护　预防性维护的目的是降低故障率，其工作内容主要包括下列几方面：要分配专门的操作人员、工艺人员和维修人员，所有人员都要不断地努力提高自己的业务技术水平；针对每台车床的具体性能和加工对象制定操作规章，建立工作与维修档案，要经常检查、总结、改进；建立日常维护保养计划，保养内容包括坐标轴传动系统的润滑、磨损情况，主轴润滑等，油、水、气路，各项温度控制，平衡系统，冷却系统，传动带的松紧，继电器、接触器触头清洁，各插头、接线端是否松动，电气柜通风状况等，以及各功能部件和元件的保养周期。

2. 数控机床维护保养工作的内容

数控机床是集机、电、液为一体的自动化机床，由各部分的执行功能共同完成机械执行机构的移动、转动、夹紧、松开、变速和换刀等各种动作，可见，做好数控机床的日常维护保养将直接影响机床性能。数控机床的日常维护主要包括机床本体、主轴部件、滚珠丝杠螺母副、导轨副、电气控制系统、数控系统等的维护。

（1）外观保养

1）保持工作环境的清洁，使机床周围保持干燥，并保持工作区域照明良好。

2）保持机床清洁，每天开机前对各运动副加油润滑，使机床空运转三分钟后，按说明调整机床，并检查机床各部件手柄是否处于正常位置。

（2）日常保养的周期、检查部位和检查要求，见表10-3。

表10-3　数控机床日常保养

序号	周期	检查部位	检查要求
1	每天	导轨润滑	检查润滑油的油面、油量，及时添加油，润滑油泵能否定时起动、打油及停止，导轨各润滑点在打油时是否有润滑油流出
2	每天	X、Y、Z及回转轴导轨	清除导轨面上的切屑、脏物、冷却液积水，检查导轨润滑油是否充分、导轨面上有无滑伤及锈斑、导轨防尘刮板上有无夹带铁屑，如果是安装滚动滑块的导轨，当导轨上出现划伤时应检查滚动滑块

（续）

序号	周期	检查部位	检查要求
3	每天	压缩空气气源	检查气源供气压力是否正常，含水量是否过大
4	每天	进气口的油水自动分离器和自动空气干燥器	及时清理分水器中滤出的水分，加入足够润滑油，空气干燥器是否能自动切换工作，干燥剂是否饱和
5	每天	气液转换器和增压器	检查存油面高度并及时补油
6	每天	主轴箱润滑恒温油箱	恒温油箱正常工作，由主轴箱上的油标确定是否有润滑油，调节油箱制冷温度能正常起动，制冷温度不要低于室温太多（相差 2~5℃，否则主轴容易产生空气水分凝聚）
7	每天	机床液压系统	油箱、液压泵无异常噪声，压力表指示正常压力，油箱工作油面在允许的范围内，回油路上背压不得过高，各管接头无泄漏和明显振动
8	每天	主轴箱液压平衡系统	平衡油路无泄漏，平衡压力指示正常，主轴箱上下快速移动时压力波动不大，油路补油机构动作正常
9	每天	数控系统及输入/输出	光电阅读机的清洁，机械结构润滑良好，外接快速穿孔机或程序服务器连接正常
10	每天	各种电气装置及散热通风装置	数控柜、机床电气柜进气排气扇工作正常，风道过滤网无堵塞，主轴电动机、伺服电动机、冷却风道正常，恒温油箱、液压油箱的冷却散热片通风正常
11	每天	各种防护装置	导轨、机床防护罩应动作灵敏而无漏水，刀库防护栏杆、机床工作区防护栏检查门开关应动作正常，恒温油箱、液压油箱的冷却散热片通风正常
12	每周	各电柜进气过滤网	清洗各电柜进气过滤网
13	半年	滚珠丝杠螺母副	清洗丝杠上旧的润滑油脂，涂上新的油脂，清洗螺母两端的防尘网
14	半年	液压油路	清洗溢流阀、减压阀、滤油器、油箱池底，更换或过滤液压油，注意加入油箱的新油必须经过过滤和去水分
15	半年	主轴箱润滑恒温油箱	清洗过滤器，更换润滑油，检查主轴箱各润滑点是否正常供油
16	每年	检查并更换直流伺服电动机电刷	从电刷窝内取出电刷，用酒精清除电刷窝内和换向器上的碳粉，当发现换向器表面有被电弧烧伤时，抛光表面、去毛刺，检查电刷表面和弹簧是否失去弹性。如果弹簧断裂或失去弹性，电动机便不能运行，必须更换新弹簧
17	每年	润滑油泵、过滤器等	清理润滑油箱池底，清洗更换滤油器
18	不定期	各轴导轨上的镶条，压紧滚轮、丝杠	按机床说明书上的规定调整
19	不定期	冷却水箱	检查水箱液面高度，冷却液装置是否工作正常，冷却液是否变质，经常清洗过滤器，疏通防护罩和床身上的各回水通道，必要时更换并清理水箱底部
20	不定期	排屑器	检查有无卡位现象
21	不定期	清理废油池	及时取走废油以免外溢，当发现油池中油量突然增多时，应检查液压管路中有无漏油点

10.4.2　数控机床的故障诊断与维修

1. 数控机床常见的故障类型

（1）系统故障和随机故障　按故障出现的必然性和偶然性，分为系统性故障和随机性故障。系统性故障是指机床和系统在某一特定条件下必定会出现的故障，随机性故障是指偶然出现的故障。因此，随机性故障的分析和排除比系统性故障困难得多。通常随机性故障往往会由机械结构局部松动、错位、控制系统中元器件出现工作特性飘移，电器元件工作可靠性下降等原因造成，需经反复试验和综合判断才能排除。

（2）诊断显示故障和无诊断显示故障　按故障出现时有无自诊断显示，可以分为诊断显示故障和无诊断显示故障两种。如今的数控系统有比较丰富的自诊断功能，出现故障时会停机、报警而且会自动显示相应报警的参数号，这样可以让维护人员很快找到故障原因。而无诊断显示故障，一般是机床停在某一位置不能动，也没法手动操作，维护人员只能根据出现故障前后的现象来分析判断，排除故障的难度就比较大。

（3）破坏性故障和非破坏性故障　按故障有无破坏性，分为破坏性故障和非破坏性故障。破坏性故障的产生会对机床和操作者造成侵害，导致机床损坏或人身伤害，如飞车、超程运动、部件碰撞等。这些破坏性故障往往是人为造成的。破坏性故障产生之后，维修人员在进行故障诊断时，绝不允许重现故障。数控机床的大多数故障属于非破坏性故障，出现故障时对机床和操作人不会造成任何伤害，所以诊断这类故障时，可以再现故障，并可以仔细观察故障现象，通过故障现得对故障进行分析和诊断。

（4）机床运动特性质量故障　此类故障发生后，机床会照常运行，不会有报警显示，但加工出的工件不合格。对于这些故障，必须在检测仪器的配合下，对机械、控制系统、伺服系统等采取一些综合措施。

（5）硬件故障和软件故障　按发生故障的部位分为硬件故障和软件故障。硬件故障只要通过更换某些元器件就可以排除，但是软件故障是编程错误导致的，因此需要修改程序内容或修订机床参数来排除。

2. 数控机床故障的诊断原则

（1）先外后内　数控机床集合了机械、电气以及液压等系统，具有较高的可靠性，系统故障发生率较低。进行故障诊断时，应遵循先外后内的原则，若非必要时不要启封、拆卸，避免造成故障加重，而影响到机床自身性能。可在完成外部控制元件的检测后，再根据实际情况决定是否进行内部检查，如开关、液压、气动、电气执行以及机械装置的检查等。

（2）先机械后电气　对比电气故障，机械故障的表现更为明显，数控系统的部分电气故障存在隐性特征。因此，机械故障处理的难度更小，一般应先完成机械故障的排除，再进行电气故障诊断。

（3）先静态后动态　将数控机床的电源断开后，观察静态下各运动构件位置是否存在异常，确认通电后故障不会扩大以及产生新事故后才可正常通电诊断。机床处于正常运行状态时，工作人员应对其进行全面观察和检验，并对各机构状态进行测试，最后根据结果来做更进一步的故障查找。

3. 数控机床常用的故障诊断方法

数控机床故障产生的原因通常较为复杂且千变万化。因此，及时总结一些行之有效的方法对于较快地诊断出故障原因并及时将故障解决是非常有必要的。

（1）直观法　直观法是根据故障发生时产生的各种声响、现象、气味等一些异常现象，查看每一个有疑点的电器元件以及电路板的表面状况，将故障范围逐步缩小，从而查出最终原因。简单来说就是利用人的感官来观察故障发生的现象，进而判断可能发生故障的部位。

（2）CNC系统自诊断功能法　数控机床的智能化与自动化程度高，具有较强的自诊断功能，可对关键软、硬件的运行状态进行监控，根据参数变化判断是否存在异常。如果机床出现异常情况，维修人员可以根据显示器的报警信息，以及发光二极管的相关指示，初步判断故障发生的原因，然后结合实际情况做进一步的分析。或者也可以利用CNC系统自诊断功能来定位故障部位，尽量缩小故障范围，以此来判断故障发生的部位以及原因，采取对应措施处理。

（3）功能程序测试法　应用功能程序测试法来进行数控机床故障的诊断，即对数控系统所具有的螺纹切削、直线定位、固定循环、圆弧插补等常用功能以及特殊功能，采取自动编制或手工编制的方法处理，形成一个功能程序测试纸带。然后由纸带阅读机进行信息读入，接着起动数控系统，以此来判断机床功能执行的准确性与可靠性，判断存在的故障问题。

（4）置换备件法　在对引起故障的大致原因有了了解以后，将那些有故障疑点的部件用备用的元器件或者是集成电路芯片作为替换，逐步缩小疑点范围，从而较快地找出故障所在部分。

（5）检查技术参数和数据　数控系统所有开关信号的状态可以通过输入与输出的端口集中显示在显示屏幕上，维修人员可以通过观察其显示状态是否处于正常现象从而判断系统的电路正常与否，这样也能更快地进行故障的定位。

（6）隔离法　将比较复杂的问题变成简单的问题来处理，例如将数控系统的伺服驱动与电动机分离开来，或者转变开闭环位置，这样能更快地找到故障原因。

（7）原理分析法　此种方法对检修人员的理论技术要求较高，他们要非常熟悉数控系统和内部元件的构造以及运行原理，从各个部件的工作原理进行分析，从逻辑上对各个要点的参数进行判断，进而对故障部位进行定位。

（8）温度测试法　通过人为升高或降低温度的方法使可疑部件的温度发生变化，在温度变化过程中多注意其参数是否符合常理，这种方法即是通过温度参数的变化异常来寻找产生故障的原因。

（9）绝缘物体敲击法　对有可能出现问题的元器件用绝缘性物质轻轻地敲击，注意其发出声音的位置变化，敲击的部分很可能就是故障存在的部分。

（10）交换模块法　将内部相同的模块或者单元交换位置，注意查看故障的位置是否有所转移和变化，这样也可以快速地查探到故障的具体发生部位。

4. 数控机床常见的故障诊断

（1）主轴部件　数控机床的主轴是直接进行产品加工的部件，因此对主轴的要求较高，不仅要具有高精度、高硬度、防振和耐磨等特点，还要从结构上很好地解决刀具安装、轴承配合等问题。因此，主轴的故障也是最常见的，主要包括驱动系统、液压系统等故障问题。例如，针对驱动系统故障中的主轴旋转不正常问题，首先应该检查电动机是否正常，印制电路板是否有厚的灰尘掩盖而造成电路接触不良，然后看机床加工是否负载过大，用排除法一步步细致检查，确定故障问题。液压系统跟驱动系统不一样，一般不是突然发生故障，而是总会有一些现象，需要平时多加关注，如看是否漏气漏油，听是否有振动噪声异常等现象，从而及时解决故障。

（2）伺服系统的故障　伺服系统在数控机床设备中占有非常重要的地位，是实现数控机床加工的关键环节。因此，它也是故障发生频繁的地方。伺服系统故障主要由驱动单元、机械传动、测试电动机、编码器等方面导致，一般体现在进给位移不准确、运动位移过大、加工速度不正常等方面。这些问题在操作面板的显示器上有报警内容或报警声警示，机床操作人员可以根据相关信息，依据机床伺服系统的工作原理找出故障原因，及时解决问题，从而使机床恢复正常工作。

（3）外部故障问题　轴和伺服系统的故障都是机床内部故障，但数控机床也会因为各种外部原因而产生故障问题，如外部硬件损坏导致的故障，操作人员操作或调整处理不当所导致的故障。这类故障在设备刚投入运行的前期或操作人员更换时最易发生。硬件方面主要是计算机的硬盘数据保护系统，如因为系统异常关机，重新起动时操作人员没有按照厂家最初的设置，使各轴返回参考点，就会造成撞机事件。

5. 数控机床故障维修技术

（1）复位系统和初始化法　这种维修方法的重点是应对数控机床系统程序造成的故障，机床常常由于一瞬间的故障而终止工作，故障信息提示也会出现在故障报警系统中。这时，可以强行断开电源，然后按下电源复位键，观察机床是不是可以顺利工作。复位故障报警系统一般用在系统存储压力小或者是线路接触不好等导致的故障报警。在复位系统与初始化之前务必备份系统的数据，方便在初始化操作难以排除故障时再深入地诊断与分析机床的硬件。

（2）微调参数法　在重新设置系统参数之后，如果难以排除数控机床的故障，那么就需要微调参数来优化数控机床的参数。机床与其他电气系统间是否实现最为理想的控制会影响数控机床的整体工作效率，而微调参数能够实现最为理想的系统之间的控制标准。

（3）设置参数法　是否正确地设置参数会从很大程度上影响数控机床的顺利工作，设置的参数存在一点小错误就会失去机床的一些功能，这不利于机床整体性能的提升，或者会导致机床停止工作。借助机床系统的迅速搜索功能，分析和比较有关参数，探究出现故障的原因，校对与设置参数，最终可以恢复数控机床的运行。

（4）替换更新模块法　采用替换更新模块法常常能够迅速而简单地维修机床故障，因此在维修数控机床时广泛地应用这种方法。这种维修方法仅仅需要替换或者是更新故障形成的系统模块，并重新对有关的参数进行设置，就可以有效地排除故障，从而使机床顺利工作。

（5）增强数控机床的抗干扰性能　倘若工作过程中的数控机床受到较强的干扰，那么会影响机床的顺利工作。为此，针对因电源开关导致的故障，就能够应用接地的方式，以使数控机床受到的高频影响减少，从而排除故障。除此之外，为了使机床的抗干扰性能增强，也可以增强电源的负载能力并确保电源电压的稳定。

🔖 知识点自测

10-1　简述数控机床的四项可靠性指标。

10-2　简述数控机床日常维护的项目。

10-3　何谓数控机床的点检？点检的作用有哪些？

10-4　简述数控机床的故障规律。

10-5　主轴部分发生故障的常见现象有哪些？

10-6　什么是动作分析法？

10-7　列举数控机床 PLC 故障诊断的方法。

10-8　阐述虚拟现实（VR）在故障诊断中的应用。

参考文献

[1] 杨后川，梁炜. 机床数控技术及应用 [M]. 北京：北京大学出版社，2005.

[2] 林奕鸿. 机床数控技术及其应用 [M]. 北京：机械工业出版社，1994.

[3] 周利平. 数控技术基础 [M]. 成都：西南交通大学出版社，2011.

[4] 陶飞，张萌，程江峰，等. 数字孪生车间——一种未来车间运行新模式 [J]. 计算机集成制造系统，2017，23 (1)：1-9.

[5] 刘日良，张承瑞，姜宇，等. 基于MTConnect的数控机床网络化监控技术 [J]. 计算机集成制造系统，2013，19 (5)：1078-1084.

[6] 富宏亚，胡泊，韩德东. STEP-NC数控技术研究进展 [J]. 计算机集成制造系统，2014，20 (3)：569-578.

[7] YE Y, HU T, ZHANG C, et al. Design and development of a CNC machining process knowledge base using cloud technology [J]. International Journal of Advanced Manufacturing Technology, 2016：1-13.

[8] 陈红康，等. 数控编程与加工 [M]. 济南：山东大学出版社，2009.

[9] 方新. 数控机床与编程 [M]. 北京：高等教育出版社，2010.

[10] 蔡有杰. 数控编程及加工技术 [M]. 北京：中国电力出版社，2016.

[11] 卢万强，饶晓创. 数控加工技术基础 [M]. 北京：机械工业出版社，2014.

[12] 朱明松. 数控加工技术 [M]. 北京：机械工业出版社，2016.

[13] 陈艳. 数控加工技术 [M]. 北京：电子工业出版社，2014.

[14] 胥进，等. 数控车削编程与加工技术 [M]. 2版. 北京：北京理工大学出版社，2016.

[15] 席凤征，等. 数控车床编程与操作 [M]. 北京：科学出版社，2016.

[16] 吴力霞，等. 典型零件数控加工 [M]. 北京：北京航空航天大学出版社，2014.

[17] 周兰. 数控车削编程与加工 [M]. 北京：机械工业出版社，2010.

[18] 王爱玲. 数控编程技术 [M]. 北京：机械工业出版社，2013.

[19] 全国数控培训网络天津分中心. 数控机床 [M]. 北京：机械工业出版社，2012.

[20] 李体仁. 数控加工与编程技术 [M]. 北京：北京大学出版社，2011.

[21] 人力资源和社会保障部教材办公室. 数控铣床加工中心编程与操作：FANUC系统 [M]. 北京：中国劳动社会保障出版社，2013.

[22] 宋凤敏，等. 数控铣床编程与操作 [M]. 2版. 北京：清华大学出版社，2017.

[23] 周燕峰，等. 数控铣床操作与加工 [M]. 重庆：重庆大学出版社，2016.

[24] 王树逵，等. 数控加工技术 [M]. 北京：清华大学出版社，2009.

[25] 赵玉刚，等. 数控技术 [M]. 北京：机械工业出版社，2003.

[26] 陈蔚芳，等. 机床数控技术及应用 [M]. 北京：科学出版社，2008.

[27] 梅雪松. 数控技术及应用 [M]. 北京：机械工业出版社，2014.

[28] 阎竞实，等. UG数控自动编程加工 [M]. 北京：清华大学出版社，2017.

[29] 肖军民. UG数控加工自动编程经典实例教程 [M]. 北京：机械工业出版社，2015.

[30] 康亚鹏，等. UG NX 8.0数控加工自动编程 [M]. 北京：机械工业出版社，2013.

[31] 袁锋. UG CAM数控自动编程实训教程 [M]. 北京：机械工业出版社，2013.

[32] 李河水. 数控机床故障诊断与维护 [M]. 北京：北京邮电大学出版社，2009.

[33] 卢万强. 数控加工技术基础 [M]. 北京：机械工业出版社，2017.

[34] 郭士义. 数控机床故障诊断与维修 [M]. 北京：机械工业出版社，2018.

[35] 施会丽. 浅谈数控机床故障诊断技术的发展 [J]. 统计与管理，2013 (4)：135-136.